中国高性能计算30年

钱德沛　孙家昶　祝明发　张林波　编

科学出版社

北京

内 容 简 介

理论分析、实验观察和计算模拟是科学研究的三大手段,科学与工程计算在科学研究、经济建设和社会发展中发挥着不可替代的作用。正因为如此,高性能计算成为世界各国激烈竞争的战略高地。过去 30 余年,中国的高性能计算走过了一条艰辛的发展之路。在人才和经费匮乏的条件下,中国的科技工作者奋发图强,埋头苦干,一步一个脚印,从跟踪、并跑直到交替领先,取得了令世人瞩目的进步。编纂本书的目的,就是要记录过去 30 余年中国高性能计算所走过的不平凡的道路,给后人留下有益的启迪。

本书分为高性能计算机和系统、算法和软件、应用与产业化四个部分,试图从不同的角度和侧面,记述和反映我国高性能计算的重要节点与事件、取得的经验与吸取的教训、国家科技计划的作用以及科技人员的创造力。本书不仅涉及面广,而且文体多样,既有史实记述,也有随感而发,读者阅读时,可以真切感受到那些亲历发展过程的作者的内心激情。

本书适合从事科学计算、计算机科学、科技史的工作者和爱好者阅读。

图书在版编目(CIP)数据

中国高性能计算 30 年 / 钱德沛等编. -- 北京 : 科学出版社, 2024. 6. --
ISBN 978-7-03-078904-4

I. TP38

中国国家版本馆 CIP 数据核字第 2024YV5792 号

责任编辑: 王丽平　崔慧娴 / 责任校对: 郝甜甜
责任印制: 张　伟 / 封面设计: 无极书装

科学出版社 出版
北京东黄城根北街 16 号
邮政编码: 100717
http://www.sciencep.com
北京盛通数码印刷有限公司印刷
科学出版社发行　各地新华书店经销
*

2024 年 6 月第　一　版　　开本: 720 × 1000　1/16
2024 年 6 月第一次印刷　　印张: 16
字数: 320 000
定价: 168.00 元
(如有印装质量问题, 我社负责调换)

目　录

第一部分　高性能计算机和系统

第二部分　算法和软件

第三部分　应　　用

第四部分　产　业　化

第一部分 *Part 1*

高性能计算机和系统

对 20 世纪 90 年代高性能计算机研制和应用的几段回忆

李国杰

1 863 计划启动时关于计算机发展方向的争论

863 计划启动以前,国内关于计算机技术的发展方向已经有许多讨论甚至争论。受日本倡导的第五代计算机的影响,当时多数意见认为要尽快启动智能计算机研制。但有一位学者头脑十分清醒,他正确预测了之后 30 年计算机技术的发展,这位学者就是大名鼎鼎的钱学森。

1984 年 8 月 3 日在国防科工委第五代计算机专家讨论会上,钱老做了一次高瞻远瞩的报告,1985 年 1 月此报告发表在《自然杂志》第 8 卷第 1 期,标题是《关于"第五代计算机"的问题》。在这篇文章中,钱老明确指出,**"第五代计算机是什么? 是第二代巨型计算机"**。至于当时炒得很热的日本第五代计算机,钱老认为:**"再把这个概念叫做第五代计算机,或者第六代计算机,就不那么合适了,因为它不是一个计算机了,而是一个智能机,所以我建议为了不要混淆起见,就干脆叫做第一代智能机。"**钱老进一步强调:**"如果说电子计算机的出现是一项技术革命,那么智能机的出现也将是一次技术革命。所以我们要第一,看到它的意义,一定要把第一代智能机搞出来,这是了不起的事情。但第二,又切不可鲁莽从事,犯欲速不达的错误。至于第一代智能机,根据前面讲的情况现在还不成熟,只能是预研。"**

钱老这篇文章的重点是讲第二代巨型计算机,这种计算机要真正能代替工程技术上耗费巨大的试验,其运算速度不是几十兆次浮点运算,而是几十亿次浮点运算,运算速度要提高几十倍至一百倍。特别有价值的是,钱老通过对求解非线性偏微分方程的仔细分析,指出研制巨型计算机首先要解决并行计算问题,包括机器软件和算题软件等。他严肃批评过去忙于制造机器,至于怎么用是不大重视的,在文章中大声疾呼:**"这个问题必须提到议事日程上来,这样才能充分发挥巨型机的作用。"**真是一语中的! 钱老指出的问题至今仍然是我国高性能计算机研制和应用的短板。

可惜的是,钱老的意见没有完全被采纳,中央 1986 年第 24 号文件还是将研制智能计算机作为 863 计划的主要目标之一,研制第二代巨型计算机的任务留给了国防部门，在政府科技计划中，民口基本上退出巨型计算机的研制。

2 以"智能计算机"的名义发展高性能计算机

863 计划 306 主题叫智能计算机系统主题，显然国家的初衷是要研制智能计算机。但是，要不要追随日本，研制以并行推理机为标志的第五代计算机，306 专家组的专家们仍有疑虑。在汪成为组长的领导下，专家组成员一直在思索、讨论如何走一条适合世情、国情的发展计算机技术之路。

在国家智能计算机研究开发中心（下文简称"智能中心"）成立以前，1989 年10 月我给国家科委领导写了一份报告，阐述了我对智能计算机和第四代计算机的看法，提出 863 计划应重点发展并行处理技术。这份报告指出："智能机的发展必须以 VLSI 计算机（第四代计算机）的技术为基础。有些同志可能认为跳过四代机直接发展所谓五代计算机是一条捷径。但这只是一种空想。如果把人工智能看成是一朵花，它的根是计算机技术。而计算机技术有它自己的特殊发展规律。其中最重要的一点是几十年来已积累了数千亿美元以上的软件，这是人类文明的宝贵财富。软件的继承性成了计算机发展的巨大惯性，使得计算机体系结构（包括软件）的重大革新必须有几十倍以上的性能提高，用户才会愿意放弃原有的软件。这无疑增加了智能机研制的难度。这也说明充分利用四代机的已成熟的技术是发展智能机必须要考虑的一条重要原则。必须指出，尽管我国也研制了一两台上亿次浮点运算的计算机，但从总体来看，我国的计算机水平比国外落后十几年。这几年我国研制计算机的力量实际上是下降了，与国外的差距更加拉大了。只有实实在在缩短这个差距，研制智能机才有基础。863 计划智能机的研制对发展我国计算机技术，尤其是并行处理技术，应该起一定的促进作用。"

为了更广泛地听取国内外专家的意见，以智能中心为主办单位，306 专家组于1990 年 5 月在北京饭店召开了智能计算机发展战略国际研讨会，我们邀请了美国总统科学顾问许瓦尔兹教授、人工神经网络理论的奠基者之一霍普菲尔德教授、日本第五代机的负责人之一田中英彦教授、美国伊利诺伊大学的华云生教授、美国南加州大学的黄铠教授、波音公司的德格鲁特研究员等参加会议发表意见。我国吴文俊教授等 100 多名学者到会。这次会议在当时是规格较高的国际学术会议，时任国务委员的宋健在人民大会堂接见了参加会议的国外著名学者。参加会议的多数外国专家不赞成我们走五代机的路，建议根据中国国情，先研制比个人计算机（PC）性能高一档的工作站（workstation）。智能中心将国外专家的意见整理成一份会议纪要，上报给国家科委领导。这次会议对智能中心选择以通用的并行计算机（从共享存储多处理机（SMP）做起）为主攻方向起到了重要的推动作用。

1991 年 9 月 17 日在北京召开了全国第一次人工智能与智能计算机学术会议。我在这次大会上作特邀报告，题目是"我们的近期目标——计算机智能化"。这次报告在国内第一次以"顶天立地——发展智能计算机的战略"的标题提出了"顶天立地"发展战略。当时讲的"顶天立地"战略还是狭义的，主要针对如何研制智能计算机。报告中指出："开展智能计算机研究必须同时在两条战线上进行工作。一方面要努力突破传统计算机甚至图灵机的限制，探索关于智能机的新概念、新理论和新方法；另一方面要充分挖掘传统计算机的潜力，在目前计算机主流技术基础上实现计算机的智能化。"306 专家组把这种战略称为"顶天立地"战略。1993 年，306 专家组正式提出"顶天立地"的口号，将"顶天立地"战略解释为："在理论和方法上有所创新、在关键技术上有所突破、在应用和产品开发上有所效益。"

在 306 专家组的共同努力下，863 计划的智能计算机研制任务实质上已落实于发展高性能计算机的行动之中。从共享存储多处理机（SMP）开始，接着研制大规模并行处理机（MPP），最后走上发展机群系统（Cluster）的康庄大道。为了不偏离 863 计划原定的目标，306 主题也布置了许多与人工智能有关的课题，特别是智能人机接口（图像识别、语音识别等）、智能应用（如农业专家系统）方面的课题，为我国培养了一大批人工智能方面的专家和技术骨干。今天中国的人工智能技术可以与美国并驾齐驱，306 主题功不可没。智能中心虽然在发展高性能计算上做出了出色的成绩，但每次项目鉴定都要做充分的准备，争取能应对评委们尖锐的提问："你们研制的计算机的智能在哪里？"

回想 20 世纪 90 年代的科研工作，306 主题的发展道路基本上与钱老的思路不谋而合，智能中心和后来成立的曙光公司为我国发展高性能计算机作出了实实在在的贡献。曙光高性能计算机实际上就是钱老期望的"第二代巨型计算机"，其计算速度提高了 10 亿倍，远远超过钱老预测的几十倍。经过 30 年的预研和技术积累，今天已经具备研制高性能智能计算机的条件，基于中国科学院计算技术研究所（以下称中国科学院计算所）研制的"寒武纪"芯片，艾级（Exa 级）智能计算机即将问世。但这种机器还不是真正的智能机，只是一些智能应用的加速器。

3 并行计算研究起步期的点滴回忆

20 世纪 60~70 年代，我国研制过一些高性能计算机，大多是仿制国外的机器，原创性的贡献不多。算法研究上冯康发明的有限元法是突出代表，系统结构上高庆狮独立提出的纵横加工结构与 Cray 计算机寄存器-寄存器加工方式异曲同工。改革开放以后，更多的学者开始投入到并行处理技术研究。

我国的并行处理技术研究起步有物理学家的功劳。由于理论物理研究需要超高性能的计算机，当时的巨型机满足不了计算需求，美国纽约州立大学、哥伦比亚大学的物理学家着手自己研制适合理论物理研究的专用超级计算机。李政道先生把这股风带到中国。他在北京建立了以理论物理为主要研究方向的中国高等科学技术中心，破格吸收我和祝明发加入。应他的邀请，1987 年我在中国科学院理论物理研究所专门讲授了一门并行计算课程，彭桓武、郝柏林等老科学家每堂课都坐在台下听课，我深深感受到老物理学家对并行计算技术的渴求。李政道先生和夏培肃、郝柏林教授合作，申请到国家自然科学基金重大项目，研制适合混沌计算的 BJ-01、BJ-02 并行计算机。

国内最早在大规模并行计算机上调试并行算法的科研人员中也有物理学家。1995 年曙光 1000 做出来后，没有人会用，有些学者将曙光 1000 比喻成一匹长了 32 条腿的马（它有 32 个 CPU），难以驾驭。当时，中国科学院物理研究所的王鼎盛、中国科学院生物物理研究所的陈润生、中国科学技术大学的陈国良、中国科学院软件研究所的孙家昶、中国科学院计算技术研究所的孙凝晖等科研人员成立了一个研究并行算法和并行软件的小组，构成一部"三套马车"。他们经常在计算所北楼 200 房间讨论怎么驯服这匹 32 条腿的"烈马"。应用、算法、软件和系统结构的核心骨干这么密切的合作，在国外也很难见到。这种合作产生了深远的影响，引领了国内并行算法和并行软件研究，为后来斩获超级计算机应用戈登·贝尔奖奠定了基础。若干年后，这个不到十人的跨学科小组出了三位院士。

4　曙光一号和曙光 1000 研制

研制曙光一号是智能中心历史上精彩的一幕。当时决定派一支小分队到美国去研发。在硅谷租间房子安顿下来后，需要什么软件和零部件，打个电话就有人送来，有些软件还让我们免费试用。这种"借树开花""借腹生子"的做法大大缩短了机器研制周期。樊建平等几名派出的开发人员创造了一项中国计算机研制历史上的奇迹，不到一年时间就完成了曙光一号的研制，载誉归来，实现了他们在"人生能有几回搏"誓师大会上讲的"不做成机器回来，就无脸见江东父老"的诺言。与现在的十亿亿次浮点运算能力的超级计算机相比，曙光一号真是"小巫见大巫"，但曙光一号的研制成功开辟了一条在开放和市场竞争条件下发展高技术的新路。当时提出了"两做、两不做原则"：完全属于仿制、没有自己知识产权的产品不做；只为填补空白、市场上没有竞争力的产品不做。集中力量，做国外对我国封锁的技术和产品；努力赶超，做国外尚不成熟的技术和产品。现在看来，这些原则还应当坚持。

曙光一号研制成功以后，智能中心就开始研制曙光 1000 大规模并行机。大规模并行机的关键技术是如何做成把大量处理机有效连接起来的高速互连网络和每个处理单元的核心操作系统。智能中心率先在国内突破了虫孔路由（Wormhole Routing）关键技术，为我国发展大规模并行机开拓了一条道路。这款芯片的研制者是刚进计算所的小伙子曾嵘，他在硕士期间做下围棋的计算机软件，没有碰过集成电路。1997 年我访问麻省理工学院（MIT）时告诉 Dally 教授（Wormhole Routing 技术的发明者），我们已研制成功异步蛀洞路由芯片，他很惊讶，因为他做异步路由芯片曾失败过。这件事给我们的启发是，只要信任有潜力的年轻人，他们能做出意想不到的出色成果。后来计算所开展 CPU 研制时，也是启用从未做过 CPU 设计的科研人员。另一方面，刘文卓和孙凝晖牵头的系统软件团队把处理单元的核心操作系统做得小巧精致，占用内存很小，为用户提供了更多存储空间，使得曙光 1000 能求解的问题规模大大超过相同处理单元数目的国外并行机。曙光 1000 是国内研制成功的第一个实际运算速度超过每秒 10 亿次浮点运算的并行机（Linpack 速度超过每秒 15 亿次），1997 年获得国家科学技术进步奖一等奖。

5　曙光系列高性能计算机的早期市场开拓和应用推广

曙光 1000 研制成功以后，智能中心又面临了一次新的选择，即 863 计划。下一个目标产品曙光 2000 究竟是做超级计算机还是超级服务器？超级计算机主要用于科学工程计算，追求最高的计算速度；超级服务器是更加通用的高端计算机，除科学计算外，更多地用于事务处理与网络服务。1995 年中国的互联网才刚刚起步，全世界速度最快的 500 台高性能计算机，绝大多数都采用大规模并行处理结构（MPP）。从计算速度上追赶国际先进水平容易得到学术界同行认可。但通过对市场和应用发展趋势的分析，我们预见到支持互联网的机群结构超级服务器将是高性能计算机的主流，提出了不要片面追求性能，而以争取尽可能多的用户使用国产高端计算机为目标，决定以计算机的可扩展性（Scalability）、好用性（Usability）、可管理性（Manageability）和高可用性（Availability）作为发展高性能计算机的主攻方向，总结为 SUMA 特性并注册了"It's SUMA"商标。现在全世界 90% 以上的高端计算机已用于信息服务和数据处理，科学计算用户不到 10%，事实说明从研制超级计算机转向研制超级服务器是正确的选择。

从 1997 年起，我们着手研制符合这种新潮流的超级服务器，先后于 1998 年底与 2000 年初推出了曙光 2000-I 和曙光 2000-II 超级服务器，前者由 32 个处理机构成，峰值速度达每秒 200 亿次浮点运算；后者由 82 个节点(164 个处理机)构成，峰值速度达每秒 1100 亿次浮点运算，具有较强的市场竞争力。

以曙光 1000A 和曙光 2000 超级服务器为主要设备，国家高性能计算机工程技术研究中心（也依托于计算所）先后在北京、合肥、武汉、成都等城市建立了五个国家高性能计算中心，这些中心虽然后来没有得到国家的持续支持，但为推广普及并行计算、培养高性能计算机应用人才发挥了重要作用。

与计算机的研制相比，高性能计算机的推广应用和市场开拓的历程更加艰辛。20 世纪 90 年代初研制曙光一号时，国内高性能计算机市场是外国大公司一统天下。那时候别说卖自己生产的高性能计算机，就是送给别人用也不一定接受。最早的曙光产品推广还是有政府部门的背书或支持，直到 1997 年，曙光 1000A 落户辽河油田，才真正实现完全靠商业化运作进入市场，合同签了国家科委才知道，实现了国产高性能计算机商品化零的突破。曙光机打入铁道部，也在偏远的三间房车站闲置了快一年（做 IBM 计算机的 B 角），因 IBM 服务器坏了无人去维修才当上 A 角，因试用效果很满意争得入围竞标的资格，一举中标了全国十几个铁路编组站的调度计算机。

1993 年担任国家科委主任的宋健同志到智能中心参观时，就号召智能中心当"敢死队"，要像当年刘邓大军一样杀出重围。智能中心和曙光公司的员工没有辜负全国人民的期望，勇敢地杀出重围，在很多人认为难以成功的高性能计算机领域做出了令人欣慰的成绩。科技部高新司原司长冀复生同志在赴美工作前写的一份关于曙光机的背靠背调研报告中讲，"曙光公司犹如卢沟桥事变中的 29 路军"。值得庆幸的是，曙光公司没有像 29 路军一样悲壮地倒下去，而是通过顽强拼搏，由弱变强，曙光计算机在中国高性能计算机 TOP100 中的份额已超过 IBM 和 HP 等巨头，2009 年以来 9 次位居国内第一。

回顾曙光计算机市场开拓的艰苦历程是想说明，发展高性能计算机的目标不只是争取世界高性能计算机 TOP500 的第一名。Linpack 只是衡量高性能计算性能的一个指标，不同的应用对机器的性能和功能有不同的要求。正如钱老所说，我们应更加关心高性能计算机真正用起来。曙光 2000 的市场开拓中有一件事令我印象十分深刻。当时市场上应用软件大多基于 IBM 公司的 AIX 操作系统，因为我们市场规模太小，要求应用软件厂商将应用软件移植到我们自主开发的 SNIX 操作系统，没有人响应。智能中心自主开发了具有单一系统映像的机群操作系统，把所有的节点 AIX 操作系统管起来，使得基于 AIX 的各种应用软件不用移植就能在曙光计算机上跑起来，靠这一招曙光 2000 就打开了市场。IBM 的技术人员感到不可思议，这种事情没有 AIX 源代码怎么能做到。这种市场上有奇效的技术，可能没有很高的学术价值，大学教授们是不会做的。如何用标准的工业化部件构建世界领先的超级计算机，同时又能用这些部件大规模地组装大大小小的各类服务器，这也是曙光公司在市场上成功的法宝。我希望我国计算机界多关注这些市场化的"杀手锏"技术，像重视 SCI 论文一样重视市场化技术的"含金量"。

我所经历的中国高性能计算发展的一段路程

钱德沛

我是 1996 年春天被国家科委选聘为 863 计划信息领域智能计算机系统主题（306 主题）专家组专家的，从那时起，我就一直没离开过高性能计算这个领域，亲身经历了中国高性能计算 20 多年来的超常发展和巨大进步。除了那些众所周知的成就以外，我想用此文叙述一些背后的故事，以从不同侧面记录这个难忘的、催人奋进的时代。

1 早 期 努 力

我进专家组时，863 计划 306 主题已经完成了从研制智能计算机到研制并行计算机的战略转变，依托中国科学院计算技术研究所成立了国家智能计算机研究开发中心。几年后，曙光公司诞生，曙光一号、曙光 1000 相继问世。曙光 1000 的运算速度每秒 25 亿次浮点运算，在世界超级计算机 TOP500 还根本排不上号。1996 年世界上最快的计算机是日立公司制造的 CP-PACS/2048，峰值性能每秒 6144 亿次浮点运算，安装在日本筑波大学。"九五"期间，863 计划经费实在很少，306 主题每一轮两年的经费不过几千万元，为了用好这点钱，每一轮指南制订专家组都要开若干次会，反复掂量，权衡轻重缓急。即使经费这么紧张，对曙光机的支持总是摆在最优先的地位，用汪成为院士的话说，举贤不避亲，吃小灶保证曙光机研制的经费。曙光机研发课题是定向发布的，承担单位是李国杰院士任主任的国家智能计算机研究开发中心。从 1996 年起，国家科委规定 863 专家不能承担课题了，为遵守此规定，但又要保证曙光机的研发，曾任 306 专家组副组长的李国杰老师不再担任专家，专门抓曙光机的研发。但即使是吃小灶，曙光机研制经费一期也不到 2000 万元。记得一次会上，专家组副组长李未老师曾说，美国都造出万亿次计算机了，我们能不能咬咬牙，砸上全部家当，也搞个 5000 亿次的？当然，说归说，最终专家组也没能咬这个牙，毕竟还有软件、人机接口、理论算法等那么多事情要做。1996 年到 1998 年这一期，曙光机的目标是搞 1000 亿次，用户是中国科学院网络中心，经费不足部分由中国科学院配套。专家组聘请了刚退下来的电子工业部计算机司原司长杨天行和电子工业部 15 所原所长王惠通担任曙光 2000 课题的监理,规格不可谓不高。曙光 2000 的研制过程中的确碰到了不少困难,我和课题监理定期去课题组检查进度,与他们一起商讨问题和对策。所遇到的难题之一是系统互连,最初的方案是研发自主的虫孔路由协议及其硬件,但研发出的互连电路总是不能稳定工作,耗费了大量精力,还拖了系统的进度。从实用出发,最终交付用户的曙光 2000 系统还是采用了成熟的商品化的 Myrinet 作为互连,关键核心技术突破的难度可见一斑。汲取这个教训,专家组在国防科大和华中科大部署了高速互连通信技术的课题,其中国防科大的研究工作 10 年后在天河一号上开花结果,用于实现天河一号的系统互连网络,提高了系统的整体性能,这是后话。

1996 年 11 月,我和李未老师参加在美国匹兹堡举行的超级计算 96 大会(SC'96)。会上我们了解到国际高性能计算发展的最新动向,看到了我们同美国的巨大差距。当时,美国正在酝酿启动先进计算伙伴计划(PACI),即由美国国家自然基金会(NSF)的两大超算中心:国家超级计算应用中心(NCSA)和圣地亚哥超算中心(SDSC)牵头,用互联网连接 NSF 主要的超级计算资源,形成美国的新型网络计算环境。1997 年,我第二次参加超级计算大会即 SC'97,发现美国的 PACI 计划已经全面铺开,并正式提出了网格计算的概念。我把这个情况带回专家组,提出要特别关注这个新的发展动向,从过去研发独立的高性能计算机转向研发基于互联网的高性能计算环境。我当时提出建立广域虚拟计算环境的建议,引起国家科委高技术司巫英坚处长和 306 主题专家组的重视。从 1997 年底起,经过一年多时间的准备,306 主题在 1999 年正式启动了"国家高性能计算环境"重大课题。我代表主题专家组担任责任专家,聘请中国科学院计算所的徐志伟为课题总体组组长,聘请江南计算所的谢向辉、中国科学院计算机网络信息中心的迟学斌、中国科学院计算所的唐志敏、国防科大的肖侬为总体组成员。总体组成员当时都还年轻,老徐和老谢刚过 40,老迟和志敏 30 出头,而肖侬刚刚 30 岁。大家意气风发,要干一番事业。但我们当时没有想到的是,此后 20 年,我们这些人还一直在一起共事,还一直在做同一件事情。306 主题专家组当时决定把已经启动的曙光 3000 的研发纳入这个重大课题管理,此外,重大课题还要研发国家高性能计算环境的系统软件,建立国家高性能环境的原型,研发一批示范应用。这种机器、环境、应用三位一体的发展模式在此后 20 年间的 863 计划重大项目和国家重点研发计划专项中一直得到延续。曙光 3000 研制经费的筹措颇费周折,当时,中国科学院计算机网络信息中心刚刚部署了曙光 2000,没有新的需求。经过多方努力,最终决定把曙光 3000 一分为三,西安交通大学、华大基因杭州中心、华大基因北京中心各要三分之一,由这些用户提供研制配套经费。西安交通大学为此作出了很大贡献,主管副校长王建华亲自出面协调,建立了校高性能计算中心,筹措到经费支持曙光 3000 的研制。当时在日本庆应大学拿到博士学位，正在进行博士后工作的董小社老师响应学校召唤，提前回国承担西安交大高性能计算中心的筹建任务。经过两年多的努力，"国家高性能计算环境"重大课题研制成功了 4132 亿次的曙光 3000 系统，建立了由合肥、上海、武汉、成都、北京五个国家高性能计算中心构成的国家高性能计算环境原型，研发了 20 多个示范应用。在环境支持下，用户可以通过网络，远程使用计算资源，网络计算环境初具形态。

过去 20 多年，高性能计算虽然得到了国家的持续支持，但是项目每五年就要重新论证一次，僧多粥少，这个论证立项过程还是很艰苦的。记得 2000 年左右，为"十五"立项做准备，开了一系列研讨会。有一个研讨会邀请了科技部、财政部的领导参加。会上中国科学技术大学的陈国良教授介绍了国家高性能计算中心（合肥）在推广应用中的艰辛。在开发淮河流域水情预报应用的过程中，陈教授带着学生，自带机器，下到基层，了解需求，手把手教基层技术人员使用计算机。讲到动情之处，陈教授不禁哽咽，与会者听了也很感动。不料会议茶歇时，科技部高新技术司信息处主管领导尉迟坚告诉我，参会的财政部处长私下说，既然推广应用这么难，说明人家不需要高性能计算呀，为什么要做这件事？我不禁愕然。但事后想想，财政部官员的话不无道理。我们在立项时，是否真正讲清楚了为什么国家需要高性能计算？我们讲的理由是否能让官员或普通百姓听懂？我们不能老在本方向的小圈子里转，觉得只有自己干的事情重要，而是要站在更高的层次，以更宽的视野把问题讲清楚。

经过反复论证，2002 年 4 月，科技部启动了"十五"863 计划重大专项"高性能计算机及其核心软件"，由我任专项总体组组长，徐志伟任副组长，谢向辉、肖侬、杨广文为专家组成员。专项执行周期为 2002 年~2005 年，国拨经费 1 亿元。专项的目标是研制一台每秒 4 万亿次运算能力、面向网格的高性能计算机；建设一个具有 5 万亿~7 万亿次聚合计算能力的高性能计算环境；开发一套具有自主知识产权的网格软件；建设 2~3 个科学研究、经济建设、社会发展和国防建设急需的重要应用网格。此外还在标准、人才等方面提出了要求。"十五"863 计划重大专项的一个重大变化是联想进入了高性能计算机研制的行列，这改变了过去十余年 863 计划只支持曙光一家的惯例。2002 年，联想为中国科学院数学与系统科学研究院研制成功万亿次的联想深腾 1800 系统，并趁热打铁，积极申请重大专项高性能计算机研制课题，与中国科学院计算所牵头的曙光团队形成了竞争。对此，有些专家提出异议，不主张支持联想承担高技术研究项目。当时的科技部秘书长石定寰同志明确表示，企业是科技创新的主体，应该鼓励和支持联想这样的公司参与国家科技计划的研究工作。而且，一家以上单位申请，可以形成竞争态势，有利于专项任务的完成。根据石秘书长的指示，专项总体组欢迎联想申请课题，同时积极寻找新的用户单位，以便既鼓励竞争，又能让曙光、联想都参加到重大专项高性能计算机的研制工作中来。最终，落实了中国科学院计算机网络信息中心和上海超级计算中心两个用户，科技部又给专项增加了 500 万元经费，把研制一台 4 万亿次机器的任务改成研制两台。经过评审，两台机器的研制课题分别由中国科学院计算所的曙光团队和联想团队承担。"十五" 863 计划重大专项的另一新的举措是让用户尽早介入机器及其研制单位的遴选。用户单位根据自己的需求和研制单位提出的机器指标，选择令自己最满意的机器，实际上，这也就确定了机器的研制单位。在竞争性谈判基础上，中国科学院计算机网络信息中心选择了联想深腾 6800,而上海超级计算中心选择了曙光 4000A，最终用户和机器研制单位皆大欢喜。联想参与竞争在某种程度上改变了过去单靠一家承担课题的弊病。没有竞争的时候，课题任务一旦下达，就很难要求课题组再干任何超出指南指标的事，而这次曙光、联想两家比着干，都力争干得更漂亮一些。到 2004 年，两家都超额完成了任务。曙光 4000A 峰值性能达到每秒11.2 万亿次浮点运算（11.2TFLOPS），首次在世界 TOP500 排行榜上名列第 10。联想深腾 6800 的峰值性能也达到 5.36TFLOPS，而且机器很稳定，深得中国科学院计算机网络信息中心的好评。重大专项除了研制成功两台机器之外，还自主研发了网格软件 CNGrid GOS，依靠该软件，集成了分布在全国 6 个城市的 8 个高性能计算中心的计算、存储、数据、应用软件等资源，建立了国家高性能计算环境实验床——中国国家网格(CNGrid)，实现了资源共享和协同工作。CNGrid 的聚合计算能力18TFLOPS，存储容量 200 TB，共享软件 129 个，数据库约 150 个，有效支持了科学研究、资源环境、制造业和服务业等领域应用。此外，重大专项还成功研制了地质调查、航空制造、气象应用、新药发现等 10 个应用网格，投入实际应用并取得显著应用效果。

2　跨　越　发　展

　　"十一五" 863 计划的战略研究在 2005 年就开始了，当时的一个大背景是国家正在制订中长期科学和技术发展规划纲要，这是国家到 2020 年的科技发展大规划，而 863 计划 "十一五" 发展规划要落实《中长期科学和技术发展规划纲要》中的阶段性任务。《国家中长期科学和技术发展规划纲要》把千万亿次超级计算机列为 2020 年要实现的目标。在战略研讨中，总体组认为要达到这个目标，"十一五"应该跨出一大步，搞个数百万亿次的机器。建议草案向 863 计划信息领域专家委汇报后，专家委认为目标不够清晰，什么是数百万亿次？500 万亿次是数百万亿次，200 万亿次是不是？总体组根据这个意见，明确修改为 "十一五" 期间要完成 500万亿次的机器。但专家委的咨询意见仍然要求我们再大胆一点。总体组对此反复据量。国际上，美国将在 2008~2010 年左右完成千万亿次的系统，我们能否在 2010 年底前也搞出千万亿次来？我们当时是 10 万亿次水平，这意味着 5 年要提高 100 倍，这个速度是超常的，国际上一般 5 年也就 30 倍左右的增长，我们自己在"十五"期间也不过提高了 25 倍，要提高 100 倍，依据是什么？技术上能实现吗？国家中长期科学和技术发展规划纲要要求 2020 年完成的任务，提前到 2010 年完成，这现实吗？但另一方面，如果能跨出这一步，我们在高性能计算领域就与国际最先进的美国和日本并跑了，这对于提高民族自信心、提升我国科技竞争力有十分重要的意义。那段时间，科技部高新技术司信息处主管高性能计算的王春恒同志和总体组一起，对这些问题反复权衡思考，开展调查研究。对"十一五"863 计划重大项目"高效能计算机及网格服务环境"的立项建议书和实施方案字斟句酌，三易其稿，最终下决心，就搞千万亿次机！重大项目的立项论证会是在 2006 年国庆前夕召开的，记得当时我在意大利参加欧洲联盟（以下可称"欧盟"）项目的会议，刚到罗马第二天早上接到通知，要我到重大项目立项论证会上答辩。于是当天改机票回国。重大项目立项顺利通过，顿感轻松，接着是国庆节，喜气洋洋过节。后来的发展证明，当时的决心是对的，到 2010 年，我们不但搞出了 4700 万亿次的天河一号，而且还拿了世界第一！

下决心不容易，做起来更难。千万亿次机将采用什么样的体系结构？使用什么处理器？系统需要多少节点？互连网络如何实现？如何供电？如何冷却？如何保证系统长时间可靠运行？系统软件如何支持大规模并行？大规模并行软件怎么开发？大规模并行算法怎样适应硬件体系结构？一系列的技术难题需要解决。为稳妥起见，千万亿次机的研制分两步走，第一步先研制两台百万亿次的机器，探索千万亿次的技术方案，第二步再研制一台千万亿次机。曙光和联想两个团队首先承担了百万亿次机的研制任务。

以当时的技术手段，要用通用处理器做出功耗 2 兆瓦以内的千万亿次机几乎没有可能，必须寻找其他的技术途径。在深入分析国际技术趋势和国内技术现状的基础上，总体组提出了千万亿次机的技术路线：以通专结合的加速混合体系结构和基于高能效多核处理器的体系结构实现千万亿次机。机器研制团队也在深入思考。记得联想团队的祝明发老师一次给我打电话，说他们反复讨论，认为在功耗限制条件下，实现千万亿次机的最佳方案是通用处理器加加速器的结构，这和总体组的思路不谋而合。通用处理器的选择不多，无非是 Intel、AMD 或 IBM 的，但是选什么作为加速器却有多种选择。曾有过多种考虑，例如，基于 FPGA、Cell、ClearSpeed 和 GPU 等。联想最初曾希望用 IBM 的 8+1 核的 Cell 处理器作为千万亿次机中的加速器，祝明发老师专门拉我一起请 IBM 的相关部门负责人在白家大院吃过一次饭，探讨能否在这方面与 IBM 合作。但 IBM 的人对此不感兴趣，也不愿提供任何技术支持。联想最终决定使用低功耗的龙芯处理器作为千万亿次机中的加速部件，并开发了 16 龙芯处理器的验证加速板。由于联想最后没能承担千万亿次机的研制任务，这个方案未能付诸实施。通用 GPU（GPGPU）的出现为加速部件的实现提供了更加可行的方案。国内最先使用 GPU 进行大规模并行计算的是中国科学院过程所的李静海团队，他们在通用服务器中插入 GPU 板，形成化学反应过程数值模拟的计算机系统。联想和曙光后来在此基础上开发了更为产品化的 GPU 加速计算系统。国防科大团队基于自己在流处理方面的研究积累，在 2009 年 9 月完成了采用 CPU+ GPU 异构加速结构的天河一号计算机。天河一号使用 AMD 的 GPU 作为加速器，峰值速度超过每秒千万亿次浮点运算（PFLOPS），这种结构引起国际超算界的关注。一年之后，天河-1A 系统推出，加速器换成了 Nvidia 最新的"费米"（Fermi）GPU，互连网络用自研的路由芯片和接口芯片实现，性能优于当时的市售高速互连系统。天河-1A 的峰值性能达到每秒 4700 万亿次浮点计算，Linpax 性能每秒 2560 万亿次浮点运算，在 2010 年 11 月世界超级计算机 TOP500 排行榜上排名第一，这是中国制造的超级计算机首次取得世界第一的佳绩。

用国产处理器实现千万亿次机一直是中国科技人员内心的夙愿。除了前面提到的联想团队打算用低功耗的龙芯处理器作为千万亿次机中的加速器之外，曙光团队也曾考虑在千万亿次机中采用低功耗龙芯处理器。在他们提出的超并行处理体系结构中，龙芯 3 号处理器作为计算密集部件使用。但是由于 8 核的龙芯 3B 处理器未能按时推出，只得用 4 核的龙芯 3A 来代替。最终由于龙芯 3A 的内存驱动能力达不到节点设计的要求，所研发的龙芯节点不能稳定工作，未能在曙光 6000A 千万亿次机中发挥作用。采用国产处理器实现千万亿次机的愿望最终是由神威团队实现的。2011年，全部采用国产"申威 1600"16 核处理器实现的神威·蓝光系统研制成功，系统峰值性能每秒 1070 万亿次浮点运算，Linpack 持续性能每秒 796 万亿次浮点运算，是我国第三台峰值性能超过千万亿次的通用计算机系统。系统采用板级间接水冷，内部流动着冷水的散热板直接与芯片紧贴，高效带走芯片热量而无需风扇。这种冷却保证芯片结温很低，因此允许很高的安装密度，神威·蓝光仅用 8 个机柜就达到了千万亿次的计算性能，在世界同类系统中也是罕见的。神威·蓝光系统功耗在最高 Linpack 性能下仅 1.074 兆瓦，能效比达到每瓦 7.41 亿次浮点计算。神威·蓝光的成功标志着采用国产多核处理器研制千万亿次高性能计算机的历史性突破。

"十一五"（2006~2010 年）是我国高性能计算跨越式发展的时期。重大项目除了研制成功天河-1A、神威·蓝光和曙光 6000A 三台千万亿次高性能计算机，取得世界第一的佳绩外，还大大提升了 CNGrid 的资源能力和服务水平，环境中高性能计算中心的数量达到 14 个，集成的共享计算能力达到每秒 8000 万亿次浮点运算，部署了 400 多个应用软件，支持全国各地用户的方便使用。重大项目还研发了一批大规模并行应用软件，例如，首款国产计算流体力学软件 CCFD，在国产大型运输机的研制中得到使用，有力支持了大飞机重大科技专项的研发工作。我国的并行计算水平从"十五"末的千核并行提升到"十一五"末的 8 万核并行。在 2010 年国庆前夕召开的"高效能计算机及网格服务环境"重大项目成果发布会上，当时的科技部党组书记李学勇同志高度赞扬了重大项目所取得的成绩。他指出，从应用需求出发，坚持自主创新的战略；坚持机器、环境和应用的全面均衡发展；坚持"产学研用"密切合作，发挥各自优势；这"三个坚持"是重大项目成功的关键，符合国家以企业为主体的创新发展战略，符合科技部提出的建立企业技术创新战略联盟的思路。他还表示，高性能计算是具有战略意义的前沿技术，科技部将继续支持这方面的研究。在发布会前的小范围交谈中，李学勇同志还特别说，他对超级计算机这个世界第一特别看重，特别高兴，因为这是我们第一次和美国在高技术上并肩赛跑，并且领先。

由于"十一五"重大项目所取得的优异成绩，"十二五"高性能计算方向重大项目的立项没费太大周折。2011 年，"十二五"863 计划重大项目"高效能计算机及应用服务环境"正式启动，我继续任总体组组长。项目的目标是在"十二五"末研制成功世界领先的峰值性能 10 亿亿次（100PFLOPS）以上的高效能计算系统，提升系统主要核心元器件的国产化率，能效达到每瓦 50 亿次浮点运算以上。要研制成功 10 个以上领域和行业的重大应用软件系统，可使用 30 万个以上 CPU 核开展大规模数值模拟，并行效率不低于 30%。要形成可持续发展的国家级超级计算基础设施服务环境，建立 6 个以上专业社区，为科学研究、重大行业、战略性新兴产业提供资源丰富、方便易用的计算服务。

在立项过程中，关于做 5 亿亿次的还是 10 亿亿次的机器曾有过一些争论，但很快就统一思想，设立的目标要跳一跳才能够得到，要研制 10 亿亿次级的超级计算机。为了让国内几家队伍都能参与到研制 10 亿亿次机的工作中来，在研制几台机器上有过几次反复。最初我们提出，研制"一大三小"，即一台 10 亿亿次、三台 2 亿亿~3 亿亿次的机器。但是一算经费根本不够。更重要的是为什么要做 3 台小的？用户是谁？说不清楚。这个方案没通过，又提出了"一大一小"的方案，即做一台 10 亿亿次的、一台 5 亿亿次的。讨论时，觉得还是不可行。因为国拨经费不足，用户都必须配套研制经费。谁花了钱不想拿个世界第一？又花钱又争不到名次的事恐怕没有人愿意干。最后，提出"两大"的方案，即研制采用不同体系结构的两台 10 亿亿次超级计算机，但需要用户按 2:1 配套经费。国防科大首先落实了广州超算中心用户，率先启动了"天河二号"的研制工作。一年多后，神威团队也落实了无锡超算中心用户，启动了"神威·太湖之光"的研制。曙光和联想都加入到神威团队，承担了一部分的研究任务，至此，国内主要的高性能计算机研究团队都进入国家队的行列。

机器做到 10 亿亿次规模，功耗成为最大的障碍。如果不能把功耗控制在合理水平,不仅系统的高额电费无法承受,而且散热问题也不好解决,机器无法长期稳定运行。重大项目把系统功耗指标设定在每瓦 50 亿次,也就是说,10 亿亿次的机器,功耗要小于 20 兆瓦。要达到这个能效指标,必须从体系结构入手,处理器的选择也至关重要。天河二号继续天河-1A 的技术路线,采用异构加速体系结构,不过加速器换成了 Intel 的 Xeon-Phi,即 MIC 众核处理器。神威团队则提出多目标优化的异构多态体系结构,要研制新一代的申威众核处理器来实现系统。两个方案各有特点,也代表了当时世界上主流技术的发展趋势。根据总体组意见,打时间差,天河二号的研制分两步走。采用 Intel 的至强处理器和当时一代的 MIC 处理器 Knight's Corner,在 2013 年就完成了天河二号一期,系统峰值性能和 Linpack 性能分别达到 5.49 亿亿次和 3.4 亿亿次,在 2013~2016 年连续 3 年 6 次位居世界超级计算机 TOP500 的榜首。神威·太湖之光采用新一代申威处理器 SW26010 实现。SW26010 内含 4 个大核和 256 个小核,分成 4 组,每组 1 个大核带 64 个小核。由于 SW26010 处理器的能效指标优异,神威·太湖之光全机的能效超过每瓦 60 亿次浮点运算,系统峰值性能和 Linpack 性能分别达到 12.5 亿亿次和 9.3 亿亿次,在 2016 年和 2017 年连续两年 4 次位居 TOP500 榜首。由于神威·太湖之光全部采用国产众核处理器实现,引起国际上高度关注。天河二号二期要升级到 10 亿亿次,按照原来的计划,系统的升级是非常容易的,只要用 Intel 的最新一代 MIC 处理器 Knight's Landing 替换掉 Knight's Corner 即可。二者的管脚兼容,节点的电路板不需要做任何改动。由于 Knight's Landing 的能效比 Knight's Corner 高得多,升级后的天河二号功耗不会超过 20 兆瓦,可以达到重大项目的指标要求。但是天有不测风云,2015 年 2 月,美国商务部突然把天河二号的研制单位国防科大以及与国防科大有关的天津、广州、长沙三个国家超算中心列入出口限制名单。任何美国公司要向这四家单位出售高性能处理器和高性能计算软件,都必须向美国商务部申请出口许可,通常这种申请不会得到批准。Intel、NVIDIA 等公司就是中止合同,也不敢违反美国政府的出口禁令。天河二号的升级一下被卡住了。美国的做法显然是要遏制中国超级计算机的快速发展,但表面的理由冠冕堂皇,说天河二号"涉核"。2015 年 5 月我参加了在美国加州大学圣地亚哥分校举行的第二次中美高性能计算比较研讨会,会上美方代表提到"涉核"是美国商务部禁令的理由。我当即反驳,如果不是想坐牢的话,没有哪个中国的用户会把涉及核武器的项目放到天河二号这样的系统上去算,说天河二号"涉核"是无稽之谈。与会的美国科学家其实心里也明白,不过这是政府决定,谁也不能说什么。由于不能得到新一代的 MIC 处理器来升级天河二号,国防科大团队只能寻求新的技术途径来完成任务。在修改后的天河二号升级方案中,国防科大决定用自主研制的加速处理器来取代 Intel 的 Knight's Landing。自主加速处理器的研制工作持续了约两年。2017 年初,国防科大自主研制的加速处理器 Matrix-2000 问世，这是一个 128 核的众核处理器，峰值性能达到 2.4 万亿次，峰值功耗约 240 瓦，能效指标满足天河二号升级需要。而且 Matrix-2000 与 Intel 的 MIC 处理器管脚也做到兼容，可以直接替换掉旧的 MIC 处理器。升级后的系统命名为天河-2A，峰值性能每秒 10 亿亿次浮点计算，Linpack 性能每秒 6.1 亿亿次浮点运算。美国的禁运给我们上了一课，使我们认识到，中国的高性能计算不能建立在外来技术之上。过去我们总讲鼓励采用自主可控技术，但是现在不是你愿意不愿意，鼓励不鼓励的问题，而是只能依靠自己，因为人家不卖给你。只有自己手中有货，才能不被别人卡住脖子。这一认识直接影响了"十三五"重点研发专项"高性能计算"的指导思想。

除了两台 10 亿亿次级的机器连续 10 次世界第一之外，"十二五"期间在高性能计算应用方面的进步也可圈可点。神威·太湖之光上已经有十多个全机规模应用，也就是说，这些应用能有效地使用 1000 万个处理器核。其中，大气动力学求解器和非线性地震数值模拟两项应用分别获得 2016 年和 2017 年国际高性能计算应用最高奖戈登·贝尔奖，实现了我国在该奖项设立近 30 年来零的突破。

3 历 史 经 验

2015 年，国家科技计划的体制发生了变化，实施了近 30 年的 863 计划完成了她的历史使命，和 973 计划等一起，被新的国家重点研发计划所替代。2015 年 9 月，新的重点研发专项"高性能计算"通过了立项论证，中国的高性能计算开始了 E 级计算，也就是百亿亿次级计算的新征程。回顾过去 20 多年我国高性能计算发展走过的不平凡的道路，展望未来艰巨的任务和挑战，一些经验特别值得重视。

1. 咬定目标不放松

高性能计算是国家 863 计划自 20 世纪 90 年代初开始重点支持的研究方向，并从"十五"计划开始，连续 4 个国家科技计划重大项目持续支持。不管东西南北风，只要认定目标，就咬住不放，才能有所进步，有所收获。

2. 设定远大目标，一步一个脚印

瞄准世界先进目标，敢为人先。在实际中根据国情，制订合理可行的技术路线，循序渐进，逐步提高自主可控技术的比例，最终走到世界前沿。

3. 重视高性能计算机、高性能计算服务环境、高性能计算应用三者的协调均衡发展

高性能计算机是科技创新和工程设计的基础资源，高性能计算服务环境是方便

和拓展高性能计算机应用的基本条件，而应用的发展会刺激机器和环境的进步，三者相互依赖、相互促进。

4. "产学研用"密切合作

充分发挥用户的作用，计算机制造企业、研究所、大学和高性能计算中心密切合作，不仅能提高系统的技术水平和实用性，也会加快系统研制、部署及应用的进度。

5. 坚持开放的研究道路

在自主可控的基础上，积极学习国际先进经验，凡是好的东西，都要虚心学习，提高我们的技术水平。"不管风吹浪打，胜似闲庭信步"，不管国际风云如何变幻，始终坚持开放的研究道路。

4　展　望　未　来

大数据、人工智能等技术的兴起，给高性能计算带来新的发展机遇，也带来新的挑战。高性能计算、大数据、人工智能三者密切关联，相互支撑。一方面，高性能计算改变了大数据和人工智能研究与应用的模式；另一方面，大数据和人工智能也将深刻影响未来高性能计算机的体系结构和实现技术。在未来超级计算机研制中，要充分考虑大数据和人工智能应用的特点，兼顾数据密集和计算密集、时延敏感和带宽敏感等不同类型应用对体系结构的需求，探索以数据为中心和数据流体系结构等面向大数据的新型体系结构，在追求更大的内存和外存容量的同时改善访问带宽和时延。要发展适应大数据分析处理的算法和软件，例如，支持大数据高效分析处理的数学方法和计算机算法、适应大数据应用的系统软件栈、面向数据的性能优化工具等。要关注支持脉冲神经网络等新型神经态计算机体系结构和更有效支持人工神经网络的体系结构，研制能高效执行人工智能算法的智能处理器，在通用的处理器中实现多种精度浮点运算或内嵌张量计算等专用部件，以便更有效地运行人工智能应用。高性能计算、大数据和人工智能应该相互协调、融合发展。除了在技术层面的相互促进之外，还要在需要三者综合支撑的典型应用领域率先取得突破，体现融合发展的效果。

随着依托自主可控技术的 E 级计算机研究工作的推进，构建面向国产处理器的高性能计算生态环境的任务变得十分紧迫。建立不起国产处理器的完整软件环境，国产处理器在市场上不可能有一席之地，基于国产处理器的 E 级计算机也难言成功。国产处理器的计算生态环境包括系统软件、工具软件、应用开发环境和应用软件。在发展系统软件和工具软件的同时，要特别关注重要关键领域的应用软件，以替代国外主流商业应用软件为目标，研发并形成重要关键领域的自主应用软件。为了促进基于国产处理器的计算生态环境的构建，要通过技术辐射，尽快形成具有一定市场份额的基于国产处理器的服务器系列产品，开放其技术架构，吸引更多的第三方软件厂商和应用部门为其开发软件。

要重视高性能计算基础研究与核心技术创新。在后摩尔时代，高性能计算机的进步更要依靠体系结构创新和关键技术突破。要重视创新体系结构、高性能处理器微结构、内存体系结构、3D 内存技术、高速互连、低功耗技术、可靠性技术、系统冷却技术、大规模并行算法、大规模并行软件等的研发，形成我国超级计算机持续发展的深厚基础和战略纵深。

要解决国家高性能计算环境的可持续发展问题，以国家支持为主，有偿服务为辅，实现国家高性能计算环境的良性发展。要探索国家高性能计算环境新的运营模式，完善新模式所需要的技术机制。要完善以"批发"为特征的资源供给模式和以"零售"为特征的按需服务模式，发展个性化社区的快速构建技术，更好地承载和支持领域应用社区，更好地为领域用户服务。

要从战略高度认识高性能计算人才培养的重要性。计算应该是所有理工科大学生必须掌握的基本技能，要在大学中普及计算基础教育，发展数学、计算机和各领域科学交叉的新的专业方向，培养一大批能用高性能计算解决实际问题的高层次人才。

从历史的角度看，过去 20 多年我们所经历的发展不过是一瞬间，再过 20 年回首往事，一定会觉得今天的成就微不足道。但是，就像长途跋涉，没有昨天的起步就没有今天的天高地广，没有今天的执着就没有明天的无限风光，正是这一个个里程碑，让我们知道我们一直在前进，也提醒我们前面的路还长。

国防科技大学高性能计算机发展历程

卢锡城

国防科技大学计算机事业发展源自哈尔滨的中国人民解放军军事工程学院（简称"哈军工"）时期。1958 年，哈军工成立电子计算机研究小组，1966 年 4 月成立计算机系，慈云桂教授是第一任系主任。1970 年哈军工南迁长沙，改名为长沙工学院，1978 年学校又改建为国防科技大学。从哈军工到国防科大，相继研制成功 331 专用电子管计算机（后改名为 901）、441B 系列晶体管通用数字计算机、151 系列集成电路大型通用计算机（第一台用于远望测量船中心数据处理）、银河/天河系列高性能计算机、银河系列高性能仿真计算机等一批通用和专用计算机系统。可以说，在中国计算机事业发展历程的每一个关键节点上，都有国防科大里程碑式的贡献。441B 系列晶体管通用数字计算机，生产了 100 多台套，装备到国家多个重要部门。

1 银河系列高性能计算机系统

自 1983 年银河-Ⅰ巨型计算机研制成功，国防科大研制了多代高性能计算机系统。银河系列高性能计算机研制从一开始就是面向大规模科学工程计算和数据处理需求，几十年来持之以恒的追求是：浮点运算速度要快，存储器容量要大，计算精度要高（字长 64 位），科学工程计算软件库要丰富，软件开发工具要方便，以及配合典型用户研发大型应用软件，力求使系统高效、好用、实用。实践告诉我们，用户关心的不是系统峰值性能，而是实际计算的性能、软件开发方便性和系统管理运行的成本。

凭借在典型领域的应用优势，银河系列机以良好的综合性能和技术支持赢得了用户信任，广泛用于核科学、空气动力学、气象、石油等国家和军队重要部门。

1.1 中国第一台巨型计算机系统银河-Ⅰ

国际上亿次巨型计算机问世不久，针对国家开发第二代核武器的战略需求，1972 年，国防科委钱学森副主任主持召开了两次巨型机研制专家论证会，慈云桂参加会议，强烈主张将巨型机研制列入国家计划。遵照时任国防科委主任张爱萍将军的指示，在慈云桂主任率领下，长沙工学院计算机研究所围绕巨型机研制问题开展了深入调研，并代国防科委向党中央起草了关于研制亿次巨型机的请示报告。1977年11月14日，国防科委向中共中央呈报了《关于研制巨型电子计算机事》的请示报告。同月26日报告获中央批准。1978年3月4日，邓小平同志主持召开国家专委会议，专题研究巨型机问题。面对国内几家单位希望承担巨型机研制任务的情况，他对张爱萍同志说，"亿次机就由长沙工学院搞算了"，"论证时，要多请一些人来参加，什么时候完成，长沙工学院要签字"。张爱萍同志对慈云桂教授说："小平同志把巨型机任务交给你了，我向小平同志立了军令状，你也要向国防科委立军令状。"慈云桂教授当即表示："请张主任放心，我保证每秒一亿次，一次不少！五年时间，一天不拖！"

1978年5月，国防科委在北京召开巨型机方案论证和协作会议，代号785工程的巨型机工程正式拉开了帷幕。工程由长沙工学院计算机研究所牵头，全国30多个单位参与协作，要求用五年时间完成任务。

图1　慈云桂教授

当时，研制计算机的器件主要是小规模集成电路，国产单台计算机系统最高性能在每秒百万次量级，五年内要把单个处理机性能提高两个量级，技术难度很大。国防科委和学校分别成立了785工程领导小组，设立了785工程办公室，慈云桂教授担任项目总负责人。工程指挥线上下通畅，遇到问题反应及时、决策快捷。在慈教授带领下，工程组全体人员团结协作、日夜奋战、开拓创新，技术上取得了多项重大突破。例如，系统采用向量处理结构，64 位字长，为了解决元器件性能不能满足系统总体要求的矛盾，创造性地提出了双向量阵列并行全流水体系结构、主存素数模存取机制，攻克了高速动态 MOS 器件主存、冷却、操作系统、向量编译器、高速信号传输及布线 CAD 软件等一系列技术和工艺难关，编制了 200 余万行软件，生产过程中还创造了 250 多万个焊点无一虚焊，全机底板 2.5 万条绕接线、12 万个绕接点的绕接连线无一错误的奇迹。

1983 年秋，经过五年攻坚克难，我国第一台亿次巨型计算机终于研制成功，时任国务委员兼国防部长的张爱萍将军闻讯十分高兴，欣然挥毫，将其命名为"银河"，并题诗一首：

亿万星辰会银河，世人难得有几多。

神机妙算巧安排，笑向繁星任高歌。

由此，国防科大开启了巨型计算机研制征程，第一代亿次巨型计算机被命名为银河-I 巨型机。银河也因此成为国防科大计算机品牌。

图 2　银河-I 巨型机

1983 年 12 月 6 日，由时任国务委员兼国家科委主任方毅主持，银河亿次巨型计算机在长沙通过国家鉴定。鉴定委员会一致认为，该系统"填补了国内巨型机的空白，标志着我国进入了世界研制巨型机的行列"。1984 年，银河亿次电子计算机荣获中央军委特等国防科技成果奖，其模型展示在国庆 35 周年的游行队伍中；中央军委授予国防科大计算机研究所集体一等功，并誉之为"国防战线上一支勇于进取、能打硬仗的先进集体。" 特别要提及的是，银河-Ⅰ系统研制国家预算2个亿，实际开支不到5000万，结余部分全部上缴国家。

图3 中央军委授予国防科大计算机研究所集体一等功和银河机特等成果奖

银河亿次机共生产安装3台，在我国尖端武器研制、石油勘探等领域发挥了重要作用。在国防科大李晓梅教授带领下，计算机研究所与石油部物勘局联合研制成功银河-Ⅰ上运行的"银河石油地震数据处理系统"，系统于1987年2月通过国家鉴定，获国家科学技术进步奖一等奖。

1.2 银河-Ⅱ十亿次并行巨型机系统

20世纪80年代中期，国际上主流巨型计算机系统，采用共享存储多处理机并行体系结构，性能已达到每秒十余亿次，国内很多重要部门也对更高性能的计算机系统提出了迫切需求。鉴于此，国防科大在国防科工委的支持下，组织开展关键技术预先研究。

在获悉国家气象部门需要一台高性能计算机用于中期数字天气预报后，国防科大计算机研究所陈福接主任、周兴铭总工和陈立杰副总工三人联名上书中央，请战研制该套系统。1986年6月30日，国防科工委给国防科大下达了《关于贯彻中央领导同志批示，落实巨型机研制任务的通知》，明确银河-Ⅱ系统研制甲方是中国气象局（第一用户）。1988年3月12日在北京正式签约，经费3600万，核心考核指标是完成中期数字气象预报业务计算的"墙钟时间"。银河-Ⅱ采用共享存储对称多处理机并行体系结构（SMP），64位字长，全系统由4个向量处理机（CPU）组成，运算速度每秒10亿次（1 GFLOPS）。

学校成立了银河-Ⅱ工程领导小组，陈福接所长任总指挥，周兴铭总工程师任总设计师，陈立杰副总工程师和彭心炯教授任副总设计师。他们带领团队开展技术攻关，经过近5年的奋战，攻克了多处理机并行、高速共享大主存、独立双I/O子系统、50MHz高主频、高速大型电子系统集成CAD软件、14层埋孔大板面多层印制板工艺、大热量冷却、并行操作系统、并行编译系统、多任务库、并行应用软件开发工具、100Mbps光纤高速局域网等一系列技术难关，1992年8月，全部系统软硬件调试成功。

研制期间，1991 年 3 月 17 日，江泽民总书记在国防科大视察了银河-Ⅱ研制现场，详细询问了银河-Ⅱ的研制进展、技术难点、主要困难等情况，中央领导的关心极大鼓舞了全体研究人员。

1992 年 11 月 18 日至 19 日，在长沙召开了银河-Ⅱ巨型机系统国家鉴定会。鉴定会由时任国务委员兼国家科委主任宋健学部委员主持，鉴定委员会一致认为："银河-Ⅱ巨型机的诞生缩小了我国和国际先进水平的差距，又一次打破了国外在巨型机技术上对我国的封锁。"国务院和中央军委发来贺电，指出这是我国高科技领域取得的又一重大成果，标志着我国高性能计算技术的一大进步。

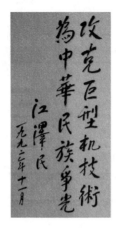 

图 4　授予荣誉

1993 年，江泽民总书记给予高度评价，亲笔为国防科大题词"攻克巨型机技术，为中华民族争光"。中央军委发布通令授予国防科大计算机研究所"科技攻关先锋"荣誉称号，银河-Ⅱ巨型机获国家科学技术进步奖一等奖，被列为 1992 年全国十大科技成果之首，两次写入总理政府工作报告。周兴铭总设计师立一等功。

图 5　银河-Ⅱ巨型计算机系统

　　在李晓梅教授带领下，国防科大计算机研究所与国家气象中心紧密合作，1993年10月，基于银河-Ⅱ建立了中国第一个中期数字天气预报业务系统，"墙钟时间"优于合同要求，使我国成为世界上少数几个能发布5至7天中期天气预报的国家。

　　银河-Ⅱ共生产3台，在我国气象和国防领域发挥了重要作用。

1.3　银河-Ⅲ大规模并行巨型计算机系统

　　1993年初，银河-Ⅱ研制成功不久，国防科大根据国防科工委领导指示意见，由周兴铭总工负责、卢锡城副总工协助，组织开展银河-Ⅲ系统技术路线和关键技术研究。

　　1994年11月9日，国防科工委正式下达"关于银河-Ⅲ研制任务书的批复"，明确银河-Ⅲ技术指标为每秒100亿次，并可扩展到400亿次，研制周期三年。学校成立了银河-Ⅲ工程领导小组，任命卢锡城为银河-Ⅲ总指挥，杨学军为总设计师、张民选为副总设计师，各部门主任设计师也大幅年轻化，"银河"事业担子交到年轻一代身上。

　　相对银河-Ⅱ，银河-Ⅲ技术路线做了较大调整。体系结构从向量SMP到MPP；中央处理器由自主定制设计到选购商用CPU；核心控制部件由基于中小规模集成电路设计，变为定制专用大规模集成电路（ASIC）；操作系统从批处理方式变为开放交互方式等。技术转轨给银河-Ⅲ工程研制带来很大技术挑战。银河团队攻克了高带宽低延时可扩展大规模互连网络（3D-Torus）、共享分布存储机制（CC-NUMA）、大规模ASIC设计、巨型机UNIX操作系统、大规模并行程序库和设计工具环境、大规模并行算法等关键技术。为了保证ASIC芯片投片一次成功，计算机系组织了"设计审核组"，由逻辑设计经验丰富的老同志参加，一起细致审核了全部设计。

　　1993年，钱学森先生(时任国防科工委科技委高级顾问)给国防科大写信，指出："巨型机的将来在于多到10000个处理机的极度并行计算机，银河巨型机要直奔极度并行机，攻极度并行算法。"按照钱老的要求，计算机系进一步加强了应用软件研究力量，在核科学、气象、空气动力等重要应用方向配置专门研究队伍，进一步密切与应用部门合作，组织攻关相关领域的大规模并行算法和并行应用软件设计，责成年轻的宋君强教授负责，研制在银河-Ⅲ系统上高效运行的气象软件系统。

　　经过3年多的努力奋战，银河-Ⅲ系统研制成功，提交鉴定的系统峰值速度为每秒130亿浮点运算（13GFLOPS）。

图 6　银河-Ⅲ并行巨型计算机

1997 年 6 月 19 日，国防科工委在北京主持银河-Ⅲ并行巨型计算机系统国家鉴定会，鉴定委员一致认为："银河-Ⅲ并行巨型计算机的研制成功，标志着我国高性能巨型机研制技术上又取得了新的突破，又一次证明我国已具备研制高性能并行巨型机的能力。"国防科工委发来贺信，高度评价这一重大成果是向香港回归、建军 70 周年和党的十五大献上的一份厚礼，是国防科大计算机系无愧于"科技攻关先锋"荣誉称号的有力证明。

银河-Ⅲ被评为当年十大科技成果，列入党的十四大以来国家大事记。1999 年银河-Ⅲ获国家科学技术进步奖一等奖，中央军委给卢锡城记一等功。

1.4　银河超级并行计算机系统

1998 年 11 月 12 日，总装备部向国防科大计算机系下达了银河超级并行计算机系统研制任务书，同年 12 月 8 日，甲乙双方在北京签订合同，规定 2000 年完成 5000 亿次（500GFLOPS）系统研制，并交付用户使用。国防科大成立了银河领导小组，任命卢锡城为系统总指挥、杨学军为总设计师、张民选为副总设计师。

银河超级并行计算机的系统研制与应用系统开发同步进行，系统应用方（甲方）帮助系统研制方（乙方）认真理解甲方核心应用算法的特点，以优化体系结构设计，优化应用软件开发支撑环境，提高系统实际运行效率，方便用户软件开发使用。

研制团队攻克了基于超级结点层次式可扩展并行体系结构的软硬件综合优化，基于源同步传输与通信抽象层的高带宽、低延迟互连网络拓扑和通信，操作系统灵活方便的资源管理、处理机调度和单系统映像综合优化等关键技术，实现了甲方重点要求的基于 OpenMP 的并行程序设计环境，并可扩展到 1024 个 CPU 规模。

2000 年 3 月，甲方组织对银河超级并行计算机小系统进行了测试考核，比较满意系统性能和应用软件的可扩展性。双方商定，并报上级标准，适当增加经费，把标的系统规模调整到万亿次，交付时间不变。

2000年7月27日，银河超级并行计算机系统在长沙通过国家鉴定，朱光亚主任冒着酷暑亲赴长沙主持鉴定。朱主任极少参加项目鉴定，他的到来是对银河事业的高度肯定，也是对银河人的巨大激励。

图7 银河超级并行计算机系统鉴定会

鉴定委员会一致认为：银河超级并行计算机是我国第一台万亿次计算机系统，其综合技术水平与当前国际最先进的并行计算机系统相当。系统技术起点高，研制难度大，总体上达到当前国际先进水平，其中多项技术处于国际领先水平。

江泽民总书记为该系统题名"银河超级并行计算机"。2001年，中央军委给予计算机学院全军通令嘉奖。同年，银河超级并行计算机系统获国家科学技术进步奖一等奖。

图8 江泽民总书记题名

图9 银河超级并行计算机

银河-Ⅲ和银河超级并行计算机凭借在典型领域应用的优势，成功地部署在总参、总装、海军、空军、二炮、中国工程物理研究院等多个重要部门，以良好的综合性能和技术支持赢得了用户的信任。

银河超级并行计算机研制成功后，在国家重大应用需求的牵引下，银河高性能计算事业发展顺利，一代代系统成功推出，有力推动了国家高性能计算技术发展，并在国家重要部门的重大应用中发挥了突出的作用。特别令人高兴的是，银河系统所用的高性能 CPU 从全部采用引进的商用产品走向部分或全部采用自主研制的产品。

2 天河系列高性能计算机系统

为适应国家经济、科技快速发展对高性能计算能力的需求，在国家863计划牵引下，国家和地方共同筹资建设国家级超级计算中心，国防科大竞得中心超级计算机系统的研制任务，天河系列高性能计算系统应运而生。

天河的核心技术基于银河，在新一代银河研制中，总设计师杨学军教授创造性地提出采用CPU加GPU的异构融合体系结构，有效地平衡了高性能计算系统性能和功耗的突出矛盾，赢得国际高性能计算机界高度评价，为天河冲击超高性能提供了技术支撑。

2.1 天河一号和天河一号二期系统

2009 年 9 月，国防科大研制成功我国首台千万亿次超级计算机系统天河一号

（Tianhe-1），标志着我国成为继美国之后世界上第二个能够研制千万亿次超级计算机系统的国家。

天河一号位于 2009 年中国高性能计算机 TOP100 榜首、国际超级计算机 TOP500 第五、国际 Green 500 第八，2009 年被评中国十大科技进展新闻之首，以及入选国内十大科技进展和中国高校十大科技进展。

2009 年 11 月 25 日，胡锦涛总书记为该超级计算机系统题名："天河"。从此，银河、天河在中国高性能计算的广阔天空比翼双飞。

图 10　胡锦涛总书记题名

天河一号二期（Tianhe-1A）是天河一号的重大技术升级与综合优化版，2010 年 8 月，安装部署在天津市滨海新区国家超级计算天津中心并投入使用。中国 TOP100 组织对天河一号进行了第三方测试，其每秒浮点运算峰值速度 4700 万亿次、持续速度 2566 万亿次，随之将测试数据提交国际超级计算机 TOP500 组织。

图 11　天河一号系统

2010 年 11 月 17 日，TOP500 组织正式发布第 36 届世界超级计算机 500 强排名榜。安装在国家超级计算天津中心的天河一号（Tianhe-1A）超级计算机系统位居榜首，标志着我国自主研制超级计算机的综合技术水平进入世界领先行列。

2011 年 4 月 30 日，胡锦涛总书记在天津中心视察了天河一号，希望大家"保持先进水平，努力攀登新的世界高峰！"

2011 年 3 月 22 日，时任中央军委副主席的习近平同志视察国防科大，勉励大家"在'十二五'期间再接再厉，继续把天河二号做好。"

2.2　天河二号系统

在总设计师廖湘科教授的带领下，国防科大银河/天河团队开展天河二号超级计算机系统关键技术攻关。针对国家级超级计算中心的应用特点，天河二号采用了异构多态大规模并行处理系统结构，兼顾高性能科学计算、海量数据处理、高吞吐量信息服务等多领域的复杂应用需求，拓展了天河的应用领域。

2013 年 6 月，天河二号研制成功，系统峰值计算速度每秒 5.49 亿亿次（54.9 PFLOPS）、持续计算速度每秒 3.39 亿亿次（33.9 PFLOPS）。2013 年 6 月 17 日发布的第 41 届世界超级计算机 500 强（TOP500）排行榜中，天河二号位居第一，其峰值计算速度、持续计算速度以及综合技术水平均处于国际领先地位，是我国超级计算技术发展取得的重大标志性进展。

图 12　天河二号系统

天河二号系统从第 41 届到第 46 届 TOP500 排行榜，连续六次蝉联榜首，并连续 5 次位居 HPCG 排行榜榜首。

天河二号研制成功后，习近平总书记作出重要批示："天河二号超级计算机系统研制成功，标志着我国在超级计算机领域已走在世界前列。希望你们总结经验，再接再厉，坚持以我为主，勇于自主创新，不断强化前沿技术研究，为推动我国科技进步、建设创新型国家作出更大贡献。"

天河二号入选 2013 年度"中国十大科技进展""中国高等学校十大科技进展"。天河高性能计算创新团队荣获 2017 年首届全国创新争先奖状。

天河二号作为国家超级计算广州中心的业务主机，为国内外数千家用户提供服务，取得了显著的经济效益和社会效益。

2.3 天河 E 级验证系统

2016 年 7 月，针对世界 E 级高性能计算系统研究态势，在科技部国家重点研发计划支持下，学校启动了下一代天河 E 级验证系统的研制工作。

项目目标是探索挑战性问题，突破体系结构、微处理器、互连、大规模并行软件环境等关键技术，构建 E 级验证系统，验证未来 E 级系统的构建技术。同时，提出计算、访存、通信性能匹配的下一代天河 E 级高性能计算系统设计方案。

2018 年 6 月，天河 E 级验证系统研制成功。全系统包含 512 个同构计算节点，计算性能达到 3PFLOPS；在互连网络方面采用了自主设计的高性能互连通信芯片组以及高密度光模块，节点单向带宽达到 200Gbps，大幅提升了节点间的数据通信效率。此外，除传统科学与工程计算模式外，系统还提供了支撑数据分析、人工智能领域应用的大数据与智能计算平台，进一步拓展了系统的应用领域。

2018 年 7 月，天河 E 级验证系统顺利通过由科技部组织的课题验收。该系统部署在国家超级计算天津中心，投入了实际运行，成为中心的新一代业务主机。

天河超级计算系统已在国家超级计算天津中心、国家超级计算长沙中心、国家超级计算广州中心落户，以云服务方式为广大用户提供超级计算服务，在石油勘探、高端装备研制、生物医药、动漫设计、新能源、新材料、工程设计与仿真分析、气象预报、环境模拟、遥感数据处理、金融风险分析等方面获得成功应用，为国家科技、经济、社会管理等能力的大幅进步提供了有力支撑。

高性能计算机是国之重器，其发展道路上充满激烈挑战，国防科大计算机团队在近六十年的征程中，能力不断提升，并形成了"胸怀祖国、团结协作、志在高峰、奋勇拼搏"的十六字"银河精神"。银河天河人将进一步弘扬银河精神，坚持自主创新，加强与兄弟团队携手协作，共同努力，把我国高性能计算技术及应用水平推向新的高度，下一个目标是攀登 E 级高峰。

神威高性能计算机系统——机器与系统

谢向辉

1 使命于心、担当于行——神威计算机研制历程

北京时间 2016 年 6 月 20 日，在德国法兰克福国际超算大会上，超级计算机 TOP500 组织发布了第 47 届全球超级计算机 500 强排行榜。由科技部 863 计划重点支持，国家并行计算机工程技术研究中心研制的、全部采用国产众核处理器构建的神威·太湖之光超级计算机系统登顶榜首。其峰值性能每秒 12.54 亿亿次，持续性能每秒 9.3 亿亿次，成为世界上首台运算速度超过十亿亿次的超级计算机。

包含着"史上最快"和"中国芯"这两个关键词的重磅消息，毫无意外地震动了全球超算界，更带给国人无比的惊喜。

大家犹记得，不久前的 2015 年 4 月，美国商务部宣布对中国的国家超级计算长沙中心、国家超级计算广州中心、国家超级计算天津中心和国防科技大学等四家超算机构禁运 Intel 的至强 Xeon 处理器和 Xeon Phi 加速器。其目的昭然若揭，就是想遏制中国在这一领域强劲的发展势头。

当全国上下都在为中国超算事业遭遇前所未有的"至暗时刻"而揪心的时候，在国家并行计算机工程技术研究中心，最新一代超级计算机神威·太湖之光低调地进入了最后的组装、调试，2015 年底按计划圆满完成，并投入满负荷运行。半年后，神威·太湖之光带着一份亮眼的成绩单，借世界超算大会的舞台横空出世。这无疑是在最恰当的时间、用最恰当的方式，给企图对中国超算发展的遏制者们一个响亮的回答，也向全世界昭示了中国科技工作者的自信、勇气、智慧和能力。TOP500 网站的评论说了一句大实话，神威·太湖之光的性能结束了"中国只能依靠西方技术才能在超算领域拔得头筹"的时代。

一时间，国内舆论一片欢呼。在各种赞誉的声音中，有一类非常突出：因为美国人卡了我们的脖子，促使我国科研人员奋发图强，转身拿出了国产化超级计算机成果来打美国人的脸！这话说得扬眉吐气，乍一听没毛病，但是熟悉这个行业的人才能懂得，胜利从来只属于有准备的人，这看似来得刚刚好的成果，是多少人经年

奋斗的结果，来得是多么地不易。就如那句流行语说的：哪有什么岁月静好，只不过一直有人替你负重前行。

1.1　首战成名

随着以神威·太湖之光为代表的一系列成果的先后问世，国内外同行和民众想必对隐身于神威光环之后的中国超算"国家门面"——国家并行计算机工程技术研究中心更加关注、更加好奇。

20世纪90年代，国家对发展科学技术给予了空前的重视，并确定了"有所赶，有所不赶"的原则，要求在一些关键领域率先突破，尽快赶上国际先进水平。我国超级计算机研制因此进入了优先发展的快车道。

1992年，国家科委批准成立"国家并行计算机工程技术研究中心"。中心被赋予的使命，是致力于大规模并行计算机关键技术的研究，力争用较短时间，进入这一领域的国际先进行列。1993年4月28日，国家并行计算机工程技术研究中心在人民大会堂举行隆重的新闻发布会，正式揭牌成立。深孚众望的金怡濂院士受命出任国家并行计算机工程技术研究中心主任。时任中国科学院副院长的胡启恒院士担任中心的管委会主任，我国计算机事业的创始人之一张效祥院士担任顾问。

超算领域的"国家门面"就这样因"国家使命"而诞生。由此，我国超级计算机的序列里，增添了神威这个响亮的名字。

20世纪末的那几年，国家并行计算机工程技术研究中心在金怡濂院士的带领下，开展了第一代神威机的研制。这代机器采用了以平面格栅网为基础的"分布共享存储器大规模并行结构"，这种体系结构几年后才在国际上开始流行，被称为NUMA结构。这个在当时颇具想象力和探索性的总体思路，使我国超级计算机由当时的10亿次量级直接攀升至千亿次量级成为可能。

参研的数百名科研人员以"夸父追日"的勇气和执着，投入神威机各项技术的攻研。历经数年的艰苦鏖战，神威I超级计算机在千呼万唤中惊艳出世，其峰值运算速度达到了每秒3120亿次浮点运算（经过2年多的改进和试运行后，整体性能有了进一步的提高，峰值速度提高到每秒3840亿次浮点运算）。在国家鉴定会上，包括20多位两院院士在内的37名鉴定委员会，写下了以下鉴定意见：研制起点高，运算速度快，存储容量大；系统设计思想先进，创新性很强。与世界上已公布的同类实用系统相比，总体技术和性能指标达到国际领先水平。

1999年9月，中央电视台向全世界郑重宣布：由江泽民主席亲笔题名的神威超级计算机系统，在中国国家并行计算机工程技术研究中心研制成功，并投入商业运行。神威机的研制成功，使我国继美国、日本之后，进入了这一领域的世界先进行列。

在国家有关领导和相关部门的支持和帮助下，神威 I 很快进入了需求迫切的中国高端计算市场。为此诞生了北京和上海两个超级计算机应用中心。

图 1　神威 I 超级计算机

刚刚掀开"盖头"的神威 I 超级计算机，就因其非凡的运算能力而成为各大传媒的头版新闻。

国庆 50 周年庆典举行前夕，北京城持续大雨。10 月 1 日凌晨，雨依然未停。中央首长对这个时期的天气情况十分关心，多次电话询问中国气象局。气象局的领导根据神威 I 的运算结果，非常肯定地答复首长：国庆当天天气良好，完全可以保证阅兵的正常进行。

天气预报领域，过去 10 天的集合预报，在百亿次机上运算样本模式，大约需要 640 小时，而在神威 I 上运算，则只需要 8 小时。

石油勘探进行地震波勘测数据处理，如在亿次上进行运算，约需 10 年，用神威 I 运算，仅需 10 小时，并确保准确无误。

生物信息学课题，解算人类肝脏种子库序列，采取通常的串行方法在一般计算机上运算，大约需要 9 万小时，而用神威 I 超级计算机，只需 89 小时。

中国科学院上海药物研究所用神威 I 作为通用的药物研究平台，运行药物筛选软件，大大缩短了新药的研制周期，取得了具有国际先进水平的药物研究成果。

……

神威机，首战成名。

1.2　自主超越

世纪之交的十来年间，是科学技术飞速发展的时期。强大的需求，为超级计算机技术的进步提供了前所未有的动力，这个领域里的"大国之争"也愈演愈烈。不仅是美国、日本在争夺超级计算强国的地位，甚至欧盟的许多国家，都不甘久居人下。这些国家把研制超级计算机，列入高新技术开发的国家战略，加大投入，加快发展，以求在高性能计算方面早日有所突破。正在改革开放的道路上快速前进的中国，理所当然地加入了竞争的行列。

国家并行计算机工程技术研究中心的神威Ⅱ超级计算机，就是在这种历史背景下开始启动研制。

在综合国际上超级计算机先进设计的基础上，神威Ⅱ采用了以超三维格栅网为基础的可扩展共享存储体系结构与消息传送机制相结合的总体创新构想。

另一个影响长远的突破是，神威团队成功攻克了此前在国内计算机行业未有先例的系统水冷技术。这项高难技术的创新与成功运用，不仅成就了高计算密度的神威Ⅱ，更是在后续的两代机器上日臻成熟，大放异彩。

21世纪初年，神威Ⅱ完美收官。

神威Ⅱ是继神威Ⅰ之后，我国又一台主要技术指标达到国际领先水平的超级计算机，经过Linpack测试，系统效率达75%以上，超过当时世界上排名第一的超级计算机58.8%的效率指标。

也就是从那时起，世界超级计算机领域的"金字塔尖"开始不断有"中国面孔"闪现，由美国、日本等发达国家轮流坐庄的局面被打破。以两代"神威"机为标志，我国计算机事业开启了以"世界速度"奔跑的崭新纪元。

在2003年2月28日召开的第三届国家科学技术奖励大会上，国家并行计算机工程技术研究中心主任、中国工程院院士、两代神威机总设计师金怡濂被授予国家最高科学技术奖，以表彰他为我国计算机事业做出的巨大贡献。

神威Ⅱ的成功再一次引起国家高层领导的关注。时任党和国家领导人多次前往视察。江泽民总书记在视察现场的讲话中，给神威团队提出了一个历史性的重大的课题：今后，要采用国产CPU来研制神威机。

今天回头再看，关于在神威机中采用国产CPU的指示，或许就显示了国家高层对解决"核心技术自主可控"这个问题最初的决心。

科技部经过充分调研和论证，在对国内外局势正确研判的基础上，确立了依托自主CPU研制超级计算系统的目标，神威团队再次担负挑战新高峰的使命。

2011年10月27日，随着国家超级计算济南中心正式揭牌启用，一台以"神威·蓝光"命名的国产超级计算机成为各大媒体报道的热点。之所以成为热点，是因为"这台由国家并行计算机工程技术研究中心研制的机器是国内首台全部采用国产CPU和系统软件构建的千万亿次计算机系统，标志着我国成为继美国、日本之后能够采用自主CPU构建千万亿次计算机的国家。"它的研制成功，实现了国家大型关键信息基础设施核心技术"自主可控"的目标，是国家"自主创新"科技发展战略的一项重要成果。

神威·蓝光续写了神威Ⅱ的身后故事。

遵照中央领导视察神威Ⅱ时关于在今后的神威机中采用国产CPU芯片的指示，研制具有自主知识产权的高速CPU的相关工作很快启动。

但对这件事，当时也不是一片叫好。在各个层面、内部和外部，都有疑问的声音。从国外购买性能先进的CPU省力、省时还省钱，我们有什么必要大费周章自己研制？诸如此类。

支持的声音一如既往：花钱可以买来先进的芯片，但买不到先进的核心技术。如果一味走捷径从国外购买CPU，那么中国的超级计算机就始终没有"中国芯"，始终要在核心技术上受制于人。

令人欣喜的是，年轻的国产CPU研制团队没有辜负重托。在科技部支持和组织下，大家奋力拼搏，仅用10年时间，使国产CPU芯片研制实现了重大跨越，大大缩小了与国外的差距，并成功构建了多台国产超级计算机。

神威·蓝光是国家863计划项目，采用了国产16核CPU芯片申威1600。这是一款在"核高基"国家重大专项支持下完成的具有世界先进水平的多核处理器。

美国《纽约时报》相关报道中的这句话："中国以国产微处理器为基础制造出本国第一台超级计算机。这项进步令美国的高效能计算专家吃惊。"显然更能说明神威·蓝光以及国产申威1600CPU在业界的引起的震动。有意思的是，这篇报道对神威·蓝光的"复杂的液冷系统"特别感兴趣，它引用了Convey超级计算机公司首席科学家史蒂文·沃勒克的评价："用好这种冷却技术非常非常困难。因此我认为，这是一项认真的设计。这项冷却技术有可能扩展至百万万亿级的超级计算机。"这套"复杂的液冷系统"，就是科研团队在神威Ⅱ上设计完成并成功实现的技术，而今只是在神威·蓝光上完美呈现。

图 2　神威·蓝光超级计算机

神威·蓝光的研制成功，向世人表明，中国在超级计算机领域实现"自主创新"已不仅仅是一个美好愿景，而是可见的事实并有着可以憧憬的光明未来。围绕这一台超级计算机开展的科研工作，也为开创更加美好的未来做好了充分的技术、人才上的准备。

1.3　问鼎巅峰

超级计算机神威·太湖之光是"十二五"期间科技部 863 计划的重大项目，项目突出强调了核心技术的自主创新。

随着超级计算机应用需求的持续增长，对其计算性能提升的要求也越来越高。作为超级计算机的核心部件，计算处理器的性能问题一直是研制人员关注的焦点，众核处理器(ManyCore)成为高性能计算发展的必然趋势。相比而言，众核处理器比多核处理器中的处理内核数量还要多，计算能力更强大。众核处理器不是多核处理器在核心上的简单扩充，需要进行全新的架构设计，同时要攻克芯片集成度高、访存带宽受限、功耗问题突出、集中控制困难等众多技术难关。为了研制更高性能的新一代超级计算机，依靠已有的多核处理器进行堆积是不现实的。国家并行计算机工程技术研究中心的科研人员集智攻关，成功研制出具有自主知识产权的"申威 26010"众核处理器，实现了我国高性能处理器技术的重大创新和计算能力的跨越式发展，成功研制出世界第一的神威·太湖之光超级计算机，该计算机在机器性能、国产众核芯片、性能功耗比、应用成果等方面均取得了历史性突破。

一是超级计算能力。它是全球第一台运行速度超过每秒 10 亿亿次的超级计算机，峰值性能高达每秒 12.54 亿亿次，持续性能达到每秒 9.3 亿亿次，是世界上持续计算能力最强的超级计算机，并且在 TOP500 榜单上大幅领先。

二是强大的"中国芯"。此前登顶 TOP500 榜单的国产超级计算机采用的都是国外的处理器芯片，而"神威·太湖之光"则全部采用了自主"中国芯"——申威 26010 众核处理器。这款处理器只有 5 厘米见方，集成了 260 个运算核心，数十亿晶体管，达到了每秒 3 万多亿次计算能力，性能指标达到当时国际领先水平，单芯片计算能力相当于 3 台 2000 年全球排名第一的超级计算机。整机 40960 个"中国芯"同时工作，让"神威·太湖之光"登上了世界计算巅峰。

三是高效的绿色节能。超级计算机功耗巨大，因此业界把能效比作为衡量其先进性的一项重要指标。神威·太湖之光从低功耗、高集成度的处理器设计，到高速高密度的工程实现技术；从世界领先的高效水冷技术，到软硬件协同、智能化的功耗控制方法，实现了层次化、全方位的绿色节能，功耗比达到每瓦特 60.51 亿次运算，成为世界上计算能力最强但却最绿色环保的超级计算机。

四是耀目的应用成果。神威·太湖之光系统投入使用以来，完成上百家用户单位，数百项大型复杂应用课题的计算，涉及天气气候、航空航天、海洋环境、生物医药、船舶工程等19个应用领域，实现了数百万核超大规模并行，完成整机应用17个，取得了多项国际成果。基于该系统的6项应用分别入围2016年度、2017年度、2018年度国际高性能计算应用领域最高奖戈登·贝尔奖，最终"千万核可扩展全球大气动力学全隐式模拟"和"非线性地震模拟"这两项应用，分别摘得2016年度、2017年度的戈登·贝尔奖，实现我国在这一奖项上零的突破，确立了中国在超算领域的国际地位。

2017年11月，新一期的全球超级计算机500强发布，神威·太湖之光连续第四次获得冠军。成就了中国超级计算机十次蝉联世界冠军的辉煌。

"神威·太湖之光"取得的历史性突破，体现了我国在超级计算机研制领域，摆脱了单纯追求以"快"取胜的局面，达到了追求综合性能全面领先的新高度。

图3　神威·太湖之光超级计算机

而另一方面，神威·太湖之光亮相国际舞台前后发生的那些事，想必会引发更多国人的深思。国际上政治、经济、科技等领域的云谲波诡，也让大家越来越清醒地意识到，抛却核心技术，何谈大国重器?!

从神威Ⅰ到神威·太湖之光，不同的时代背景，不同的技术起点，不同的奋斗历程，承载的却是同一个"中国超算之梦"。建成超算强国，任重而道远。始终成为实现这个梦想的见证者、开创者、建设者，是神威团队不变的使命与担当。

2　突破创新，超越引领——神威计算机系统与技术

2.1　神威Ⅰ高性能计算机

1998年2月19日，国务院决定研制神威Ⅰ高性能计算机，并要求1999年国庆节前完成。金怡濂院士受命主持该项国家重点工程——神威高性能计算机系统研制，担任总设计师。为确保神威出机时进入世界先进行列，研制团队充分借鉴世界

先进处理器技术成果，先后三次优化系统设计方案，提高神威计算机系统的关键技术指标。在国际上第一个提出了以平面格栅网为基础的"分布共享存储器大规模并行结构"总体方案，首次实现了将分布共享和消息传送、节点共享、全局共享三种工作模式集于一体，提出了网上多种集合操作以及无匹配高速信号传送等技术构想和解决方案，均获得成功，使我国高性能计算机峰值运算速度从每秒 10 亿次跨越到每秒 3000 亿次以上。

神威计算机的研制成功，带动我国高性能计算应用领域更上一个台阶，为我国自主研制 MPP 计算机基础软件和并行技术应用研究积累了经验。该机共生产两台，1999 年 9 月，第一台神威 I 移交中国气象局安装在北京高性能计算机应用中心。2001 年，第二台神威 I 计算机落户上海超级计算中心。

1. 系统构成及技术

神威 I 计算机系统是一个可伸缩的大规模并行处理系统，采用同构、分布共享主存储器、平面格栅网体系结构，由主机系统、前端系统、磁盘阵列系统和软件系统组成。系统框图如下。

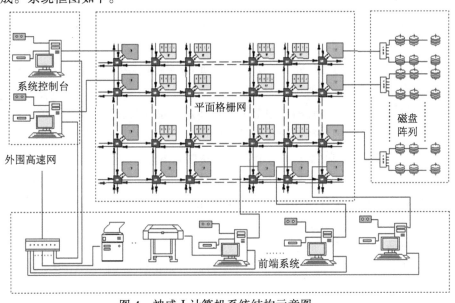

图 4　神威 I 计算机系统结构示意图

神威 I 计算机系统有如下技术特点：

一是采用分布式共享体系结构提高系统总体性能。系统具有独立的组成模块及其管理软件。同时，硬件和软件采用了相应的技术手段，将这些模块有机地联系在一起，实现全局协调一致的运行和管理。其分布式特性保证了系统的可缩放、可分割；共享特性使系统更易实现透明性和可编程性。

二是减少消息传送开销，实现高速度并行处理。系统采用多层次大容量存储器结构，有效压缩消息数量；采用消息处理机和高速传输网络，减少消息传递的延迟时间和开销。系统提供全局操作和同步机构，提高了系统的协同操作能力，加速了程序执行速度。

三是具有多种程序模式，提高系统的可编程性。系统支持分布共享和消息传送型、节点共享型两种并行程序模式，提高系统的可编程性。

2. 系统能力水平

神威 I 采用平面格栅网结构，节点总数 144 个，节点间单向带宽 200MB/s，单节点总带宽 800MB/s，峰值运算速度为每秒 3840 亿浮点运算，主存储器容量 48GB，磁盘存储器总容量 1.28TB，总突发数据带宽 320MB/s，系统平均故障间隔时间（MTBF）大于 100 小时，系统可用率达 98%，其主要技术指标和性能达到国内领先、国际先进水平。

3. 应用及效益

"神威"计算机系统为服务于国民经济建设打下了坚实的基础，为"神威"计算机系统的推广应用提供了良好的应用环境平台。"神威"计算机系统并行环境子系统在气象预报、药物研究、油藏模拟等重大应用领域发挥了重要作用，在国民经济领域中取得了很好的效果。

"神威"计算机系统的应用范围主要涉及气象气候、航空航天、信息安全、石油勘探、生命科学等领域。初步统计，"神威"计算机系统使用率达到 60% 以上，先后完成了 20 多个单位 100 多个课题的高性能运算。如与中国气象局合作开发的集合数值天气预报系统，在 8 小时内可完成 32 个样本、10 天全球预报；与中国科学院生物物理研究所合作开发的人类基因克隆系统，完成人类心脏基因克隆运算，研究成果达到国际先进水平。

系统研制完成后，时任国务院副总理李岚清主持验收。"神威"计算机的研制成功，带动我国 MPP 应用领域更上一个台阶，为我国自主研制 MPP 计算机基础软件和并行技术应用研究积累了经验。

原国家计委有关负责人称，神威 I 的研制成功是中国在巨型计算机研制和应用领域取得的重大成果，它标志着中国成为继美国、日本之后，世界上第三个具备研制高性能计算机能力的国家，从而打破了西方国家在这一领域对我国的限制。

2.2　神威·蓝光高性能计算机

"十一五"期间，科技部 863 计划启动了"高效能计算机及网格服务环境"重大项目，要求研制基于自主处理器的千万亿次高效能计算机系统，并建设国家网格服务环境。2009 年 3 月，山东省科技厅和国家并行计算机工程技术研究中心所联合向科技部申报在济南建立千万亿次超级计算中心。2010 年 7 月 28 日，科技部批准项目立项，要求 2011 年底由国家并行计算机工程技术研究中心研制神威·蓝光计算机，并落户国家超级计算济南中心。

　　神威·蓝光于 2011 年 9 月交付使用。该系统全部采用由国家并行计算机工程技术研究中心自主研制的多核（16 核）处理器和系统软件，是我国第一台自主 CPU 构建的高性能计算机系统，使我国成为继美国、日本之后能够采用自主可控核心技术构建千万亿次超级计算机的国家，是科技部"十一五"信息领域自主创新取得的重大成果。

1. 系统构成及技术

　　神威·蓝光采用大规模并行处理体系结构，其硬件系统包括由国产多核处理器组成的计算子系统、商用辅助计算子系统、互连子系统、存储子系统、维护监控子系统、电源子系统和冷却子系统等。神威·蓝光系统体系结构的示意图如图 5 所示。

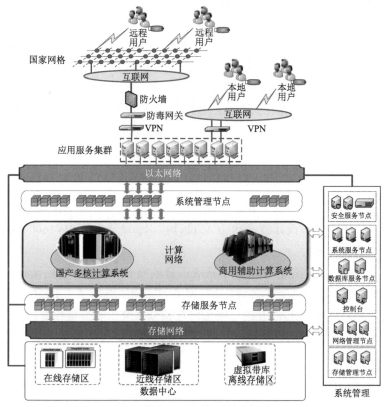

图 5　神威·蓝光体系结构示意图

神威·蓝光系统的软件系统（见图 6）面向科学工程计算等高端行业应用，提供系统资源管理、并行程序开发、行业支撑服务等平台，为用户构筑一个虚拟化的、高效的计算环境。软件系统包括支持超大规模计算的运算节点操作系统、文件系统、作业管理、系统管理，以及语言及编译器、并行函数库、并行开发环境等。软件系统的领域应用支撑环境包括海洋、石油、金融、气象和流体动力学计算开发环境等。

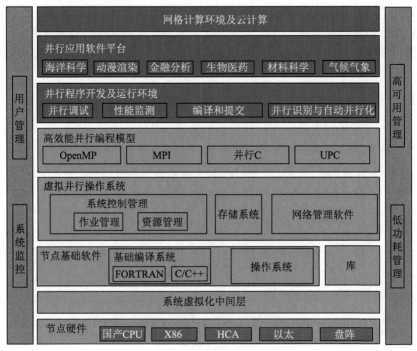

图 6　神威·蓝光软件系统结构示意图

神威·蓝光系统具有如下技术特点：

一是全面采用多核设计技术和 SOC 设计技术，设计申威 SW1600 多核处理器，实现高密度的计算能力。

二是采用先进的网络技术实现了系统综合效能显著提升。包括计算网络、存储网络、管理网络以及广域互连接口。计算网络和存储网络均采用 IB 协议光/电互连，管理网络采用以太协议光/电互连，管理网连接全系统所有节点和部件。

三是采用系统高可用设计技术、高效水冷技术，实现大规模复杂系统的稳定可靠运行和绿色节能。

2. 系统能力水平

神威·蓝光的系统峰值性能为每秒 1070 万亿次浮点运算，持续性能为每秒

795.9 万亿次浮点运算，内存总量达 170TB，外存容量达 2PB，互连网络链路单向持续带宽 3GB/s，共享 I/O 聚合带宽 200GB/s，在 2011 年 11 月发布的 TOP500 排行榜中位居第 14 位。成功研制了"神威睿思"并行操作系统，支持 C、C++、FORTRAN 等编程语言和 MPI、OpenMP 等并行环境，提供高性能并行文件系统 SWGFS、高效系统管理软件 SMART 和集成一体化并行程序开发环境；系统总占地面积 100 平方米，总功耗 1.8 MW。神威·蓝光系统的主要技术指标和性能达到国际先进水平，该系统的研制成功，标志着中国成为继美国、日本之后，世界上第三个具备用自主技术研制高性能计算机能力的国家，从而打破了西方某些国家在这一领域对我国的限制。

3. 应用及效益

神威·蓝光千万亿次高性能计算机系统的设计目标是要支撑山东省以及周边地区乃至国家五到十年科学与工程计算需求，能有效支撑山东半岛蓝色经济区的建设，包括海洋环境领域的气象气候数值模拟、大气环境监测、海洋生物、海洋地质、海洋环流模拟等应用，新药设计领域的先导化合物发现优化、药代动力学和新药筛选等应用，以及石油勘探、金融风险控制、动漫渲染等应用领域，有效支撑国家高端计算如航空航天、地震、天文、工业设计等应用领域。

神威·蓝光计算机系统部署在国家超级计算济南中心后，面向山东，辐射全国。已部署包括气候气象、海洋科学、新药研制、生物信息、航空航天、工业设计、金融分析等重点应用领域近二十个万核以上并行规模实际应用课题，取得若干重大应用成果。其中，MPCCFD 是我国研发的第一个具有自主知识产权的大规模并行可压缩流体 CFD 软件系统，实现了并行度达数万的超大规模并行，在 CRH3-350 高速列车气动力特性分析、某飞行器机体/推进系统一体化计算等实际工程中发挥重要作用。国家海洋局第一海洋研究所，构建全球涡分辨率浪-潮-流海洋环流模式，模拟年平均海平面高度和海洋表层温度，经过优化后，该课题的可扩展性有了一个数量级的提高，加速比良好。GRAPES 是中国气象局自主研制具有自主知识产权的全球/区域中期数值天气同化预报系统，是当前中国气象局数值预报主力模式，并行规模到 8192CPU 核时加速比仍然很好。

神威·蓝光在国内外产生了巨大影响。在神威·蓝光发布的当日，新华社、中央电视台、山东卫视等国内各大主流媒体纷纷予以了报道，称神威·蓝光的装备使用让千万亿次计算机从此跳动起中国"芯"，实现了国家大型关键信息基础设施核心技术的自主可控目标，对于我国超级计算机领域来说是一座里程碑。神威·蓝光也已引起国外主流媒体的广泛关注。美国《纽约时报》在第一时间进行了报道，对神威·蓝光的自主高性能 CPU、水冷系统以及系统能效给予了高度评价，令美国高性能计算界的专家"惊诧不已"。TOP500 的发起人之一、国际超级计算大会常务主席 Hans Werner Meuer 博士在 2012 年会议上用"极具震撼力"来形容中国 HPC 的发展，尤其是全自主化的神威·蓝光系统带给他深刻的印象，他认为，神威·蓝光标志着中国已经形成了足以改写未来产业格局的技术储备，其采用的 8700 个计算核心（SW 1600）电力消耗仅为百万瓦特，而计算性能却与 Intel 的处理器相当，全世界的目光不约而同地转向了中国。

2.3　神威·太湖之光高性能计算机

神威·太湖之光计算机系统来自国家 863 计划信息技术领域重大项目"高效能计算机及应用服务环境（二期）"中的课题"基于自主处理器的高效能计算机系统研制"。2014 年 3 月，科技部批准立项，要求面向国家经济与社会重大挑战性应用需求，全面采用国产自主处理器，研制峰值性能每秒 10 亿亿次以上、世界领先的新一代超级计算机系统，系统 Linpack 效率达到 70% 以上，系统能效比 5GFLOPS/W 以上。

2015 年 12 月，国家并行计算机工程技术研究中心完成神威·太湖之光超级计算机研制，部署安装在国家超级计算无锡中心。

2017 年 5 月，中华人民共和国科学技术部高技术研究发展中心在无锡组织了对神威·太湖之光计算机系统课题的现场验收。专家组经过认真考察和审核，一致同意其通过技术验收。

1. 系统构成及技术

神威·太湖之光计算机系统是一台采用基于高密度弹性超节点和高流量复合网络架构、面向多目标优化的高效能体系结构。系统由运算系统、网络系统、外围系统、维护诊断系统、电源系统、冷却系统、软件系统和应用系统组成。系统总体结构如图 7 所示：

神威·太湖之光主机系统由 40 个运算机柜和 8 个网络机柜组成。每个运算机柜包含 4 个超节点，每个超节点由 32 块运算插件组成。每个插件由 4 个运算节点板组成，一个运算节点板又含 2 块申威 26010 高性能处理器。一台机柜就有 1024 块处理器，整台神威·太湖之光共有 40960 块处理器。

申威 26010 众核处理器作为神威·太湖之光计算机系统的核心器件，是实现系统运算能力的基础。申威 SW26010 处理器采用具有自主知识产权的申威指令集和片上融合异构众核架构，基于国际先进的集成电路工艺和定制的物理设计方法。整个处理器包括 4 个管理单元、4 个计算单元及 4 个内存控制器，总计是 260 个核心。其核心工作频率 1.5GHz，双精度浮点峰值性能达 3.168TFLOPS，满足了神威·太湖之光计算机系统的需求。

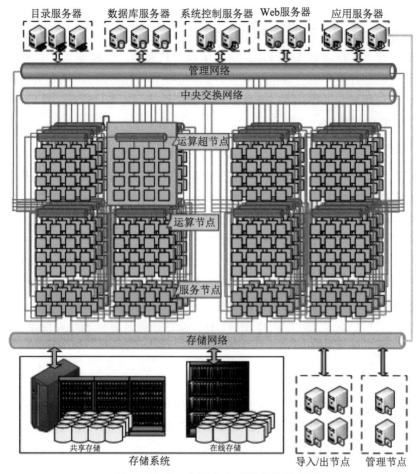

目录服务器　　数据库服务器　　系统控制服务器　Web服务器　　应用服务器

管理网络

中央交换网络

运算超节点

运算节点

服务节点

存储网络

共享存储　　　　　在线存储

存储系统

导入/出节点　　管理节点

图 7　神威·太湖之光系统总体结构图

神威·太湖之光计算机系统面向领域与行业应用,由国产众核 CPU 基础软件、并行操作系统环境、高性能存储管理系统、并行语言及编译环境、并行开发环境等部分组成。

应用系统由应用平台基础框架、地球系统模拟平台、国产动漫渲染平台、典型应用软件等组成。其中典型应用软件包括高分辨率海浪计算软件、钛合金微结构演化相场模拟软件、高功率散裂靶设计软件、大型海上浮动平台波浪载荷计算软件、航天飞行器跨流域计算软件等。应用系统提供具有互操作、可扩展和高效的并行应用运行环境以及具有良好可重用性的并行应用平台和应用软件。

神威·太湖之光计算机具有如下技术特点:

一是突破高效能异构众核处理器架构、多层次存储与通信等关键技术,实现单处理器超 3.1 万亿次性能的运算能力，性能达到国际领先水平。

二是突破多态多尺度自适应体系结构、层次优化的高速高效互连网络、大规模并行计算机可用性技术等先进技术，解决了系统扩展难、编程难等技术难关。

三是突破芯片级和部件级低功耗设计、系统级低功耗管理、应用层低功耗优化、高性能电源与间接水冷等技术，有效提升了整机系统的性能功耗比，绿色指标领先所有 TOP500 中的系统。

2. 系统能力水平

神威·太湖之光峰值性能达到 12.5 亿亿次/秒，持续性能为 9.3 亿亿次/秒，Linpack 效率超过 74.4%，内存总量达 1.3PB，外存容量达 10.368PB，高速互连网络对分带宽 56TB/s，共享 I/O 聚合带宽 341GB/s，在 2016 年 6 月发布的 TOP500 排行榜中位居第 1 位。研制了神威睿思并行操作系统，支持 C、C++、FORTRAN 等编程语言和 MPI、OpenMP 等并行环境，提供高性能并行文件系统 SWGFS、高效系统管理软件 SMART 和集成一体化并行程序开发环境；系统总占地面积 605 平方米，性能功耗比 6.05GFLOPS/W。神威·太湖之光系统的主要技术指标和性能达到国际领先水平。直至 2017 年 11 月 13 日，全球超级计算机 500 强榜单公布，神威·太湖之光连续第四次夺冠。

3. 应用及效益

神威·太湖之光计算机系统自 2015 年 12 月在国家超级计算无锡中心完成部署并投入运行以来，截至 2018 年底，来自中国以及美国、英国、俄罗斯、日本、澳大利亚、瑞士和新加坡等国家的各应用领域的科研院所、企事业单位共申请了 1845 个账号，共完成 250 多万项大型复杂应用课题的解算任务，涉及天气气候、航空航天、船舶工程、海洋环境、石油勘探、生物信息、药物设计、电磁仿真、量子模拟、先进制造、新材料、新能源等二十多个应用领域，支持了包括科学与工程计算、大数据、人工智能领域的十多个国家重大专项和重点研发项目，两百余项应用课题达到百万核心计算规模，其中 22 个大型应用能够高效运行整机计算资源，并行规模达到千万核心，并取得了一批高水平的应用成果。在六个入围国际高性能计算应用领域最高奖——戈登·贝尔奖的重大应用中，"全球大气动力学全隐式模拟"和"非线性地震模拟"两个应用分别获得 2016 年度和 2017 年度戈登·贝尔奖。

以清华大学、北京师范大学为主体的科研团队，利用神威·太湖之光计算机系统实现了千万核规模的全球三公里高分辨率地球系统数值模拟，全面提高了我国应对极端气候事件和自然灾害的减灾防灾能力；与国家气候中心合作研发的新一代区域高分辨率再分析资料基础数据集和预测系统，使用了两亿多核时的计算资源，生产出我国首套三公里气候数据集，提高我国在气候预测、分析和影响的评估能力；

与远景能源合作开展的全球高分辨率风资源预测和近场高精细度计算流体仿真模拟，为实现风场设计、风机精确选址和风资源高效利用打下了坚实的基础；清华大学研发了超大规模图计算框架，并基于某公司真实数据完成世界上最大规模的图计算应用，达到了世界领先水平，显著提升了大数据图计算能力；清华大学开发的高可扩展三维冷冻电镜重构程序，可扩展至整机规模，将图像重构过程的计算时间从数个月降低至数分钟，极大地提高了实验数据处理和重构的速度；国家计算流体力学实验室利用该平台实现对天宫一号返回路径进行精确的预测；紫金山天文台开展了"悟空"暗物质粒子探测卫星数据分析工作；江苏省产业研究院及其下属单位开展了包括颗粒与非牛顿流体系统数值模拟、高炉炼铁过程数值模拟等项目，获得了非常好的模拟结果，帮助用户单位在颗粒与非牛顿流体的相互作用和炼铁工业智能化等研究领域取得重要的进展。青岛国家海洋试点实验室、国家气象中心、中国科技大学、国家天文台、西安电子科技大学、上海大学、中国科学院网络中心、江苏省产业研究院等多家研究机构，也都基于神威·太湖之光计算机系统开发出海洋模拟、数值天气预报、深度学习框架、药物筛选、虚拟宇宙模拟、电磁环境、材料计算等一系列国产高性能计算应用软件。

国家超级计算无锡中心基于神威·太湖之光计算机系统创新地提出构建应用联合实验室，围绕天气气候、生命科学、材料科学、海洋科学、天体物理五大科学问题以及深海空间站、飞机发动机、地球模拟器三个重大装备研制，建立了 CAE 设计、电磁仿真、新药研发、汽车设计、电机研发、船舶设计、动漫设计、电力仿真与调度、深度学习、工业大数据、气候与环境服务、公安视频分析等产业创新设计服务平台，大力提升装备制造、生物医药、能源勘探、动漫渲染等领域的研发和创新服务能力，深化了产学研的协同创新合作，促进了科研成果的转化，为支持长三角一体化建设、实现"苏南制造"目标、制造产业升级等方面发挥重要作用。

神威·太湖之光计算机系统自发布以来，取得了众多突破性、极具代表性的高水平成果，在世界高性能计算应用领域获得了广泛好评，接受了央视综合频道、新闻频道、中文国际频道、纪录片频道、财经频道、科教频道、体育频道、新华社、人民日报、科技日报、中新社、光明日报社、环球时报、现代快报、中国科学报社、美国哥伦比亚广播电视台、新加坡海峡时报、美国市场导报、英国每日邮报、日本NHK等近百家国内外媒体采访，各大媒体发布相关新闻、消息超千余篇，其中《新闻联播》共计报道 8 次，中央级电视媒体报道 100 余次，地方媒体共计报道超 200 次。

另外，以神威·太湖之光计算机系统为单元核心的《大国重器第二季》《创新中国》《你所不知道的中国》《我奋斗我幸福》《改革开放四十年之科技创新》《超级计算机》《中国大百科》《领跑者》等纪录片、专题片也都先后录制并在央视及其他平台上陆续播出。

3 再启征程，续写辉煌 —— 神威计算机未来展望

从 1998 年研制成功"神威 I"高性能计算机系统以来，国家并行计算机工程技术研究中心在国家 863 计划、"核高基"项目的支持下，神威科研团队走出了一条引进、消化、吸收、创新之路，从最初引进 Intel、DEC 商业处理器芯片，到研发设计申威多核 CPU、申威众核 CPU 自主可控芯片；从采用共享存储器处理机（SMP）、大规模并行处理机（MPP）、集群（Cluster）到混合模式 MPP 结构；从采用商业、开源软件到自主研发高性能系统软件。技术创新为神威计算机发展提供了有力的保障，使神威计算机系统性能与世界超级计算机同步发展，至今已达到 100P（亿亿次）量级，多次占据世界高性能计算机榜首。神威高性能计算机的应用范围也逐步拓展，其发展过程经历了以科学与工程计算为主和科学与工程计算、数据处理并存的时代，并正在走入以网络服务为中心的大数据、人工智能时代。

回顾神威计算机 20 多年的发展历程，之所以能取得如此辉煌的成就，一是国家重大战略决策发挥了引领作用，我国高度重视高性能计算机发展，多次作出重大战略决策，科技部制定了我国高性能计算科研发展战略，从"十五"开始，连续四个五年规划部署高性能计算系统及应用环境的重大专项研制工作，为我国高性能计算机发展提供了科学路径和重大经费支持；二是以国家并行计算机工程技术研究中心为首的一大批科技人员长期坚持自主创新，正是在他们的奋力拼搏和刻苦努力下，一大批关键核心技术得以攻克，一大批工程和工艺技术得以从理想变成现实，使我国超级计算机逐步实现从跟跑到领跑、从追赶到超越的华丽转变，摆脱了关键核心技术长期受制于人的尴尬境地和不利局面；三是国内多家科研院所开展密切的科研协作，超级计算机研制是一个复杂系统工程，需要设计、制造、使用、管理等各环节的有机衔接，需要软件、硬件、应用等各系统协调配合，没有多家单位开展广泛的科技大协作，要取得今天这样的技术水平和应用成就是难以想象的。

世界高性能计算机的下一个制高点是研制在 E 量级（1000P）高性能计算机。我国"十三五"科技研发计划已经启动了"E 级超级计算机新型体系结构及关键技术"研究项目，其总体目标是：以国家信息化的核心基础设施建设的重大战略需求为牵引，以解决下一代 E 级高性能计算机系统的效率、能耗、可靠性、应用适应性等方面的瓶颈问题为核心，以对产业应用的辐射为导向，提出并论证适合 E 级计算系统的新型体系结构及配套关键技术。

E 级计算机在效率、能耗、可靠性和应用适应性等方面仍面临前所未有的挑战，

具有很多不确定性。神威科研团队攻坚克难，承担了"E 级超级计算机新型体系结构及关键技术"项目研究并成功研制神威 E 级原型系统。截至 2018 年，采用国家自主芯片研制的新一代神威 E 级原型计算机已在济南正式启用，其每秒运行速度为3.13 PFLOPS，是目前该中心在用的神威·蓝光计算机的 3 倍。

神威 E 级原型计算机由硬件、软件和应用三大系统组成。截至目前，该计算机已完成包括全球气候变化、海洋数值模拟、生物医药仿真、大数据处理和类脑智能等 12 个领域的 35 项计算任务。该计算机的系统研制与实践应用紧密结合，应用范围从气候气象预报、生命科学、天体物理、航空航天等国家战略，进一步拓展到互联网、云计算、大数据、人工智能、先进制造等领域。

神威 E 级原型计算机为神威 E 级计算机的研制打下了坚实的基础。未来神威 E 级计算机系统所采用的新一代众核处理器有望成为世界运算速度最快的处理器，节点规模可扩展至数十万量级，支持系统性能从 1E 到 10E 量级的跨越。

雄关漫道真如铁，而今迈步从头越。神威科研工作者正以勇攀世界超级计算机新高峰的豪迈气概，继续瞄准世界超算之巅，迎接挑战，砥砺前行，努力续写我国高性能计算新的辉煌！

曙 光 之 路

孙凝晖

1990 年 3 月在国家科委的指导下，国家智能计算机研究开发中心（NCIC）于中国科学院计算技术研究所成立，开启了曙光高性能计算机（简称曙光机）的发展之路。在中心成立 30 周年到来之际，特撰写此文，总结历史，展望未来。

1 曙光机的发展路线

曙光之路是一条"发展高技术、实现产业化"的战略高技术发展道路，其内涵是系统地发展高端计算技术体系，使得高性能计算机的计算速度不断提高、应用领域不断扩大、产业规模不断壮大。

曙光团队的科研人员，历经 30 年始终坚持这一发展战略，成功研制了一代又一代曙光机，使曙光机的计算速度提升了 80 万倍，快速缩短了差距，并赶上国际先进水平；应用领域覆盖了 46 个行业，在石油勘探等国家关键行业打破国外厂商垄断；国产品牌高性能计算机的市场占有率实现由零到领先，市场份额第一，超过 IBM 和 HP 等国际巨头。曙光机作为大国重器，部署在国家互联网应急中心，装备了上海、深圳、中国科学院（北京）三个国家级超算中心。

1990年，国家智能计算机研究开发中心在 863-306 主题领导下成立，启动研制曙光计算机，在"发展高技术、实现产业化"路线的指导下，经过深入反复调研，确立了两个基本点：

- 计算机技术发展虽然日新月异，但已经形成了一系列的国际工业标准，要研制满足各行各业需要、有市场竞争力的高性能计算机，绝不能脱离工业标准；
- 计算机产业发展趋势是从垂直型到水平型发展，要在增值链上选择最佳创新增值环节，把缩短研制周期、降低费效比作为优先考虑因素。

用于科学工程计算的传统超级计算机主要追求计算速度，计算速度要达到世界第一，是单个维度求极致。曙光机是计算速度、应用广度和产业规模三者兼顾的高端计算系统，是三个维度求收益最大。

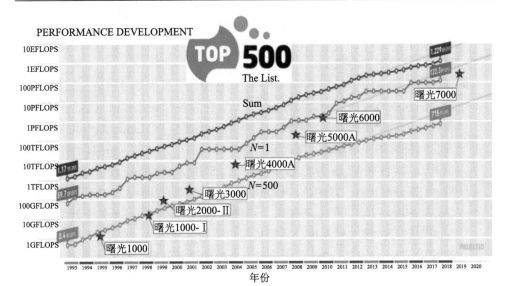

图 1　曙光高性能计算机发展历程

在三个维度上取得了如下成效：

● 曙光机速度提升 80 万倍：曙光机计算速度在 20 年内赶上国际先进水平的道路有自己的特色。一方面是选择国际主流技术，果断从共享存储多处理机（SMP）和大规模并行处理（MPP）架构切换到应用适配性更好、费效比更低的机群（Cluster）架构，在我国开辟了用机群技术研制高性能计算机这一新的技术方向，并把这一国际主流技术做到世界最高水平。另一方面，在技术链上发展自己的原始性创新，突破高性能互连网络、机群操作系统等关键技术，建立了机群可扩展设计的技术体系，成功将机群规模从数十扩展到千、万级别，这一体系不断丰富并沿用至今。

● 曙光机应用覆盖 46 个行业：和传统超级计算机一样，曙光机在研制过程中也曾遇到了应用推广上的难关，国外购买的应用软件目标代码不能在曙光机上运行。对应用局面打不开的一个关键认识是，在发展的初期不能脱离主流技术生态而自己搞一套应用接口。本着"有所为有所不为"的原则，曙光 2000 率先在国内开启了机群高性能计算机的道路，在国际上机群操作系统尚未形成工业标准的时候，攻克了在用户空间实现操作系统核心功能的微内核单一映像机制，曙光机群操作系统让跑在国外高性能机上的行业应用很容易迁移适配到国产机上，成功移植大量石油勘探行业核心应用软件。进入 21 世纪后，以网络、生物数据为代表的行业应用，大多属于数据密集型，数据量大，应用之间计算特征差异大，有严格的功耗限制，光靠扩展系统的规模遇到了功耗天花板。率先突破了基于计算-访存模式的负载与访存加速技术，加快了曙光机进入众多行业的进程。曙光机成为国家互联网应急中心、石油勘探等国家战略部门的核心装备，部署到了 20 多个国内和海外的城市云计算中心，成为我国公共计算基础设施的主力机型。

- 曙光机中国 TOP100 排名份额第一。高性能计算机大致可以分为三类：一是面向国家战略应用的能力型系统，二是旨在为各行各业和国家信息化建设提供大量关键设备的容量型系统，三是采用低成本 PC/Linux 或专用加速器用户自行搭建的专用系统。曙光高性能计算机属于第二种，始终以帮助企业的国产品牌占领市场为目标，提出了 SUMA 的系统设计理念：可扩展性(Scalability)、好用性(Usability)、可管理性(Manageability)和高可用性(Availability)，攻克了在不知道节点操作系统源码的约束条件下开发与其密切相关的可扩展文件系统、零拷贝用户空间消息传递、单一 IP 登录点等关键技术，实现了对机群成百上千过万个处理单元的单一映像系统管理、资源管理、作业管理和文件管理等。从曙光 3000 开始，曙光机系列向上扩展规模时保证性能持续增长，同时又保证向下缩小规模时成本上有竞争力，从曙光 4000 开始，逐步做到了高性能计算机六个主要软硬件部件的工业标准化，为我国高性能计算机的规模产业化开拓了一条新路。

曙光团队获得国家科学技术进步奖一等奖 1 项、二等奖 5 项，包括：曙光一号获得 1995 年国家科学技术进步奖二等奖、曙光 1000 获得 1997 年国家科学技术进步奖一等奖、曙光 2000 获得 2001 年国家科学技术进步奖二等奖、曙光 3000 获得 2003 年国家科学技术进步奖二等奖、曙光 4000 获得 2006 年国家科学技术进步奖二等奖、曙光 5000/6000 获得 2013 年国家科学技术进步奖二等奖，中国国家网格获得 2007 年国家科学技术进步奖二等奖。因为研制曙光 4000 系列高性能计算机的突出成绩，2005 年团队被授予中国科学院杰出科技成就奖（集体）。曙光团队为国家培养了一批优秀的人才，包括院士一名（李国杰，1995年），973 首席两人次（李国杰，2005年、2010年）、国家杰出青年科学基金两人（徐志伟，孙凝晖），中国十大杰出青年一人（孙凝晖，2006年），中国计算机学会优秀博士论文获得者一人（谭光明，2008年）。

曙光机在社会上产生了巨大反响。曙光 3000、曙光 4000L、曙光 4000A、曙光 5000A 分别在 2001 年、2003 年、2004 年、2008 年被两院院士评为"中国十大科技进展"。曙光 1000 和曙光 4000A 均入选中华人民共和国成立 55 年"科技中国 55 个新第一"。曙光机入选改革开放 40 周年代表性成果。

高技术研究人员的价值取向反映在是否真正把广大用户的需求作为自己的设计目标与追求，成果能否产业化其根子也在这里。2014 年曙光公司成功上市，成为国内第一家以高性能计算机为主营业务的上市公司。同时，科研团队为曙光联想、华为等国内主要高性能计算机企业输送大量骨干，提升了产业整体竞争力。

曙光机的 30 年，是中国高性能计算机践行"发展高技术、实行产业化"理念的 30 年。

2 曙光系列高性能计算机

2.1 曙光机体系结构演进

高性能计算机主要靠扩展可并行处理的计算与存储单元来获得高性能。高性能计算机体系结构的演进主要经历了以下几个阶段：①UP 结构：单一 CPU 访问单一 Memory 地址空间；②SMP 结构：对称多 CPU 访问单一 Memory 地址空间；③NUMA 结构：多 CPU 非均匀访问统一 Memory 地址空间；④DSM 结构：即分布式共享内存结构，多 CPU 访问多 Memory 地址空间，DSM 又可以分为紧耦合的 MPP 结构和松耦合的 Cluster 结构等。如表 1 中所示，高性能计算机体系结构主要可分为经典并行结构和分布式并行结构，从 CPU 到 Cache、Memory、I/O、OS，直到 APP，并行的层次越来越高，系统规模也变得越来越大。

表 1　并行计算机体系结构及并行层次（√：分布式并行，×：集中共享）

	并行层次	CPU	Cache	Memory	I/O	OS	APP
经典并行结构	Vector	×	×	×	×	×	×
	SMP	√	×	×	×	×	×
	CC-NUMA	√	√	×	×	×	×
分布式并行结构	MPP	√	√	√	×	×	×
	Cluster	√	√	√	√	√	×
	Server Farm	√	√	√	√	√	√

实际上，高性能计算机体系结构的关键就是要解决 CPU 和 Memory 之间的关系问题，自冯·诺伊曼结构之始到现在这一核心问题一直就没有改变，简而言之就是要解决如何有效地扩展 CPU 和 Memory 的问题，"扩展"是高性能计算机体系结构演变过程的关键词，以扩展模式为中心的发展过程可以从四个维度来考查，分别是：

（1）向下扩展（Scale Down）：其目标是利用集成电路工艺的发展，不断缩小晶体管的尺寸以及价格和功耗；它是其他扩展方式的基础，节省下来的硅片面积支持了向内扩展，节省下来的功耗支持了向上扩展和向外扩展。

（2）向内扩展（Scale In）：其目标是在单位面积的硅片上增加更多的处理能力，早期主要是增加单核心处理器的并行度，包括深度流水线、多发射、向量部件、扩展指令集等等；近年来主要是发展了多核心处理器和众核处理器，使 CPU 的性能保持以摩尔定律的速度增长，与此同时，维持 CPU 的功耗和价格在可接受的范围之内。

（3）向上扩展（Scale Up）：其目标是增强单一计算节点的处理能力，将多个 CPU 的处理能力堆叠到一个计算节点内，因此这种方法也被称为垂直扩展。其扩展方法主要包括 SMP 技术和 CC-NUMA 技术，利用这些技术，一个计算节点内的多个 CPU 可以共享单一地址的内存空间，可以在一个操作系统（OS）的控制下以多线程的方式运行并行的计算程序以高速地解决单一问题。近年来，普遍采用了在输入输出（IO）总线上扩展 GPU 等异构加速器进一步提升单一计算节点的性能，尤其在深度学习计算等领域，这种方法带来的收益非常可观。

（4）向外扩展（Scale Out）：因为受限于访问共享内存的容量和带宽、多 CPU 在处理 Cache 一致性协议的代价，以及节点内 IO 通道数量等问题，Scale Up 技术很快就到达了它的极限，所以通过节点间的水平扩展成为高性能计算机发展的主要道路。其中，计算节点间的系统互连和通信成为系统扩展的核心难题，系统的可编程性问题也严重阻碍了规模的扩展；由于系统规模的迅猛扩展，系统的功耗控制及散热、系统的建造成本也是重要的制约性因素。生产效率（Productivity）、可编程性（Programmability）、系统功耗（Power Consumption）和建造价格（Price）这 4P 问题是高性能计算体系结构演进到向外扩展（Scale Out）阶段的核心问题，也是影响费效比的主要因素。

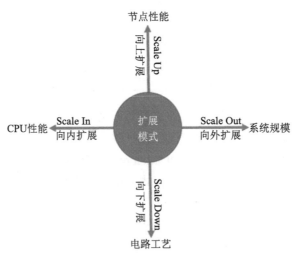

图 2　并行计算机系统扩展模式

在向下扩展和向内扩展这两个维度，曙光系列高性能计算机紧跟时代的发展：

曙光一号是我国自行研制的第一台采用微处理器芯片（Motorola 88100 微处理器）构成的 SMP 系统；曙光 1000 采用了当时最新型的 Intel 公司的支持高性能浮点计算的 RISC 处理器 i860XR；曙光 2000 采用了 Apple-IBM-Motorola 联盟研制的 PowerPC604e，能够在指令集上兼容 IBM RS6000；曙光 3000 采用了 64 位的 Power3 和 Power4 处理器，能够在二进制上兼容 IBM RS6000 SP/2，从而规模化地进入了商业应用领域；从曙光 4000 开始，全面采用了 X86-64 架构的处理器，包括 AMD Opteron（曙光 4000）、四核心 AMD Barcelona（曙光 5000）、六核心 Xeon X5650 处理器和 Nvidia GPU Fermi C2050（曙光 6000）。从早期的 RISC 到最新一代的 GPU，这两个维度的扩展带来的性能提升高达 4~5 个数量级。

图 3　曙光系列高性能计算机采用的处理器

在向上扩展和向外扩展两个维度，曙光系列高性能计算机充分抓住了体系结构的进步：从 1990 年开始，经历了 SMP（曙光一号）、MPP（曙光 1000）、Cluster（曙光 2000 至曙光 5000）等历程，并从曙光 6000 之后创造性地提出了超并行处理结构（Hyper Parallel Processing，HPP），HPP 不同于传统的 DSM 结构，它包含了同构和异构处理器的池化、Memory 和 IO 的资源化等概念，基于多轨并行的支持远程 Load/Store、RDMA 操作的高性能系统域网络，支持 UPC 全局地址空间的编程模型等。节点内的 Scale Up 从 4 个处理器发展到 NUMA 多核处理器加上众核 GPU 加速，节点间的系统规模扩展更达到数千量级，这两个维度的扩展带来的性能提升也高达 4~5 个数量级。

近三十年以来，曙光系列高性能计算机瞄准行业应用需求与产业化这个核心目标，充分利用工业标准化的系统部件，广泛兼容最主流的应用，应用领域覆盖了计算密集型应用、数据密集型应用、并发流密集型应用和智能计算应用，实现了系统性能从十亿次（GFLOPS）到百亿亿次（EFLOPS）量级的跨越式发展。

2.2 曙光一号

中国科学院计算所于 1983 年研制成功了 757 工程千万次大型向量计算机系统，于 20 世纪 80 年代末期完成了面向石油地质勘探领域的 KJ-8920 大型数据处理系统，由于技术路线、器件基础等方面的原因，这两台计算机的研制周期都长达七八年，到项目完成时，和国际同类系统相比均有 1 ~ 2 个数量级的性能差距。

1990 年智能中心成立之初，集中两年左右的时间，不断论证技术发展思路，为曙光一号并行计算机的研制做准备。团队最后决定采用 SMP 多处理器共享存储并行体系结构，在今天看来是较自然的选择，但在当时却很难抉择。当时干扰决策的因素包括：日本第五代智能计算机计划采用了 Prolog、Lisp 专用机策略；国内外传统大型机发展的惯性思路是采用集成电路设计运算控制器主板而非采用商品化的微处理器。参与决策者包括当时国家科委高新司冀复生总工、863 计划智能计算机专家组汪成为和智能中心的主任李国杰等人。最终选择 SMP 方案是基于以下四点主要考虑：①与传统的小型机（VAX 机）、大型机（IBM Mainframe）比较，SMP 在性能价格比方面有明显优势；②并行机技术国外也在蓬勃发展中，没有形成垄断的局面，我们有可能迎头赶上；③基于微处理器的 SMP 系统的关键技术是软件，技术难点的转移对我们有利；④一旦掌握 SMP 技术，易形成高性能计算机系列产品，有利于科技成果的产业化。

在正确的技术路线指导下，曙光一号并行计算机的研制过程与 757 机和 KJ-8920 相比就迅速得多，其研制经费之少、研制时间之短、成果商品化程度之高等都与过去的高性能计算机研制形成鲜明对比。只用了约 200 万元、不到两年时间，智能中心于 1993 年 10 月顺利完成了系统的研制。曙光一号是我国自行研制的第一台采用微处理器芯片（Motorola 88100 微处理器）构成的全对称紧耦合共享存储多处理机系统（SMP），4 个 CPU 共享内存，系统总线为 VME 总线，系统外设采用 SCSI 设备，最大支持 4 个以太网接口，主存容量最大为 768 MB，系统峰值定点速度为每秒 6.4 亿次。

1993 年 10 月由国家科委组织专家对成果进行了技术鉴定，认为：这是我国第一次采用商品化微处理机芯片和 UNIX 操作系统、走与国际接轨的道路研制并行计算机的可喜尝试。曙光一号在对称式体系结构、操作系统核心代码并行化和支持细粒度并行的多线程技术等方面实现了一系列的技术突破，包括：多处理机共享内部总线协议设计；多机中断控制器芯片设计；SNIX（Symmetric UNIX）操作系统采用的细粒度加锁以及动态分配 I/O 中断向量以实现多机系统对称式处理的方法；

在 UNIX 核心中增加共享资源进程以及成群调度(Gang Scheduling)策略,在用户空间以库函数的方式实现线程等。

曙光一号还集成了多项 863 的研究成果,包括:石油大学开发的油气田布井决策系统 Powel、浙江大学开发的智能软件开发环境 KMEPS、华中理工大学开发的地图数据库管理系统 MDB、西安交通大学开发的 LISP/CLOS 系统、中国科学院系统科学研究所开发的几何定理证明软件系统,清华大学移植的 Ingres 数据库等。

图 4　曙光一号 SMP 系统

曙光一号研制完成后,在教育行业(中国科技大学、武汉大学)、信息服务(三期日贷项目北京信息中心)、军队(总后油库管理)、政府(国家科委办公自动化)、援外项目(埃及穆巴拉克科学园)等进行了推广应用,累计生产与销售 20 多套。1994年在曙光一 号上开通了国内第一个 BBS 网站——曙光 BBS 站。

曙光一号研制成功表明我国 863 计划智能机主题选择了一条不同于日本五代机的发展道路,以符合国际技术主流和市场需求的高性能计算机作为主攻方向,从发展方向上引导了我国高性能计算机的研制。国务院研究发展中心顾问马宾考察后,向中央领导写报告称:曙光一号研制成功的意义不亚于卫星上天。就在曙光一号诞生 3 天后,美国解除了 10 亿次计算机对中国的禁运。当时的中国科学院副院长胡启恒称:曙光一号咬住国际高性能计算机发展的"尾巴"。曙光一号作为国内科学技术的主要成就之一被写入 1994 年第八届全国人民代表大会第二次会议上李鹏总理的政府工作报告,并荣获 1994 年度中国科学院科学技术进步奖特等奖、1995年度国家科学技术进步奖二等奖。

1995 年 6 月,曙光团队以曙光一号知识产权作价评估 2000 万元为基础,成立了曙光信息产业有限公司。从此,曙光机产业走向了一条面向市场的以应用为导向的创新之路。

2.3　曙光 1000

自 1993 年起，美国劳伦斯伯克利实验室的 Erich Strohmaier 教授、Horst Simon 教授、美国田纳西大学 Jack Dongarra 教授、德国曼海姆大学的 Hans Meuer 教授等人组织了全球高性能计算机 TOP500 评测榜单，TOP500 对日后的高性能计算机的发展起到了非常重要的推动作用。1993 年到 1994 年正是计算机体系结构发生重要转折的时期，1993 年 1 月份 TOP500 上的 SMP 系统有 243 台，MPP 系统有 122 台；而到了 1994 年 11 月，SMP 系统降到了 184 台，MPP 系统增长到了 246 台。从性能份额考察，这一转变趋势更加明显，SMP 的份额从 45% 降到了 31%，而 MPP 系统的份额则从 36% 增长到了 61%。

对称式多处理器（SMP）系统效率高、应用广泛，但由于其总线带宽的限制，扩展性较差。分布式存储的大规模并行处理系统（MPP）扩展性好，可包括成百上千的处理器，MPP 并行处理系统日益成为研制高性能计算机的主要技术途径。发达国家为了占领中国市场，虽然逐步放宽了对我国出口计算机的限制，但是对于出口到我国的高端计算系统，在处理器数目和计算机能力方面，仍然限制较严，进口的机器被关在"玻璃房子"里在国外的监控下使用，我国受制于人。

曙光 1000 大规模并行计算机系统于 1995 年 5 月研制成功。曙光 1000 是我国高性能计算机方面的又一里程碑，是我国第一台 MPP 系统，是当时国内研制的最高速度的计算机系统。它突破了一大批 MPP 的关键技术，使中国成为世界上少数几个能研制和生产大规模并行计算机系统的国家之一，打破了国外的封锁。

图 5　曙光 1000 大规模并行系统

曙光 1000 包含有 36 个节点机，其中，基于 i860XR 的计算节点机 32 个，服务节点机 2 个，I/O 节点机 2 个。曙光 1000 的可扩展性好，它的互连网络、输入输出(I/O)、系统软件等均可扩展,与 SMP 系统和传统的向量巨型机相比,具有明显的可扩展性优势。

曙光 1000 的峰值速度为单精度每秒 25.6 亿次浮点运算,双精度每秒 19.2 亿次,实际运算速度达每秒 15.8 亿次,内存容量 1024 兆字节,磁盘容量 5~50GB。它能解决工作站和大型机难以解决的大问题,在 30 分钟内解出含 15000 个未知数的线性方程组,在 40 小时内完成天然 DNA 整体电子结构计算,而小型机要连续计算 3 个月以上才能完成。

曙光 1000 中自主设计的蛀洞(Wormhole)路由器芯片创造性地采用了异步和同步相结合的工作方式,基于 Wormhole 机制的二维 Mesh 网络消息传送速度快,稳定可靠,节点机与网络的通信总带宽为 2.8GB/s,网络总通信容量为 44.8GB/s。

曙光 1000 广泛采用国际标准,基于 UNIX 的并行分布式操作系统开放程度高,用户移植软件容易。全面提供 EXPRESS、PVM、MPI、NX 和 P4 等并行环境,支持 C、C++和 FORTRAN,提供并行优化重构工具 PORT、程序自动并行化工具 AutoPar、并行用户程序运行动态监测和分析工具 ParaVision、并行程序调试环境 NDB(源码级)和 ADB(汇编级),并行系统软件高效实用。

基于曙光 1000(曙光 1000A)建立了合肥、北京、成都、上海、武汉等一批最早的国家高性能计算中心,支持了数百项国家自然科学基金、攀登计划、国家科技攻关计划、863 计划以及各部委的重要课题,应用遍及物理、化学、力学、石油、核能、气象、航空、航天、水利、生物医学、生物信息学等众多领域,为推动我国高性能计算的普及应用发挥了重大作用。

曙光 1000 在整体上达到了 20 世纪 90 年代前期的国际先进水平,某些技术达到了当时的国际领先水平,荣获了 1996 年度中国科学院科学技术进步奖特等奖和 1997 年度国家科学技术进步奖一等奖。

2.4 曙光 2000

智能中心对研制的曙光 2000 提出了更高的目标:面向各行各业的广泛应用,能够产品化形成产业。这个目标对曙光 2000 提出了一系列约束条件:它必须要支持多用户、多进程、多作业,必须给用户提供主流、标准的软硬界面;必须支持各种应用;必须考虑产品的全生命周期成本。采用何种体系结构是曙光 2000 立项之初的核心问题。

当时,高性能计算机领域中 MPP 和 SMP 两种体系结构占绝对统治地位,但智能中心团队敏锐地关注到美国加州伯克利大学研制的一台计算机——Berkeley-NOW,该系统由 100 台 SUN UltraSparc 工作站通过 Myricom Lanai 网络连接组成,是一种全新的 Cluster 结构。在 1997 年 11 月的 TOP500 上,该系统首次出现在榜单上,但仅排名第 478 位。智能中心团队深入研究发现,该系统大量地采用了工业化的商品部件,可扩展性好，研制周期短，研发费用低，应用兼容性强，显示出了蓬勃的生命力。

项目组的第一个决策是采用可扩展机群结构，采用主流商品化节点，包括主板和操作系统；第二个决策是要兼容 IBM RS/6000 平台，有利于产业化。

曙光 2000 中的处理器采用商品化部件，充分利用摩尔定律；节点操作系统、PVM 和 MPI 通信库、Web 服务器、数据库、中间件等符合已经广为使用的事实标准；选择最佳增值点，在高性能互连网络和通信系统、高性能文件系统和 I/O 系统、单一系统映像、机群操作系统、并行编程环境等方向创新，提高系统的 SUMA 能力，即可扩展性、可靠性、可维护性与高可用性。

在上述技术路线的指导下，智能中心分别于 1998 年底和 1999 年底完成了两个型号的曙光 2000 超级服务器系统。

曙光 2000-I 超级服务器采用松耦合的可扩展机群体系结构，与 IBM RS/6000 SP 二进制兼容，节点采用 PowerPC RISC 处理器芯片，内存容量为 8GB，内置硬盘容量为 152GB；节点间通过智能中心研制的二维蛀洞路由芯片组可提供 1600Mbps[①] 的点对点通信带宽，或通过 Myrinet 提供 2560Mbps 的点对点通信带宽。曙光 2000-I 系统的节点机总数为 34 个，峰值速度高达每秒 200 亿次。

图 6　曙光 2000-I 超级服务器

在软件方面，曙光 2000-I 提供了自主研制的基本通信库(BCL)、PVM 和 MPI 并行程序开发环境、集成并行程序设计环境(IPPE)、并行调试器(DCDB)、自动并行化工具(AutoPar)、机群系统管理(CSMS)、批作业管理(JOSS)、资源管理(RMS)和曙光服务器聚集软件(DSC)。此外还提供了一系列与 IBM RS/6000 兼容的开放软件工具，包括 C 和 FORTRAN 编译器、数学和工程库 ESSL、DB2 数据库等。

曙光 2000-II 系统的峰值浮点运算速度达到每秒 1117 亿次，内存总容量达到

---

① 1Mbps=1Mbit/s。

50GB，磁盘总容量达到 600GB。它由 82 台节点计算机组成，每台节点计算机包含 2 个处理器，共 164 个处理器。其中：薄节点 64 个，配置 PPC604e CPU；厚节点 8 个，配置 PPC604e CPU；高性能节点 8 个，配置 Power3 CPU；主服务节点 1 个，配置 Power3 CPU、178GB 外置 RAID 全光纤共享盘阵；从服务节点 1 个，配置 PPC604e CPU、45GB 内置共享热插拔硬盘、20GB 4mm 磁带机；另有一个控制台节点。

曙光 2000-II 有三套连接网络：一套 80 端口的专用 Myrinet 网，一套 96 端口的 100MB 以太网(含 4 个 1GB 端口)，以及一套 16 端口的外部以太网。曙光 2000-II 的节点操作系统为 AIX 4.3/4.2.1，系统软件进行了全面的升级。

图 7　曙光 2000-II 超级服务器

曙光 2000 超级服务器是中国第一台 Cluster 系统，它提供了杰出的可扩展性、易用性、可管理性和高可用性，即 SUMA 特性，支持上万种 AIX 商用应用软件。曙光 2000-II 首台系统部署在中国科学院计算机网络信息中心，并通过曙光公司进行了推广销售。它不仅擅长大规模科学工程计算，还包括气象、石油、核能和基础科学研究等行业，而且适用于事务处理、网络与信息服务，以及决策支持等非科学计算领域，为我国信息化建设提供了强有力的工具。

曙光 2000 在整体上达到了 20 世纪 90 年代中期的国际先进水平，在有些方面，如机群操作系统、集成化并行编程环境、并行数学库函数和服务器聚集软件方面达到了当时的国际领先水平。尤其重要的是，可扩展文件系统、零拷贝传递、单一 IP 登录点等关键技术是在不改动甚至不知道操作系统源码的约束条件下实现的，这个做法在国外高性能计算机的研制中是没有的，是曙光 2000 最有价值的创新，为我国研制高性能计算机开拓了一条可产业化的新路。

美国计算机界的权威学者 Gordon Bell、Jack Dongarra 等参观了安装在中国科学院网络中心的曙光 2000-Ⅱ 后，在美国亚洲信息情报中心写给美国政府的报告中指出：该机在机群操作系统和集成化编程环境方面已进入国际领先行列，中国高性能计算机研制已从落后走到非常接近西方的水平。曙光 2000 超级服务器荣获了 2000 年中国科学院科学技术进步奖一等奖和 2001 年国家科学技术进步奖二等奖。

2.5 曙光 3000

在曙光 2000-II 研制完成仅仅一年后，国家 863 计划的重大项目曙光 3000 超级服务器于 2000 年 12 月研制成功，曙光 3000 不仅是当时性能最高的国产超级服务器，更在产品化程度上取得了显著的进步。曙光 3000 系统峰值浮点运算速度为每秒 4032 亿次，内存总容量为 168GB，磁盘总容量为 3.63TB。它采用机群体系结构，由 70 台节点计算机组成，共 280 个处理机。系统提供三套连接网络，用作高速并行计算、文件传输、系统管理、接待用户请求。另外，还有两套串行网络，用于监控系统的各种状态。

图 8　曙光 3000 超级服务器

曙光 3000 实际性能高，16 个处理机的系统每天可实现 80 亿次的页面点击；8 个处理机的系统每天可收发 7000 万封电子邮件；4 个处理机的系统每天可处理 300 万次事务；128 个处理机工作，48 小时的精确天气预报只需 1 小时 38 分钟；64 个处理机工作，一个月的气候预报仅用 15 分钟；16 个处理机做某油田 291 口井 135 年的油藏模拟只需 17 小时，在国内所有计算机包括进口计算机中第一次达到实用水平。

曙光 3000 在应用效果和产业化上取得显著的进步是由于在技术上的几个突破，一是机群操作系统突破了基于 SMP 节点的用户空间通信机制和 Severless 结构的机群文件系统，大幅提高了并行程序的效率；二是研制了内存稳定性测试、性能测试仪器和一整套质量筛选方法，解决了在采用低成本内存条时的稳定性问题，使整机性能价格比远高于国际同类产品，因而市场竞争力强；三是突破曙光机群操作系统的单一映像技术，做到对石油勘探等行业的大量商品化应用软件的全兼容，彻底打开了行业市场，曙光机群得以被大规模采购。

曙光 3000 创造了两个先例。一是与以往的研制任务不同，由用户与国家共同出资研制，国家只提供 50%的研究经费（3150 万元），另有三家用户单位在研制初期提供另外 50%的研制经费，定购三套曙光 3000 系统。其中，华大基因中心将其用于基因测序计算，于 2002 年成功完成水稻基因测序工作，开创了生物与计算融合的新方向。二是在许多用户如广东省气象局、中国石油集团东方地球物理勘探有限责任公司（简称东方物探）、大连理工大学、华中科技大学和中国科学院兰州分院等的公开招标中，曙光 3000 战胜了许多国外大公司同类产品获得了订单，曙光 3000 靠技术先进赢得了市场份额。

图 9　曙光 3000 完成水稻基因测序工作得以登上 *Science* 杂志封面

曙光 3000 在石油、气象、水利水电、航空航天、汽车轮船设计模拟、地震监测预报、环境监测分析、金融证券、生物信息处理、网络信息服务和基础科学计算等行业都取得了广泛的应用，成为曙光高性能计算机产业化道路上的主力产品。

曙光 3000 超级服务器被两院院士评选为 2001 年中国十大科技进展之一，并被写进 2002 年第九届全国人民代表大会第五次会议上《关于 2001 年国民经济和社会发展计划执行情况与 2002 年国民经济和社会发展计划草案的报告》；"曙光 3000 超级服务器诞生"入选 2002 年由中央电视台和科技日报联合发布的五年来科技改变生活的"十大瞬间"；"曙光 3000 和可扩展并行计算机系统"项目荣获 2003 年度国家科学技术进步奖二等奖。

2.6 曙光 4000

进入 21 世纪后，机群体系结构已经成为高性能计算机的主流架构。

曙光 3000 在面向商业主流应用上取得了突破，打破了 IBM 等在石油行业的垄断，并在市场上取得了成功。曙光 4000 采用了工业标准化的技术路线，将国产高性能计算机扩展到更广阔的领域，在支持数据密集应用上取得技术突破。

曙光 4000 系列的研制目标主要是：

（1）面向数据密集型应用：数据密集型应用包括以 Internet 信息处理为代表的网络安全应用，以 Internet 数据获取与分析为特点；以雷达图像处理为代表的国防安全应用，以 I/O 吞吐量密集、数据计算密集为特点；以生物信息处理、石油物探为代表的资源安全应用，以大规模数据存储、处理、传输为特点。力求在通用机群体系结构下，研究存储数据密集、I/O 吞吐量密集、Internet 数据接入密集、系统间数据互传密集、数据处理密集等问题，使系统能更有效地解决这类应用问题。

（2）强调网格技术：研究支持网格(Grid-enabling)的技术，使高性能计算机能有效地支持网格环境，包括：基于服务(Service-based)的机群操作系统、网格通信协议、网格文件系统、用于网格应用资源路由的智能网卡、支持网格的高性能计算机体系结构，分别体现网格在管理、广域通信、广域文件、资源发现、体系结构上的要求。这些技术对后来适应云超算的需求打下坚实的基础。

（3）系统面向多个应用目标：曙光 4000A 针对构建每秒数十万亿次以上的高性能计算机，成为中国国家网格主机和云计算中心基础装备；曙光 4000L 通过设计海量存储系统和研究海量 Internet 网络数据在线处理技术，设计具有百万亿字节海量数据处理能力的高性能计算机，为国家网络安全服务；曙光 4000H 针对生物信息处理应用，通过专用硬件加速部件固化生物信息学算法，提供每秒 4 万亿次的专用处理能力，实现几个数量级的加速比。

（4）采用工业标准的 X86 处理器技术和开放开源的 Linux 操作系统，打败 IBM、SGI、SUN、HP 等传统高性能计算厂商的 RISC 处理器和专用 UNIX 操作系统技术路线。

这一系列高性能计算机在与众多国际企业的竞争中体现了国产品牌高性能计算机的创新能力，曙光 4000A 代表中国高性能计算机 2004 年首次进入世界高性能计算机 TOP500 排名前十，曙光 4000A 研制组被评为 2004 年度"中国科学院创新文化建设先进团队"；曙光 4000A 总设计师孙凝晖被评为 2004 年度"中国十大科技新闻人物"；曙光 4000 系列高性能计算机研究团队获得了 2005 年度"中国科学院杰出科技成就奖"；曙光 4000L、曙光 4000A 分别在 2003 年、2004 年被两院院士评为"中国十大科技进展"；曙光 4000A 入选中华人民共和国成立

55 年来最重大的 50 个科研成果。

● 曙光 4000L

2003 年 3 月，在中国科学院计算所知识创新工程二期重大项目支持下，曙光 4000L 百万亿数据处理超级服务器通过中国科学院验收，该机不但具备百万亿字节的数据处理能力，而且在支持数据密集应用的技术上实现了多项重大突破。曙光 4000L 可以同时适用于高性能"科学计算"和"信息服务"两大领域，使得国产超级服务器的应用再上一个台阶。

图 10　曙光 4000L

曙光 4000L 系统由 40 个机柜组成，有 644 个 CPU，每秒 3 万亿次峰值速度，644GB 内存，百万亿字节存储。

曙光 4000L 主要围绕数据密集技术，Spreader 智能文件浏览器在百万亿字节量级的存储容量下，可支持文件的快速检索和浏览，使得"大海捞针"易如反掌；智能网卡及专用软件让 Internet 数据的实时接入更加轻松；TapeShare 远程磁带备份软件进一步加强了海量数据存储设备共享的能力；E240 数据密集和高可用存储节点奠定了海量存储数据的基础。GirdView 网格监控中心软件提供了逻辑视角、视角的可伸缩性、历史记录分析三项特色，被称为系统的"千里眼"。

曙光 4000L 在运行海量数据处理应用方面表现十分出色。进行并行数据库操作时，平均每天能处理 163 亿次入库操作，86 亿次数据库混合操作，进行百万记录表规模的数据挖掘的平均响应时间为 2.5s，相当于存储 4000 万网民每人每天进行的 200 次短信操作；进行 Internet 数据处理时，单节点的接入能力为每秒 65 万数据包，系统能够满足 32Gbps 的实时数据流的并发接入要求，系统的数据特征扫描能力为平均每节点 400Mbps，满足了中国电信的 Internet 骨干网数据业务的数据接入和数据处理的要求。基于这种强大的综合数据处理能力，曙光 4000L 被专家誉为中国超级服务器的"航空母舰"。

● 曙光 4000A

2004 年 6 月 29 日，科技部在人民大会堂宣布："863 计划重点项目——曙光

4000A 通过鉴定验收,曙光 4000A 实现了对每秒 10 万亿次运算速度的技术和应用的双跨越,成为国内计算能力最强的商品化超级计算机"。曙光 4000A 的推出使中国成为继美、日之后第三个跨越了 10 万亿次计算机研发和应用的国家。

图 11　曙光 4000A

曙光 4000A 采用当时最新的 AMD X86-64 位 Opteron 处理器,处理器总数为 2560 个,内存总容量为 5TB,磁盘总容量为 42TB,由四套不同的网络互连,峰值浮点运算速度为每秒 11.2 万亿次,Linpack 值为每秒 8.06 万亿次。

图 12　曙光 4000A 在 TOP500 上名列第十

在 2004 年 6 月公布的全球高性能计算机 TOP500 排行榜中,曙光 4000A 位列全球第十,这是中国超级计算机得到国际同行认可的最好成绩。

曙光 4000A 实现了 64 位服务器主板设计等核心级技术的突破,攻克了一系列大规模工业标准机群的关键技术。曙光 4000A 利用自主研制的 4 路 CPU 高密度主板和 2U 高度 4 路 64 位 CPU 的工业标准机架服务器,有效提升了曙光 4000A 的系统密度,使其能在 75m^2 的占地面积内实现 11 万亿次的计算,满负载运行的实测功耗不超过 380kW,空调冷却系统功耗小于 150 kW。ASCI White 此前是 TOP500 排名第一的系统，从 2001 年到 2003 年 11 月一直是 IBM 最大的计算机系统，与其相比，曙光 4000A 的成本为其 1/10、Linpack 速度更高、系统占地为其 60%、功耗为其 1/3。这说明曙光 4000A 超过了 IBM 当时最大系统的水平。

曙光 4000A 无论是空间效益（单位空间所提供的性能）、还是功耗效益（单位功耗所提供的性能）都比 TOP500 中排名前列的系统要好，在这两个指标方面居于世界领先位置，曙光 4000A 在当时是采用工业标准机群技术达到的世界最高水平。

表 2　曙光 4000A 和 ASCI White 参数对比

	峰值	Linpack	CPU 数	节点数	内存	存储	功耗	价格	推出时间
ASCI White	12.3TFLOPS	7.3TFLOPS	8192	512(4U)	6TB	160TB	1200kW	$110M	2001
曙光 4000A	11TFLOPS	8.06TFLOPS	2560	640(2U)	5TB	95TB	380kW	<$10M	2004

表 3　曙光 4000A 和先进系统参数对比

	峰值速度/TFLOPS	占地面积/平方英尺①	功耗/kW	GFLOPS/平方英尺	GFLOPS/kW	推出时间
地球模拟器	40.96	34000	5000	1.18	8	2002
ASCI Q	30	43500	7100	0.69	4.23	2004
ASCI Purple	100	43560	7500	2.29	13.33	2005
曙光 4000A	11.2	1528	380	7.37	29.64	2004

建成后的曙光 4000A 落户于上海超级计算中心，承担包括国家网格、上海基础科研平台和华东地区信息服务三方面的重任，为各行各业提供海量信息处理、信息开发服务和科学研究高性能计算服务。曙光 4000A 面向全社会开发，短期内用户数量就超过了 300 家，用户中除了高校、科学院的科学计算用户还有大量的工业应用用户，行业领域包含气象、环保、船舶、飞机制造、汽车、建筑、钢铁、石油、机电等。

● 曙光 4000H

于 1990 年正式启动的人类基因组计划是一项庞大的全球性科学工程，美国、英国、法国、德国、日本和我国科学家共同参与了这一计划，预算达 30 亿美元，人类基因组计划与曼哈顿原子弹计划和阿波罗计划并称为三大科学计划，被誉为生命科学的"登月计划"。

人类基因组计划也有力地带动了以基因测序为基础的生物信息学的发展，其中，基因联配是当时第一代测序数据分析过程中的核心计算问题，它是一种典型的

———————

① 1 平方英尺=9.290304×10^{-2} 平方米。

强数据依赖访存密集+计算密集型算法，由于其强数据依赖关系，通用的并行处理技术难以发掘出算法蕴含的并行性，基因联配问题成了基因数据分析的瓶颈性问题。

在中国科学院知识创新工程重要方向项目支持下，2005 年 6 月曙光机团队完成了曙光 4000H 的研制工作。曙光 4000H 是一台具有 5000 亿次通用运算能力和 4 万亿次专用处理能力的面向生物信息处理的高性能计算机，实现了高密度、高效率、低价格、低能耗的专用系统的研制目标。

在曙光 4000H 中设计了两种专用的算法可重构的硬件加速——Matrix-DIMM 和 Matrix-PCI，主要用于解决基因联配算法的加速计算问题，可重构计算部件都采用了 Altera Stratix EP1S30 FPGA 为核心器件。Matrix-DIMM 是一种基于内存总线上的加速卡，接口为 DDR SDRAM 总线，Matrix-PCI 基于 PCI-X 总线设计。加速部件包括字符匹配、编码解码、加密解密、内容检索等，以及一些数学类的运算，如 FFT、FIR 等。

曙光 4000H 系统共有 40 个刀片节点和 5 台机架式服务节点，共包含 90 个 Intel 2.8GHz CPU 和 10 块专用硬件加速卡，所有节点通过集成 2 套千兆以太网互联。系统通用部分的能力为 504.0GFLOPS 峰值速度，137GB 内存，2.3TB 存储容量。一个加速部件含 3072 个处理单元，主频达到 133.3MHz，专用部分的峰值运算能力为每秒 4096G CUPS (Cell Updates Per Second)。

图 13　曙光 4000H 生物专用机系统

曙光 4000H 成功地移植并运行了全局序列联配、局部序列联配、多序列联配等常用生物信息算法。与 1 个 Intel Xeon 2.8GHz CPU 相比，单个专用加速卡运行全局序列联配算法时，最高可以达到 3826 倍的加速比；运行局部序列联配算法时，最高可以达到 351 倍的加速比；用 ICT_ClustalW 软件运行多序列联配时，最高可以达到 32 倍的加速比，与 80 个刀片 CPU 相比，使用 8 个加速卡可以达到 14.81 倍的加速比。

曙光 4000H 完成了大量生物信息应用的计算任务。中国科学院北京基因组研究所在曙光 4000H 上进行了 1129 个基因家族数据的计算，包含了从哺乳类动物如人、黑猩猩、小鼠、大鼠，到鸡、果蝇，直到酵母、植物等多个物种，对揭示真核生物的进化关系具有重要意义。此外，还进行了水稻杂交优势问题的计算，通过对母本 PA64S 的研究，从分子生物学水平探索了和杂交优势相关的理论。

2.7 曙光 5000

以曙光 4000A 代表的高性能计算机将机群结构发展到了一个新的高度后，不可避免地要面对功耗墙这一严重的障碍；另一方面，随着系统并行规模的不断扩大，系统运行实际应用的效率也在不断降低，边际效应递减这一经济学规律也在高性能计算机的研制中得到了体现。当时普遍地认为，已有机群体系结构在耗电、空间、散热、效率、可编程性、可靠性和可管理性上的问题使它无法有效地延续到千万亿次（PetaFLOPS）。

在实际应用中发现，采用峰值计算能力甚至持续计算能力作为高性能计算机的评价指标是不充分的。高性能并不等同于高产出，美国的国防部于 2002 年制定的"高效能计算系统"(High Productivity Computing Systems，HPCS)研究计划，首先提出了以高效能（也称高生产率）作为新一代高性能计算机追求的目标。高效能包含了高性能、可编程性、可移植性、稳定性等多个方面的要求。

与此同时，微电子工艺在主频的提高上遇到了天花板，芯片动态功耗的快速增长已经使 CPU 的主频被锁定了在 2~4GHz，但集成度仍在继续提高，多核微处理器应运而生，采用多核芯片构建高性能计算机系统，是提高计算机的效能的必然选择。多核 CPU 也对传统的并行计算机系统提出了新的挑战：如何对芯片级、板级、节点级三级并行结构进行均衡的设计？如何将通信延伸到多核内，发挥由上万个处理器核构成的大规模并行系统的计算能力？

降低功耗、高效能计算、多核、标准化刀片节点、水冷机柜等关键技术，成为曙光 5000A 系统的必须攻克的难点。

在国家 863 计划信息领域"高效能计算机及网格服务环境"重大项目支持下，2009 年 4 月，中国科学院在北京组织召开了由中国科学院计算技术研究所、曙光信息产业（北京）有限公司和上海超级计算中心共同承担的"曙光 5000A 高效能计算机"通过了成果鉴定。

图 14　曙光 5000 高效能计算机系统

曙光 5000A 系统硬件主要包括：1920 个计算刀片、7680 个 4 核心 1.9GHz AMD Barcelona CPU、122.88TB 内存、20G InfiniBand 网络、水冷机柜等。系统软件主要包括：Suse Linux 10.2 操作系统、PGI/GNU 编译器、GotoBLAS-1.0 库、MPI 并行编程环境、DCFS3 并行文件系统、Pheonix2 机群管理系统等。

曙光 5000A 系统峰值运算速度为 233.5 万亿次，Linpack 值为 180.6 万亿次，系统效率为 77.34%，MPI 延迟为 1.6μs，系统峰值功耗 992 千瓦，在 2008 年 11 月发布的第 32 届 TOP500 排行榜上位列第 10，是当时美国以外世界上最快的高性能计算机。

基于曙光 5000A 的关键技术研究，还开发出 TC2600 刀片服务器、8 路小型机 EP850、PHPC100 个人高性能计算机、ES64 大端口千兆交换芯片、曙光水冷机柜、GridView 监控软件等产品，这些产品极大地提高了曙光服务器的技术含量和市场竞争力，提升了国产品牌的市场占有率。

曙光 5000A 是对高效能计算机的成功探索，性能功耗比、性能密度比在基于通用 CPU 的百万亿次系统中具有世界领先水平，为研制千万亿次计算机奠定了技术基础。曙光 5000A 于 2009 年 5 月中旬落户上海超级计算中心，成为我国最大的工业计算基础设施。

2.8　曙光 6000

曙光 5000A 研制完成后，曙光团队再次面临技术路线的抉择。传统的同构并行系统已经发展到了尽头，异构加速计算已经初露端倪。Intel 公司正在发展 X86 众核协处理器，IBM 推出了 Cell 处理器，ATI 公司和 Nvidia 公司则发展了 GPGPU。IBM 排名 TOP500 第一的高性能计算机 Roadrunner（走鹃），采用了 AMD Operteron + IBM Cell 取得了实测效率。经过审慎的考虑，曙光团队选择了采用 CPU+GPU 这一异构技术路线，并攻克对云计算、大数据应用的支撑技术。这一技术路线最终被证明是非常明智和成功的，可以持续地发展到 E 级计算，并成为占领市场的主流技术路线。

　　在国家 863 计划"高效能计算机与网格服务环境"重大专项的支持下，2010 年 6 月 1 日，由中国科学院计算所和曙光公司联合研制的曙光 6000（星云）超级计算机系统在北京国家会议中心举行了新闻发布会，该系统以其每秒三千万亿次的峰值运算速度、每秒 1271 万亿次的实测 Linpack 峰值运算速度，在第 35 届世界超级计算机 TOP500 排行榜上排名第二，成为中国第一台实测性能超千万亿次的超级计算机。

图 15　曙光 6000 在 TOP500 上名列第二

　　曙光 6000（星云）系统在基于 CPU-GPU 异构架构的千万亿次关键技术、高性能计算机的云计算管理软件、支持大数据的分布式存储系统上取得了突破，具有"四高二低"的技术亮点：高性能，它是亚洲和中国第一台、世界第三台实测性能超千万亿次的超级计算机；高效能，采用自主设计的 HPP 体系结构、高效异构协同计算技术、高效易用的用户编程环境；高可靠，采用全冗余设计，无单一故障点；高密度，其单机柜峰值达 25.7TFLOPS；低功耗，每瓦能耗实测性能 4.98 亿次；低成本，刀片服务器遵循 SSI 标准设计，实现高性能计算机关键部件标准化。

　　2011 年 11 月，曙光 6000 在国家超级计算深圳中心完成部署，该系统主要由 258 个机柜组成，包括了 5600 片曙光 CB60 刀片服务器（采用双路 Xeon X5650 处理器）、2560 片 Nvidia Fermi C2050 加速卡和 128 台曙光 A840 服务器组成，内存总容量达到了 226TB。该系统配备了一套单向速率达 40Gbps 的 InfiniBand QDR 网络和两套千兆以太网。

图 16　曙光 6000 高效能计算机系统

　　曙光 6000 在国家超级计算深圳中心投入运行以来，为近 200 个用户组和研究机构提供了应用服务，涉及气象预报、海洋数值模拟、新材料研制、药物研发、基因研究、宇宙演化等多个领域。运行于曙光 6000 上的深圳云计算公共服务平台——鹏云系统为企事业单位提供了高性能、高可靠、高安全的海量云存储和易用、通用的云计算服务平台，探索了高性能计算机在云计算应用模式下提供多种服务的新模式。

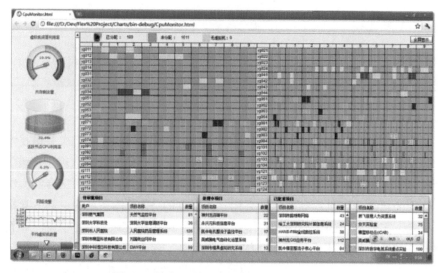

图 17　曙光 6000 云视图工具 CloudView

　　在产业化推广方面，曙光 6000 的基础架构、刀片、存储系统、管理系统等方面产生的一批关键技术，已经广泛应用于曙光公司的高性能计算机和存储系统等产品中，使曙光连续 8 年夺得了中国高性能计算机 TOP100 市场份额数量第一，为促进我国高性能计算机产业的发展发挥了重要作用。

图 18　曙光 6000 分布式存储系统 Parastor

以曙光 5000 和曙光 6000 为代表的曙光高效能计算机系统技术荣获了 2013 年度国家科学技术进步奖二等奖。

2.9　曙光 7000

高性能计算机的性能预计在 2020 年会出现 E 级（Exascale）计算机，系统规模达到 100000 处理芯片以上。中国科学院计算所和曙光公司规划了三步走战略：第一步，研制 3PFLOPS 的 E 级原型系统，突破系统级关键技术；第二步，研制 300PFLOPS 的 E 级先导系统，采用国产核心处理器；第三步，研制 3EFLOPS 超算系统。当前，已经完成了前两步，Linpack 基准测试性能在 2019 年 5 月 31 日超过了 TOP500 排名第一的美国 Summit 系统。

突破 E 级超算，只突破性能还不行，困难为需要在算力、国产处理器、应用与产业上同时取得突破。

（1）突破 E 级算力：突破的关键技术包括高性能高密度计算节点、高可扩展的高维直连网络、全浸泡蒸发液冷技术、高性能异构编程环境等。

（2）核心芯片国产化：突破作为主处理器的高性能多核 CPU 和作为协处理器的高性能众核加速器，要与市场主流的 CPU-GPU 和 X86 生态保持兼容，性能相当，以获得最大的应用范围和产业化规模。

（3）应用与产业化：除了突破大规模科学计算应用以外，还要很好地支撑大数据与人工智能应用，系统的主要技术、主要部件要能下移到中、小规模机群系统，并且保持市场的竞争力。

曙光 1000 大规模并行计算机系统研制工作琐忆

祝明发

20 世纪 80 年代，日本智能计算机研究计划在国际上产生很大的影响，他们研制专用硬件系统运行人工智能程序。国家 863 计划信息领域设立智能计算机主题即 306 主题，科技部依托中国科学院计算技术研究所设立国家智能计算机系统研究开发中心(以下简称智能中心)。当时，306 主题和智能中心的一些专家认为，专用智能计算机前途不大，通用并行计算机是高性能计算机主流，在它上面运行智能程序完全可以实现人工智能。于是，306 主题专家组将"智能型并行分布计算机"作为主要研究目标。20 世纪 90 年代中期以后，日本智能计算机计划不了了之。目前新一波人工智能高潮是以高速计算能力为基础的，说明当时专家组的决定是很有远见的。

智能中心承担 306 主题的一个关键课题"智能型并行分布计算机"（课题号 863-306—61-01）。课题负责人为智能中心主任李国杰研究员，1992 年 12 月签订课题任务合同书，该课题主要研究内容之一是研制一套"智能化分布存储并行计算机系统"——曙光二号，后来称为曙光 1000 大规模并行计算机系统（以下简称曙光 1000）。

曙光 1000 课题的主要任务是研制一套至少包含 32 个节点的分布存储并行计算机系统，并配备智能编程和运行环境。曙光 1000 主要技术指标包括：

32 个计算节点，2 个登录与服务节点，2 个 I/O 节点；峰值运算速度为每秒 25 亿次；内存总容量为 1.0GB；外存总容量不低于 5.0GB；自行研制蛀洞路由芯片（Wormhole Routing Chip, WRC）和连接网络；节点 UNIX 操作系统和分布式操作系统；C、C++、FORTRAN 编译器及并行调试工具；Express 并行程序环境和自动并行化工具；智能编程和运行环境。

课题任务书提出了完整的曙光 1000 的体系结构、技术路线和技术指标体系。这些都是智能计算机主题专家组特别是李国杰主任的研究成果。

为了执行曙光 1000 课题任务，智能中心牵头组织起一支一百多人的研制队伍，队伍成员来自中国科学院内外有关单位。曙光 1000 系统核心研制人员 60 多人，主要来自智能中心和科学院计算所。研制队伍以毕业不久的博士、硕士为主，另有小部分具有大型计算机系统研制工程经验的老同志。在研制工程正式上马之前，研制人员抓紧时间做技术准备，阅读相关资料，分析 UNIX 操作系统源代码，熟悉 EDA 工具的使用。1992 年 3 月，研制队伍在智能中心办公小楼举行誓师大会，喊出"人生能有几回搏"的口号。研制人员热情高涨，决心大干一场。

我当时在加拿大滑铁卢大学做国家公派高级访问学者。1992 年 5 月初的一个早上，李国杰主任来电话说，现在是用人之际，希望我尽快回国参加曙光 1000 研制工作。我非常感谢李主任的信任，出于为国家做贡献的愿望，我爽快地接受了任务，立即购票登机回国。我参加过我国第一台百万次大型计算机——北京大学 150 机运算控制器（CPU）的研制工作，去加拿大前在夏培肃先生领导下组织过计算所 BJ-01 并行计算机系统的研制工作，这是我敢于接受任务的一点底气。我回到国内的时候，曙光 1000 研制工作已经铺开。我当时的工作是，指导曙光 1000 研制工作，并继续负责智能中心二层次（基础研究）工作。

曙光 1000 研制技术团队前期分硬件组和系统软件两个大组。硬件组负责研制计算节点板、服务节点和 I/O 节点同连接网络 Mesh 网之间的接口板、WRC 芯片与 Mesh 通信底板。其中，计算节点逻辑设计须进行全系统仿真，以保证逻辑设计的正确性。系统软件组负责研制节点操作系统、并行操作系统、并行通信系统、并行（并发）文件系统，并负责移植并行编程环境 Express 和 PVM。此外，还负责移植几种编译器。在这个时期，一个小组负责设计一块板卡或一个软件子系统，小组之间的交流不多，研制工作的全局组织协调力度比较小。

1992 年底以前，我指导曙光 1000 研制工作，我的工作重点是和曾嵘讨论 WRC 芯片设计。WRC 芯片设计是一项难度极大的工作，当时手头仅有的参考资料是哈佛大学的一篇硕士论文，学术期刊论文对此设计帮助不大。我们先弄清虫孔洞路由基本原理，提出设计梗概，然后由曾嵘一部分一部分详细设计，我再逐一审查并提出修改意见，反复修改，最后定稿。与此同时，我抽出时间去其他各组了解进展情况和问题，并提出一些建议。1993 年上半年，我被任命为智能中心总工程师。我的工作由指导曙光 1000 研制工作转变为组织曙光 1000 研制工作，把研制进展情况和遇到的问题向李国杰主任汇报并听取指示。曙光 1 号研制任务结束后，一部分曙光一号研制人员充实到曙光 1000 研制队伍。智能中心决定成立曙光 1000 研制工作总体组，由我任组长，成员包括硬件组组长杜晓黎博士和系统软件组组长樊建平博士，由总体组负责总体方案设计、研制工作组织和研制队伍管理。后来樊建平博士去曙光公司工作，由孙凝晖接替他的工作。

起初阶段，研制工程进展不够理想。究其原因，有技术方面的，也有研制队伍管理方面的。研制队伍中具有大型计算机研制工程经验的人员较少。年轻人有知识有朝气，擅长模拟和编程工作。但他们工程实施经验少，一些人对必要的工程管理不习惯甚至有些抵触情绪。当时一个突出的问题是"散"，有的研制人员捂着自己那一块工作不愿接受工作检查和调度。队伍中团队合作精神较为欠缺。这些问题必然对研制工作产生负面影响。那时候职工待遇低，经商下海潮对一些年轻同事诱惑很大，直接影响到研制队伍的稳定。一些同事对研制工程难度估计不足，对工作中出现的问题缺少必要的思想准备，遇到问题时往往产生这样那样的情绪。

为了保证研制工作有序开展，总体组采取了几项措施。第一，加强研制工程管理，制订从总体设计到部件研制等所有环节的工程规范，报智能中心批准后严格执行。第二，在各项工作中，严格实行责任制。在软硬件设计中实行设计、审核和批准三级责任制。第三，智能中心从计算所抽调一些研制工程经验丰富的老同志充实到研制队伍，传授工程经验和优良作风。第四，争取智能中心和计算所领导支持，逐步提高员工待遇。采取这些措施以后，研制工作很快有了起色。

总体组决定，在建造曙光 1000 正式系统之前，建造一个曙光 1000 的原型系统，它的主要的功用是验证 WRC 芯片。它包括一块 3×3 的 WRC 通信底板、两台服务节点机、两块与底板通信的接口板以及收发消息包的小程序。两台原型机通过 WRC 底板进行点对点的通信，可以检测到所有 9 块 WRC 芯片以及它们之间的连线。1993 年秋天，WRC 芯片生产出来了，研制人员立即组装原型机并进行联机调试，先将所有部件连接打通后再做点对点的消息包传送。调试过程中问题出现了：在连续进行大量消息包传送时，不时出现停机现象，消息包停在某一 WRC 芯片处便不再前进，而且每次停的位置不固定，同一芯片处也不是总停机。这个问题折磨了大家两个月时间，临近年底还没有找到确切原因，研制组内一些同事有些灰心丧气，个别同事甚至想放弃不干了。加上 WRC 芯片的设计者曾嵘年后将出国上学，大家更加着急。对于技术问题，我的做法是自己站在后面，放手让大家想办法解决。平常有时候我看到某个年轻同事一个做法不妥，指出但不强求他们按自己意见办，只要不产生大的损失，允许他们去试验去碰钉子，试验证明错了再总结改正。但是，在当前这个节骨眼上我觉得这样做不行，不能只当指挥员，必须当战斗员，拿起炸药包去炸碉堡。我天天在调机现场观察，连续思考了几天之后，初步判断停机问题不是 WRC 芯片的问题，而是通信接口板上的外购 I/O 处理器芯片的问题，是它不能正确处理消息包包尾标志位 "T" 丢失这一特殊情况所产生的。我把我的分析和判断告诉与原型机调试有关的同事，大家觉得有道理。于是，马上修改测试程序，采用通行的 DMA(直接内存访问)方式，避开消息包包尾标志位，并在原型机上做试验，修改后的测试程序顺利通过，并长时间不出问题。试验结果证实了之前的分析和判断，扔掉了一个压在同事们头上很长时间的沉重包袱，大家的情绪为之一振。后来，硬件组成员董向军给这款 I/O 处理器芯片的生产厂家去信通报了我们遇到的问题和试验分析结果。该厂家承认其芯片有此问题，准备修改芯片设计。问题找到以后，总体组当即决定，废弃原型机，立即生产 6×6 规模的曙光 1000 正式系统。

　　1994 年年初，曙光 1000 研制团队在北京昌平龙山召开为期两天的工作会议，总结前一阶段工作布置下一阶段工作，智能中心内部称这次会议为龙山会议。李国杰主任出席了最后半天的会议并讲了话。我在全体会上做了较长时间的发言，详细分析了原型机调试中出现的问题、产生的根源、解决问题的方法和过程以及达到的效果。我发言时大家听得非常认真，发言结束时大家表情轻松。这是我生平做得最认真最管用的技术（学术）报告。我在会上还对下一阶段研制工作的重点和注意事项做了说明。各个小组在会上总结了工作，提出解决问题的办法。原型机硬件问题解决后，系统软件问题便凸显出来。软件工程是团队工作，研制人员之间沟通不够可能导致各程序模块连接不畅。在软件工程实施中经常产生这样那样的问题，主要是工程管理不严所致。为了解决这些问题，李国杰主任派来一位曾在国外从事过软件工程管理的专家专做曙光 1000 研制中的软件工程管理。在会上，李主任把这位新同事介绍给大家认识。龙山会议后，研制队伍更团结更有信心，研制工作进入新阶段。

　　1994 年春天，计算所编译组整体加入曙光 1000 研制团队。该组学术带头人张兆庆研究员和乔如良研究员在并行优化编译方面造诣很深。他们在曙光 1000 项目的工作是研制并行优化编译及工具，包括节点程序优化、串行程序自动并行化及工具、并行程序可视化及工具、并行程序调试器。这些都是当时国际前沿的工作。编译组的加入增强了曙光 1000 研制团队的实力，老同志甘于奉献的精神和严谨求实的科学态度为年轻同事树立了榜样。

　　1994 年 5 月，曙光 1000 各个部分的工程实施工作按照计划全面展开。总体组每周召开一次周例会，检查工程进度和解决重要问题，每次会上都能看到新的进展，看到墙上研制工作进度流程图中的箭头往前移动。在此期间，总体组重点关注工程质量管理。在系统软件工程质量管理中重点抓软件测试，一个编程人员后面跟一个测试人员，最大限度减少软件错误。硬件工程质量管理中，逻辑设计质量主要通过系统仿真来保证。硬件质量的关键是印制板的质量。总体组指派老同志陈鸿安专门负责印制板工程质量把关。1994 年 8 月下旬，节点板和通信底板生产完毕。9 月初开始调机，9 月底，4 节点并行系统调试出来，10 月下旬的一天上午，一个插件箱 18 节点并行系统调试完毕，那时，国家科委主任宋健同志来检查工作，他看到曙光 1000 研制工作进展顺利很高兴，在实验室里谈笑风生。他走的那天下午，第二个插件箱 18 节点并行系统又调试出来了。在这以后，研制组进行全部 36 节点并行系统联合调试并做稳定性考验，用小程序长时间考验每一条通信链路。影响曙光 1000 硬件稳定的一个因素是 20 层大面积通信底板的信号干扰，老同志侯建如不厌其烦，一遍又一遍做电阻电容匹配试验，终于解决了稳定性问题。硬件系统基本调试成功后，研制工作重点转移到系统软件研制工作和并行优化编译研发工作。这时，并行操作系统的进展是全部研制工程进展的关键，总体组成员兼系统软件组组长孙凝晖亲自做操作系统程序的测试工作。曙光 1000 研制期间，国际上 Linpack 基准测试工作刚刚起步。1995 年初，总体组邀请科学院并行软件中心孙家昶研究员和迟学斌博士开发曙光 1000 系统性能评测软件并做性能评测。

1995 年 4 月，曙光 1000 研制成功，5 月，在北京通过了国家科委组织的成果鉴定。鉴定委员会高度评价曙光 1000 技术成果。曙光 1000 是我国第一套大规模并行计算机系统，它的许多关于大规模并行机的技术自然具有国内领先水平。它最耀眼的两项技术成果是 WRC 路由芯片设计技术和并行优化编译及工具技术。曙光 1000 项目主要依据这两项技术创新获得 1997 年国家科学技术进步奖一等奖。1986 年 William Dally 在其博士学位论文中提出蛀洞路由原理，后来 Intel 公司根据此原理研制出 WRC 路由芯片。该芯片采用异步消息传送方式，而我们的 WRC 芯片采用异步与同步相结合的消息传递方式，大幅度减少了芯片中的软故障，提高了芯片的可靠性。软故障表现为长时间工作正常但偶尔出错，它不是电路失效产生的，而是设计缺陷带来的。在并行优化编译及工具方面，最引人注目的是并行程序可视化工具 ParaVision，业内人士认为，它和国外同类工具相比水平相当甚至更高。

曙光 1000 研制工作是在我国经济体制转换过程中进行的，偌大的研制队伍能维持住并坚持下来，实属不易。研制人员的奉献精神、创新精神和科学作风是一笔宝贵财富，值得后来者继承和发扬。曙光 1000 研制任务完成后，大部分研制团队成员陆续离开智能中心奔赴国内和世界各地从事实高科技工作。一些人成为研究所所长、研究员或教授，更多的人则成为曙光、联想等高技术企业的技术带头人或高级管理人员，曙光 1000 是个大学校。

曙光 1000 是一项集体成果，凝聚了许多人的心血。除了直接参加研制的科技人员，还有许多后勤和条件保障人员以及计算所内外的协作人员，他们表现出高尚的无私奉献精神和协作精神。在此举一个例子，孙家昶研究员和迟学斌博士为曙光 1000 项目研制性能评测软件并做性能评测，为曙光 1000 研制成功作出了重要贡献。他们的工作是曙光 1000 研制工作的重要组成部分，但由于某些原因，他们的名字未能列入课题人员名单和国家奖励获奖人员名单。在此，谨表示歉意，并借此文对他们的无私奉献精神表示深深的敬意。为曙光 1000 做出过贡献的人员很多，恕不一一列举。

联想深腾系列高端计算机系统研制

祝明发　　肖利民

2002 年至 2010 年期间，联想集团研制成功三个型号的高端计算机系统：

（1）联想深腾 1800 大规模计算机系统（简称深腾 1800），世界上第一个实际运算速度达到每秒一万亿次浮点运算的机群系统，2002 年 8 月研制成功。

（2）国家网格主结点——联想深腾 6800 超级计算机系统（简称深腾 6800），世界上同期 Linpack 运算效率最高的高端通用计算机系统，2003 年 11 月研制成功。

（3）联想深腾 7000 高效能计算机系统（简称深腾 7000），世界上最早的异构型高端计算机系统之一，2008 年 11 月研制成功。

1　联想深腾 1800 大规模计算机系统

我国高端计算机进入世界先进行列并进入世界超级计算机 Top500 排行榜，一直是我国计算机科技人员的梦想。2002 年 11 月，这个梦想实现了！

20 世纪 90 年代前期，世界高端计算机的主流是大规模并行计算机，后期流行超级服务器。2002 年 8 月，世界上第一个实际运算速度达到每秒 1.0 万亿次浮点运算的机群系统——联想深腾 1800 研制成功，标志着世界高端计算机主流向机群计算机转变。

1.1　联想深腾 1800 项目背景

2002 年，　中国科学院数学与系统科学研究院下属计算数学研究所牵头承担一项国家 973 基础科学研究计划重大项目——"大规模科学计算"，该项目急需一套台高性能计算机。当时国际上著名的高性能计算机有 IBM 公司的 SP 系列大型机、Cray 公司的大规模并行机和 SGI 公司的共享存储计算机。这些计算机不仅昂贵，而且出口到我国的计算机的速度受到严格限制。那时，世界上一些实验室用以太网将 PC 机或 PC 服务器连接成 PC 机群或 PC 服务器机群做高性能计算，俗称自攒机群，国外称 Beowulf 机群。但这些系统都不是产品，软硬件不完善，使用不够方便，运算效率低，可靠性不高。计算数学研究所敢于吃螃蟹，决定通过招标选择一家公司提供一套满足他们需要的大规模机群系统产品。招标书提出的主要技术指标是：128 台计算节点机，每台计算节点机包含 2 个 Intel Xeon CPU 芯片，其主频为 1.0 Ghz; 连接网络为 Infiniband，操作系统为 Linux。如此高水平的机群系统，当时国内外市场都没有产品，必须从头开始研究开发。应标的公司有 IBM、HP、联想集团和曙光公司等国内外七家著名的计算机公司。

1.2　抓住机遇，迎接挑战

21 世纪初，联想集团提出新的战略目标：高科技的联想、服务的联想、国际化的联想。2001 年 10 月，联想集团成立高性能服务器事业部。

经过对世界高性能计算机技术发展趋势的研究分析，联想集团认为，机群系统一定会成为世界高性能计算机的主流。联想集团决定积极应标。在同计算数学所专家交流中他们了解到，该所实际应用对计算机的性能要求远远高于招标书中规定的性能指标， 标书中的指标是根据经费承受能力确定的。联想决定，在投标中适当提高性能指标以便满足用户的潜在需求。他们从 Intel 公司了解到，该公司即将推出主频为 2.0Ghz 的 Xeon CPU 芯片。如果采用这种 CPU 芯片， 再把系统规模扩大到 256 个节点，系统的峰值浮点运算速度将达到每秒 2.0 万亿次，实测 Linpack 速度有可能超过每秒 1.0 万亿次。那时， 国内外 Beowulf 机群的规模都不大，大多只有几十个节点，研发 256 个节点的正规机群产品难度很大，是一个很大的技术挑战。联想业务团队决定接受这个挑战，在投标书中采用了这个高指标，通过研制这套系统提高技术能力。用户和评审专家组对联想集团及其高性能技术团队的充分信任，联想方案中标。

1.3　深腾 1800 研发过程中的技术创新

深腾 1800 研发在技术上的主要挑战， 一是系统规模远大于国内外现有的机群系统， 二是当时国际上机群系统软硬件技术还不成熟。为了应对这些挑战， 研制组在机群体系结构、机群系统软件、机群监控和机群系统 Linpack 性能优化等方面进行了一系列的创新。

在机群体系结构方面，改变了 Beowulf 机群方式，提出机群体系结构标准，注重系统各部分的均衡性。那时，各实验室的 Beowulf 机群，一般用以太网把买来的节点机连起来组成机群， 输入/输出（I/O）系统即外围存储一般采用节点机的硬盘系统，很少做专门的系统设计。深腾 1800 研制组提出了基于存储区域网络（SAN）的机群存储系统，提高了主机和 I/O 系统之间的均衡。研制组提出了机群基础架构的概念并付诸实施。机群基础架构将机械结构、供电系统、通风散热系统、布线系统和硬件监控系统等部分整合起来， 成为大规模机群系统产品的基本构件。其中，硬件监控系统可以监控机器各主要部件工作状态，可监控机柜温度、湿度和风扇转速，可自动报警并通知管理员，大大提高了系统的可靠性。

在机群系统软件方面，研制组研制了机群管理系统、机群作业管理和调度系统、机群部署软件和系统监控软件等，提高了机群系统的可管理性、易用性和系统可靠性。这也是机群系统产品同 Beowulf 机群的一个很大的区别。

机研制组在 Linpack 性能优化方面做了很大的努力。深腾 1800 的峰值运算速度为 2.048 Floaps。研制组的目标是，通过优化，使系统的 Linpack 速度达到或超过 1.0 Floaps， 即每秒一万亿次浮点运算。开始阶段，研制组经过努力，性能有所提高，但与万亿次相去甚远。后来，Intel 公司派来一位著名的性能优化专家哥登贝尔奖得主来帮助优化，他努力工作一周，收效不大。最后，研制组找到了有效的优化方法，终于使深腾 1800 的 Linpack 性能达到每秒一万亿次。

1.4 "看到了机群计算的未来"——深腾 1800 研制成功的意义

深腾 1800 研制始于 2002 年春季。2008 年 8 月，深腾 1800 通过专家技术鉴定。深腾 1800 研制成功的消息在国内外产生巨大反响。

深腾 1800 引导了世界高性能计算机主流向机群转变的潮流。当时，国际高性能计算界对机群计算机的前途并不看好，一些著名的高性能计算机公司均处于观望状态。2002 年 8 月初，世界著名计算中心——美国劳伦斯-利弗莫计算中心主任 David Keyes 和消息传递界面 MPI 的发明人 Bill Crops 特地来到上地联想公司考察深腾 1800，他们难掩兴奋之情，David Keyes 在留言簿上写道："We see the future of cluster computing。"这个留言也是预言，预言果然成真，几年后机群成为世界高端计算机的主流。这个留言也准确地预言了深腾 1800 的历史地位。

深腾 1800 研制突破了机群管理、机群监控和性能优化等核心技术；所提出的机群基础架构成为大规模机群的关键技术。成果鉴定意见指出，"机群基础架构等技术达到了当前国际同类产品的领先水平"。深腾 1800 项目因为这些技术成就获得 2004 年国家科学技术进步奖二等奖。一个既非国家级科技项目也非省部级项目的企业自研项目获得国家级科技奖励，这种情况并不多见。

深腾 1800 是世界上第一个 Linpack 速度超过万亿次的机群，达到 1.027 万亿次/秒(同时期，国际上机群的最高速度为 8250 亿次/秒)，列 2002 年 11 月世界 TOP500 第 43 名，也是国产机第一次进入该排行榜。

深腾 1800 研制成功极大地鼓舞了我国高性能计算界。一些高性能计算专家仿效世界 Top500 排行榜，2002 年 10 月创立中国高性能计算机排行榜，当年排出中国 Top50，数年后成为中国 Top100，这个排行榜在国内外影响越来越大。

深腾 1800 促进了我国高性能计算机产业发展。深腾 1800 问世之前，我国一些单位研制过大型机、向量机、大规模并行计算机和超级服务器。这些都是跟随性的研制，没有形成大规模产业。深腾 1800 研发找准了切入点和时机，在机群即将成为潮流时切入并推动这个潮流，推动了高性能计算机产业的发展。从 2002 年10 月中国 Top50 上深腾 1800 孤单的身影到最近几年中国 Top100 上国产高性能计算机一统天下，2002 年 11 月深腾 1800 第一次登上世界 Top500 排行榜，2018 年6 月联想集团深腾系列高端机群占据 Top500 厂家份额的第一位，深腾 1800 作为先行者作出了自己独特的贡献。

2　国家网格主结点——联想深腾 6800 超级计算机

深腾 1800 是当时世界上水平最高的机群系统，但有不足之处：Linpack 效率有待提高，事务处理能力不强，通用性有待提高。深腾 6800 弥补了这些不足，它在机群成为高性能计算机主流的进程中起到了重要作用。

2.1　联想深腾 6800 的立项背景和研制的总体思路

"十五"期间，国家 863 计划重大专项"高性能计算机及其核心软件"设立"面向网格的高性能计算机"子课题。该课题要求研制面向网格、能有效而广泛地支持科学工程计算、网格信息服务和数据库应用的万亿次级高性能计算机系统，装备本专项的网格主结点，并取得应用成果。该高性能计算机系统应易于产品化，其产品能在国家信息化建设和国家关键应用中发挥重要作用。与此同时，中国科学院设立了信息化建设项目"超级计算环境与应用"，中国科学院网络信息中心牵头承担此项目并承建国家网格北方主结点。2002 年 11 月，联想集团顺利申请到一个"面向网格的高性能计算机"课题，研制一台网格主结点高性能计算机系统。这是该领域第一次由企业独立承担国家 863 计划大课题。2003 年 4 月，联想集团在中国科学院网络信息中心招标中胜出，获得国家网格北方主结点高性能计算机系统的研制任务。于是，国家 863 课题经费和中国科学院课题经费共同支持联想研制一台高性能计算机，称为"国家网格主结点——联想深腾 6800 超级计算机"。

按照 863 计划课题要求，深腾 6800 是一个面向科学工程计算、信息服务和数据库应用的通用高性能计算机系统，其双精度浮点运算峰值速度为每秒 4 万亿次，Linpack 性能大于每秒 2.1 万亿次(2.1 TFloaps)。中国科学院"十五"信息化建设项目"超级计算环境与应用"提出了更高技术指标，Linpack 速度不低于每秒 3 万亿次浮点运算，并对总节点数、内存总容量、磁盘总容量、连接网络性能、机群系统软件、编译器和并行编程环境工具等提出很高的要求。显然，深腾 6800 不仅仅是一个研制样机，而是一个高性能高质量的高端产品。

根据 863 课题和用户要求及技术发展趋势，深腾 6800 研制组确立了项目的总体思路：研制具有国际领先水平具有机群结构的超级计算机系统，不片面追求峰值运算速度而注重实际性能，突破整机效率瓶颈，突破实际应用性能瓶颈，使机群技术水平上一个新的台阶。技术突破和系统增值的重点：一是大规模机群系统的核心技术，如整机系统的均衡设计和优化及机群系统软件；二是高性能计算机系统的产品化技术。深腾 6800 的技术指标既要大幅度超过 863 课题任务书规定的指标，又要达到和超过与用户签订的合同书的指标。

2.2 联想深腾 6800 系统概况

从 2002 年 11 月签订 863 任务合同书到 2003 年 11 月 27 日中国科学院在北京主持召开联想深腾 6800 项目成果鉴定会，深腾 6800 研制经历一年左右的时间。该机于 2004 年初安装在中国科学院网络信息中心并对外提供服务。深腾 6800 系统概况如下。

（1）具有机群体系结构， 配置 265 个 4 路 IA64 节点机，1060 个 1.3GHz 的安腾处理器，1 套机群基础架构，其内存总容量为 2.2TB， 磁盘总容量为 81TB；主要连接网络为 QsNet；节点操作系统为 Linux；主要系统软件有机群系统软件、网格软件及应用支撑环境。

（2）配备自主研发的机群系统软件，包括机群系统管理、机群系统监控、机群系统部署、机群资源调度和作业管理、机群并行文件系统、机群负载均衡系统、多机高可用系统、机群安全防御系统等，支持机群单一系统映像，系统具有很高的可管理性、可用性和安全性。

（3）配备自主研发的网格门户、网格系统管理与监控、网格资源管理与作业调度、网格文件系统等针对多机群网格计算环境的网络系统中间件，支持国际通用的网格环境和工具。在系统软件设计上为网格提供了多种形式的服务接口，为网格应用提供了条件。

（4）基于通用开放架构，配备较为丰富的应用支撑环境和工具，可以高效地支持科学计算和事务处理两类应用，在石油、气象、机械设计模拟、电力、核能、基础科学研究、金融、电信等国家信息化建设方面有广阔的应用前景。

（5）采用自主研发的机群基础架构，包括分步供电、通风散热、结构化布线、硬件监控等系统，可容纳和兼容机群系统中不同类型的节点及其他设备。

2.3 联想深腾 6800 的技术水平和主要技术创新

（1）联想深腾 6800 的技术水平。

深腾 6800 成果鉴定意见指出：

"联想深腾 6800 在整机系统均衡设计和优化、机群平台上事务处理系统设计和优化、机群系统软件以及网格环境若干支撑技术等方面有重要创新，在 Linpack 效率和组合数据查询方面达到了当前高端机群系统产品的国际领先水平。"

在科学计算性能方面，联想深腾 6800 系统峰值速度为每秒 5.3248 万亿次浮点运算，运行国际标准的 Linpack 基准测试程序 HPL，使用 1024 个处理器求解 491488 阶线性方程组，实测 Linpack 性能达到每秒 4.183 万亿次浮点运算，列 2003 年 11 月世界 Top500 第 14 位，整机效率为 78.5%，仅低于日本的地球模拟器向量机，列世界 Top500 中高端通用计算机整机效率的第一名。这个高效率摘掉了机群是低档计算机的帽子，为机群成为高端计算机主流做出了重要贡献。

在事务处理能力方面，联想深腾 6800 的 4 个节点，64GB 内存，42TB 盘阵，配置 Oracle 10g 并行数据库，运行国际标准的 TPC-H（1TB 量级）基准测试程序，测试结果为 9950 QphH，列世界同期 TPC 该项排名的第四位，体现出很强的事务处理和数据库服务能力。2003 年 11 月 19 日 Oracle 公司在美国发布：联想深腾 6800 和 Oracle10g 创造了 Linux 平台上数据库查询的世界纪录。在深腾 6800 上的测试表明，机群同样适于事务处理方面的应用。近年来机群在互联网、云计算、大数据和人工智能等方面广泛应用也证明了这一点。

深腾 6800 表现出卓越的应用性能。2004 年 3 月，深腾 6800 运行中尺度气象预报业务模式 MM5，性能达到 116732 MFLOPS，为世界同期 UCAR MM5 的最高性能。

（2）联想深腾 6800 的主要技术创新。

采用系统均衡设计和性能优化技术提高整机系统效率，包括：第一，设置大容量高速缓存以达成处理机能力和内存访问能力的均衡。第二，提高节点间通信能力和确定恰当的节点规模以达成节点计算能力和节点间通信能力的均衡。第三，采用并行 I/O 系统结构设计缓解主机系统能力和 I/O 系统能力失衡问题。第四，在运行优化方面的措施：以任务派生优化提高计算与通信的均衡、节点内通信和节点间通信的均衡。

采用 I/O 系统优化设计技术提高组合数据查询能力。研究发现，大规模事务处理应用采用以 I/O 为核心的体系结构，I/O 性能制约事务处理能力，应采用综合性能优化方法加以突破。在操作系统优化中，确定最大共享内存，采用异步 I/O；在存储配置或设置中采用分区调节和缓存调节；在网络配置中优化 TCP 收发；在机群文件系统中采用文件分条和元数据分散机制。通过采取以上措施，深腾 6800 的 I/O 能力达到 141k IOPS（每秒 I/O 操作），磁盘阵列存取速度达到 741MB/s。

在产品化支撑技术——机群基础架构方面，也进行了一系列创新，采用分步上下电技术、反 T 字散热技术、结构化布线技术和多级监控技术等。

3 联想深腾 7000 高效能计算机系统研制及千万亿次机关键技术研究

3.1 课题立项背景

2002 年，美国提出 HPCS (High Productivity Computing Systems) 计划，即高效能计算系统计划。这个计划的目标是研制具有高性能、可编程性、程序可移植性和高鲁棒性的高性能计算机系统。"十一五"期间，我国 863 计划设立高效能计算机及网格服务环境重大专项，这个专项下设课题高效能计算机系统研制及关键技术研究。联想控股有限公司联合北京航空航天大学及中国科学院网络信息中心共同承担其中一个课题。课题期限为 2008 年 4 月到 2009 年 12 月。中国科学院知识创新工程也为此课题提供经费支持。

本课题的研究目标是：通过研制能有效而广泛地支持科学工程计算、网络信息服务和数据库应用的百万亿次高效能计算机系统，掌握实现千万亿次高效能计算机系统的关键技术，支撑千万亿次系统的研制。所研制的百万亿次高效能计算机系统装备中国国家网格结点，并在其上验证千万亿次计算机的关键技术。

本课题的预期的成果是，一套百万亿次高效能计算机系统、一台千万亿次机的原型机、千万亿次机的总体方案和关键技术。

这套百万亿次高效能计算机系统称为联想深腾 7000 高效能计算机系统，简称联想深腾 7000。课题任务书规定，深腾 7000 的 Linpack 速度不低于每秒 60 万亿次浮点运算。

联想、北京航空航天大学和中国科学院网络中心产学研用强强联合承担此项目，组成一百多人的研究队伍。联想负责整个项目的组织实施、百万亿次机研制、千万亿次机关键技术研究总体规划并参与部分研究。北航主要负责千万亿次机关键技术研究并参与百万亿次机系统软件研发工作。中国科学院网络中心参与百万亿次机研制，主要负责百万亿次机系统评测、应用软件移植与优化、运行平台建设等项工作。

3.2 高效能计算机系统的技术挑战及应对思路

高效能计算机系统具有高性能、可编程性、程序可移植性和高鲁棒性等四项要求。它们每一项要求都是巨大的挑战，而且有些要求之间相互矛盾。例如，为了获得极高的性能，往往采用专用加速部件如众核处理器 GPU 芯片，这必然牺牲可编程性和程序可移植性。高性能和高鲁棒性也是相互矛盾的。 解决这些矛盾的总思路是综合权衡综合治理。

除了上述挑战,还有可扩展性、体积功耗、通用性和产品化方面的挑战。应从体系结构入手应对诸多挑战。表1列出了各种挑战以及几种主要体系结构对这些挑战的应对情况。

表1　高效能计算机系统的挑战及应对的体系结构

挑战类型	PVP	cc-NUMA	Cluster	MPP	GPU
可扩展到 PF	N?	N	Y?	Y	Y
效率	Y	Y?	Y?	N?	N?
可编程性	Y	Y	Y?	N?	N
可移植性	Y	Y	Y	N?	N
功耗/体积	N	N	N?	Y?	Y
通用性	N	Y?	Y	N	Y
产品化	N	Y?	Y	N	Y

附表中,Y 表示肯定,Y? 表示不完全肯定,N 表示否定,N? 表示不完全否定。

从表1看出,没有任何一种单一体系结构能全面应对所有挑战。相对来看,机群能较好地应对诸多挑战,它的最大的问题是功耗和体积大,这些不足可用众核(GPU)弥补。

应对诸多挑战的基本思路是,用同构机群研制百万亿次级高效能计算机,用CPU芯片加众核芯片(GPU)组成节点机来做异构机群进而研制千万亿次级高效能计算机。研制组决定,以同构机群为主的方案研制深腾7000,研究千万亿次级异构机群方案,同时用国产CPU芯片研制千万亿次机的高效能节点机。

3.3　联想深腾7000概况

(1)联想深腾7000研制过程。

高效能计算机挑战大,研制难度大,整个研究和研制工作经历了一个比较长的过程:

2006年3月至2008年4月,高效能机系统方案和关键技术研究;

2008年11月,完成百万亿次机研制,进入世界TOP500排名(第19名);

2008年12月至2009年3月,用户现场安装百万亿次机,系统试运行;

2009年4月,百万亿次机全面开通服务(国内百万亿次机首次提供服务);

2009年12月,深腾7000通过成果鉴定;

2010年8月,通过科技部组织的课题验收。

(2)深腾7000硬件概况。

深腾7000具有异构型体系结构,包含多种节点机。其中,计算节点包含1140

个 2 路薄节点、38 个 16 路厚节点、2 个 192 路胖节点和一批 GPU 加速节点。其他节点包括 12 个可视化点、120 个 I/O 节点、12 个启动节点、2 个管理节点、8 个登录节点、4 个前端节点和 2 个备份节点。

深腾 7000 有一套连接所有节点的 Infiniband 高速互连网和一套基于以太网的管理网络。它有三级存储系统,包括 350TB 在线存储、63TB 近线存储和 1PB 离线存储。

（3）深腾 7000 软件系统概况。

它的节点操作系统为 Redhat Linux。它有完备的机群系统管理与监控、系统部署、作业调度等软件, 大部分为自研软件。其文件系统包括 LCFS、Lustre、SNFS、GPFS、NFS 等。编程语言有 C、C++、FORTRAN 和 Java。其并行环境为 MPI 和 OpenMP, 配有数十种数学库、商用中间件和开发工具。

3.4 联想深腾 7000 的主要技术创新

鉴定意见指出 :“深腾 7000 在大规模机群异构型体系结构、大规模机群无局盘启动技术和机群管理监控软件等方面有重要创新, 在千核级以上大规模应用方面有突破, 总体上达到了当前高端机群系统产品的国际领先水平。”

本课题提出大规模异构机群体系结构,该体系结构包括多重异构,即节点机 SMP 和整机系统 MPP 之间的异构,节点机内部 CPU 和 GPU 之间的异构。深腾 7000 实现了 1240 个 2-way 薄节点和 140 个 4-way 厚节点的协同计算。本课题配置少量 GPU 异构节点机,但为以后扩展提供了接口。一年后, 在国家财政部和中国科学院的支持下又增加了 100 个 GPU 节点机。

深腾 7000 成功建造了一个基于 1428 个无盘节点的机群系统,这是当时世界上规模最大的一个节点无盘启动的机群系统。它是世界上率先实现对所有硬件部件统一管理和监控功能的机群系统,可对机群系统内数千个计算、互连、存储等硬件部件的统一管理和监控。

它具有在线、近线、离线多级冗余存储结构,是国内第一个具有 PB 级别的三级结构海量存储系统的机群系统。它有丰富实用的编程工具和应用中间件,为科学院应用提供完备的生态环境。它采用全系统高效液冷技术,可有效降低系统运行功耗和噪声。在大规模文件系统和高带宽、低延迟无阻塞通信的全交换互连结构等方面,深腾 7000 也有重要创新。

3.5 千万亿次关键技术研究成果

课题组提出了一套千万次机的总体方案,这个方案基于大规模异构体系结构,综合运用多种不同类型处理单元,能较好地应对千万亿次高效能计算机的诸多挑战。课题组在异构体系结构、高效能节点机、加速计算节点机、高速互连等千万亿次关键技术方面取得了一批成果。研制组研制了一个千万亿次高效能原型系统，这个系统包括主机单元、计算单元、加速单元等三个异构处理单元。其中，高密度低功耗计算单元采用龙芯 3A 处理器芯片。

国家高技术发展计划（863 计划）课题验收结论书指出，该课题"所提出的异构体系结构和基于国产 CPU 芯片研制的高密度低功耗节点机等技术有重要创新，对研制千万亿次及以上规模的高性能计算机有重要价值"。由于种种原因，联想公司没有能承担以后的国家千万亿次机研制任务。联想仍在持续研发高端计算机系统关键技术和产品，目前，联想高性能计算机业务的主要产品是深腾系列高性能计算机系统。2019 年 6 月，173 套联想深腾系列高性能计算机系统进入世界 Top500 排行榜，上榜套数遥遥领先世界其他公司。

具有分布式共享存储机制的可扩展机群系统
——SNOW 项目开发回忆点滴

龙　翔　高小鹏

20 世纪 80 年代后期，工作站（以 SUN、SGI 为代表）和个人计算机（以 IBM 为代表）飞速发展并逐步普及，其处理器更新换代周期短、性能提升快。以美国为主的国际并行计算机厂商纷纷放弃了采用自研专用处理器的传统技术路线，转而采用现成的商用处理器构建并行机系统，并行计算机的研制因此逐步从向量机（PVP）走向了基于专用网络互联的大规模并行处理机（MPP）。

但很快人们发现，MPP 虽然可扩展性好，总体性能高，但其基于消息传递的编程模型用起来十分困难，特别是大规模并行问题的编程很难驾驭，于是人们又怀念起用共享存储模型在向量机上编程的年代。美国大学率先开始研究分布式共享存储模型（DSM）的并行系统，期望能用大家熟悉的易用的共享存储模型在分布式并行系统上编程，其中有代表性的是斯坦福大学的 DASH 和麻省理工的 Alewife。

大约从 1993 年开始，用商用工作站或个人计算机作为计算节点，用专用或商用网络作为节点互连网络构建并行计算机系统的研究浪潮在世界范围内的大学悄然兴起，1995 年加州大学伯克利分校由 David A. Patterson 领导的项目团队，在 IEEE 的 Micro 杂志上发表了一篇著名文章——*A Case for NOW* (*Networks of Workstations*) ——标志着机群系统正式成为并行计算系统的一种构建模式。

1994 年初，北航软件开发环境国家重点实验室的几个年轻人，开始密切关注着国内外并行机系统的研究动态，并根据自身特点开展了机群相关的研究工作。由于计算节点是商用计算机，硬件无法改动，所以我们把研究重点放在了 Cache 一致性协议以及协议栈对并行计算的影响，重点跟踪了美国 RICE 大学的 TradeMark 项目（软件 DSM）、探讨了 TCP/IP 协议栈的优化方法，关注并分析了高带宽低时延的网络 Myrinet 可能采用的技术手段。

软件开发环境国家重点实验室拥有当年国际一流的 SUN 和 SGI 工作站和良好的工作环境，而且是北航唯一有 E-mail 和与 Internet 联通的单位。吸引了一批优秀学子前来学习并从事科研工作。实验室从 1989 年到 1995 年，先后承担了"Prolog/Lisp

加速器"和"基于总线桥协议的可扩展并行机群"两项国家 863 计划重点课题的研制任务，在承担项目任务的过程中，实验室的青年教师和博士生们的科研和系统能力得到了很好的锻炼，并逐步成熟起来。

20 世纪 80 年代末到 90 年代初中期，IT 公司的工资收入普遍比普通教师高一个数量级以上，一部分教师，特别是年轻教师，纷纷离开学校，去经受市场大潮的洗礼。虽然经历了下海潮的冲击，但到 1995 年，想走的教师基本都走了，留下来的都是发自内心地热爱教学和科研工作的。

那个年代学校内部环境健康，人际关系十分和谐，学校对青年教师除了有留校一年半之内必须上课的要求外，没有任何其他指标压力，外界干扰也很少。重点实验室内部科研气氛浓厚，青年教师整天与学生一道摸爬滚打，在一起时谈论的基本都是学习和科研，社会上的事情几乎是充耳不闻。

1996 年年中，新一轮的 863 计划申请指南下发了，我们被 306 主题中机群相关内容所吸引，立刻成立了由教师和博士生参加的项目方案论证组，进行前期调研和方案讨论。经过反复论证，大家一致认为，机群系统的研发方向应重点放在提高机间互连网络的带宽，降低通信开销，以及实现机群上的分布式共享存储结构这三个方面。统一了认识，一个"具有分布式共享存储机制的可扩展机群系统"的总体方案框架很快就形成了：

- 研制一款带有共享存储器的交换机（SM-Switch），实现两类端口，一类用于连接 8~16 个节点机，使节点机既可使用交换机上大容量的共享存储器，也可进行节点机间的消息通信，另一类用于交换机间互联（双环连接），以支持机群节点规模的扩展和共享存储器的扩展；
- 将交换机上的共享存储器映射到用户的进程空间，实现用户进程对共享存储器的直接访问；
- 在每个交换机上提供分布式存储管理机制，进而实现有较好可扩展性的、由硬件支持的分布式共享存储结构；
- 机群节点机对共享存储器的访问延迟尽可能低于 10μs，同时节点间的通信链路带宽至少要比百兆以太网快 1 倍以上。

这个总体框架的形成，实际上是有参考系的。在我们心里，机群的最终支持的节点规模，要不比 Berkeley NOW 项目中工作站的数量少；网络方面的指标是偷瞄着 Myrinet 令人羡慕的硬参数，通过对市场上网络前端芯片的调研和我们在高效精简通信协议方面的研究积累估算出来的。在写申请的过程中，大家还给这个机群起了个好念、好记又好听的名字——SNOW（Shared-memory based NOW）。现在想来，当年的"野心"真的很大。

申请书初稿完成后，方案组向李未老师做了汇报，详细阐述了设计指导思想、机群方案的特点（用现在时髦的词，应该称为创新点）。李未老师对方案的新颖性给予了肯定，并对申请书的进一步完善提出了中肯的修改建议。

提交申请书、参加立项答辩、提交可行性研究报告，接下来就是难熬的等待，等待最后的"判决"。项目申请通过了，兴奋的同时，实验室立刻组建了项目团队，并进驻逸夫科学馆 5 层西北角约 80m² 的项目"专用基地"。团队的成员包括两名教师（龙翔、沈宁川），两名博士研究生（高小鹏、李忠泽）和 4 名硕士研究生（吴文俊、张建军、廖鸿斌、向晓华），大多数都是李未老师的弟子。

按照与 863 计划签订的合同，我们必须完成以下工作：

（1）SM-Switch 以及分布式共享存储一致性协议的设计与实现，SM-Switch 中共享存储器的聚合带宽不低于 300MB/s；

（2）节点端网络接口板 HNI(网络带宽不低于 250Mbps)网络通信协议 HOMER（High perfOrmance Multiport rEduced pRotocol）的设计与实现，节点机对共享存储的平均访问延迟不高于 10μs；

（3）提供机群所需的软件环境，包括并行编程环境、并行科学计算库、并行 IO 系统及科学计算可视化环境；

（4）协调应用开发单位，在研发的机群上完成 5 个航空航天和石油勘探领域的实际应用。

SNOW 项目组经历了两年半几乎没有休息日、经常白天黑夜连轴转的苦干，逸夫科学馆五层西北角房间的灯光经常彻夜不息。一年后，当所有的硬件完成焊接，并完成通电和基本功能测试后，我们惊讶地发现，所有的电路板居然没有一根飞线！项目组每一个人的脸上都掩饰不住得意和自豪的表情。嘴上虽然没说什么，但在心里都把自己"狠狠地"夸奖了一通，因为大家知道，更繁重的调试和联调工作即将开始。

SNOW 项目虽然最终由于 Solaris 的线程库 bug 未能完美收官，但整项工作体现出团队在设计构思方面的想象力和创造性，直面巨大工程规模的勇气、魄力和乐观精神，以及一些零散的当年工作片段，在今天看来，十分值得回味。

为了提高项目的成功率，我们在硬件设计前期，在以太网机群环境下，仿真实现了分布式共享存储环境。用其中一台节点机模拟 SM-Switch 的行为，并通过大量测试程序，验证 SNOW 系统 HRC（Hybrid Release Consistency）协议的正确性，并设计实现了用于 SNOW 环境的配置管理系统。

当年 FPGA 厂商 Altera 只提供单路加载器，即只能通过串口，为一块电路板上的 FPGA 芯片加载。SM-Switch 上共有十多个节点接口，每修改一次 FPGA 逻辑，都要经过漫长的加载过程。同时，加载电缆的带电插拔，还可能导致刚加载完毕的 FPGA 配置数据的丢失，造成 FPGA 内部逻辑的混乱。为此，我们专门设计了 FPGA

并行加载器，可给 SM-Switch 的所有接口板上的 FPGA 芯片同时加载，并可通过选择开关，控制每一路接口板是否参与本次加载。并行加载器做好后，SM-Switch 的调试效率大大增加。大家开玩笑说，我们应该把这个加载器高价卖给 Altera 公司，挣些钱下馆子。

SNOW 研制中的工程量是巨大的，除了电路板制版、焊接和 SM-Switch 机箱的机加工是委托外协外，其他工作都是由项目组成员分工协作完成的。在硬件层面，每台 PC 上有一个接口板，核心是 i960 处理器以及 2 片 FPGA。SM-Switch 上的核心是数 GB 的 SDRAM 和由多片 FPGA 构成的控制器、多路节点机接口板（每个接口板也包含 2 片 FPGA），以及与天津大学合作研发的带宽超过 1Gbps 的 SM-Switch 互联光纤接口板。为了提供 DSM 机制，SM-Switch 上还集成了一个 x86 的工控板，以实现 SM-Switch 的主控、存储管理和一致性协议管理；进程间同步的部分工作及 SNOW 机群网络组播机制，也是在 SM-Switch 上实现的。在软件层面，我们为节点机开发了接口板 Solaris 驱动程序、Handler 方式实现的一致性协议；为 SM-Switch 上的工控板上移植并裁减了 Linux 操作系统，开发了存储管理及一致性协议管理模块；移植和优化了 PVM 并行编程环境，使其同时支持 TCP/IP 协议和 Homer 协议；针对 Intel Petium Pro 处理器体系结构和 SNOW 系统的分布式共享存储机制，开发了包括 BLAS 在内的若干算法库。SNOW 项目的硬件中，仅仅 FPGA 就达近 10 类，总的 VHDL 代码量达到 12000 余行。从 0.15m^2 大小的 SM-Switch 主板到巴掌大小的高速链路接口板，大大小小的电路板也达到了 6 类，共计 20 余块。

令我们自豪的是，这些工作是由 8 个大部分没有太多经验，但却非常有激情、有韧性的青年人承担着。除了开发工作量巨大，SNOW 的开发难度也极高。由于涉及大量硬件和底层软件开发，我们经常面临缺乏有效调试测试工具与手段的艰难，面对黑屏死机往往只有如同在黑暗殿堂中的苦苦摸索与冥想。在数年的项目期里，我们每个人都迸发出惊人的战斗力，以超常规的方式学习和工作，加班熬夜是常态，没有一个人叫苦叫累。大家在内心深处都蕴藏着一个梦想：研制出与国际第一流高校比肩的并行机群。

辛劳工作之余，师兄弟们也会寻找一些方式来放松自己。除了吹牛是必需的之外，比拼俄罗斯方块成为我们的主要娱乐方式：两个人挤坐在一台 PC 前，肩挨着肩操作同一个键盘，在一群围观下比拼手速。

某种意义上，SNOW 项目最终毁在 Solaris 的线程库 bug 上。为了给用户提供一个非常简洁的用户级 DSM 编程模型，我们利用了 Solaris 的用户态页面失效机制。所有的页面管理以及接收来自其他节点消息都在 Handler 中实现。Handler 的本质就是中断响应。Solaris 的线程库设计有一个 bug：上下文保护中只保存了定点寄存器而没有保存浮点寄存器。这就导致被 Handler 中断的浮点计算任务可能无法正常恢复，进而导致用户线程崩溃。这个 bug 非常隐蔽，而且并不总能简单重现。我们最初没有想到问题会出在 Solaris 的线程库。后来一次讨论中我们决定看看 coredump 文件中的出错指令在哪。坦率说，一开始并不抱希望，因为我们编写的都是 C 代码，而且与各种库链接在一起，谁知道出错代码对应的汇编指令会在哪里。幸运的是，我们发现 coredump 中的提示信息指向了我们编写的浮点程序。但我们对于这部分浮点程序非常自信，这就使得我们开始怀疑是 Solaris 的线程库出了问题。与 SUN 公司的 E-mail 经历了大致几个阶段：首先对方工程师认为我们在使用线程库方面出了问题，然后在我们反复分析现象后认为需要更高级的技术人员接手，最终确认是线程库有 bug。当我们得到这个确认后，很兴奋。一方面，我们居然发现了操作系统层面的 bug；另一方面整个项目进入集成尾声了，只待这个 bug 修复后估计就能完整运行全系统了。但是，一个令我们无法接受但又必须接受的事实最终摆在大家的眼前：Solaris 的高层表示没有修复这个 bug 的具体进度！SNOW 由于难度和工程量的因素，已经延期了半年，我们无法再申请一个没有时间预期的延期。虽然 SNOW 可以完美地运行定点类并行任务，但这并没有太大的意义，因为并行加速科学计算才是 SNOW 的设计初衷。悲剧无可避免地发生了。

　　之后的二十年里，每当项目组三两人聚会，都会谈及 SNOW 项目，虽然感到惋惜，但语气中都不自觉地透露出自豪感。

浅谈并行处理技术和并行计算机

韩承德

中国科学院计算技术研究所（下文简称计算所）的"与中国计算机事业同诞生共发展"一文中，提到"近十多年来，一直按照国家的科技改革政策，努力推动和不断变革自己的工作"。全所形成了一些既有市场需求又有学科发展前景的新方向新课题。主要有并行处理技术和并行计算机系统、网络应用工程、计算机应用工程……这些工作分布在三个层次上，从投入科技力量看呈现一个宝塔形。

第一层次是靠择优支持原则从国家科研计划中争取到的基础性研究项目。

第二层次是通过竞争争取到的横向合同项目和国家科技攻关。

第三层次是进行产品开发和经销服务的所办高技术公司，按企业方式运行。

这里主要介绍 20 世纪 70~90 年代，计算所夏培肃团队在并行处理技术和并行计算机方向上，在上述第一、二层次的研发工作。

1 争取横向合同项目和国家科技攻关

1.1 横向合同项目

1979 年 5 月 29 日，石油工业部地球物理勘探局研究院与计算所签署了为 150 计算机研制一台 AP 的协议书，使 150 计算机加上 AP 后，处理地震资料的效率提高 3 倍或更多。

150-AP 的指令系统由物探局首先提出，然后和计算所反复讨论、修改后确定，150-AP 的总体结构设计、逻辑设计、模型机、工程设计、可靠性设计、生产加工、调试等由计算所负责完成。150-AP 和 150 计算机的接口主要由物探局完成。150-AP 的系统软件和应用软件由物探局负责完成。150-AP 完成后，在物探局进行试算，试算时对多个地区的石油物探的地震资料处理的精度与质量和进口的计算机相比，毫不逊色。

150-AP 的最高运算速度为每秒 1400 万次，与 150 计算机连接后，系统运算速度为 150 计算机单独运行的 3~10 倍以上。成本只有 150 计算机的 1/10，成功地解决了石油勘探对计算机的急需。

150-AP 研制成功后，150 计算机和 150-AP 搬到鄂尔多斯盆地的长庆油田勘探局。根据长庆油田勘探局的书面材料，150 计算机加上 150-AP 后，地震资料处理速度提高 10 倍以上，大大提前了长庆油田的勘探任务。当时，中央电视台还专门报道了长庆油田的工作。

在石油工业部，150-AP 获一等奖；在中国科学院，150-AP 获重大科研成果奖二等奖。

1.2　国家科技攻关项目

为了有效加强国家层面对信息化的强有力领导，20 世纪 80 年代初，在邓小平、宋平等中央领导的关心和指导下，我国信息化管理体制机制开始建立。1982 年 10 月 4 日，国务院成立了计算机与大规模集成电路领导小组。同年 12 月 8 日至 12 日，领导小组在北京召开全国计算机系列型谱专家论证会，确定了我国在此后一个时期，发展计算机系列机的选型依据。这次系列型谱专家论证会在全国范围内集中了 100 多名专家，夏培肃和韩承德名列其中。会上，计算所提出了发展 GF（功能分布汉语拼音 GongnengFenbu 的缩写）计算机系列的建议，并且针对信息处理高速化和信息处理汉字化的应用需求，提出了研制两个系列的功能分布式计算机系统，分别为 GF-10 和 GF-20。其中,GF-10 旨在解决信息处理高速化的问题,建议采用通用计算机，配上高速专用阵列处理机，以获得很高的处理速度和很好的性能价格比；GF-20 旨在解决信息处理汉字化问题。

型谱专家论证会议结束后，GF 计算机列为计算所重大科研项目，并得到了国家"六五科技攻关"、国家"七五科技攻关"、中国科学院、广东省科学技术委员会和北京市科学技术委员会的大力支持。计算所成立了 GF 系列计算机的项目领导小组，夏培肃任组长，吴几康任副组长，组员有方信我、韩承德等。在夏培肃的统一领导和规划下，制订了 GF-10 和 GF-20 计算机的实施方案。

1982 年起，夏培肃科研团队的 GF 系列计算机(包括 GF-10 和 GF-20)研制出了 GF-10 阵列处理机系统和包括汉字微机、网络服务器和财税系统在内的 GF-20 系列计算机。

GF-10 系列功能分布式阵列机系统，包括 GF-10/11 和 GF-10/12 功能分布式阵列机系统。

功能分布式系统将一项任务按功能分割成若干相互关联的部分，将每一部分指派给专门的处理机去完成，然后按流水线的思想把各部分的执行过程在时间上重叠起来。

GF-10/12 是一个中型的系统，由一台系统管理机、一台高速阵列处理机和一台接口通信处理机组成。接口通信处理机可以与外围机连接，另有由通信机构控制下的系统总线将这几台处理机连接成为一个整体，构成一个完整的功能分布式计算机系统。GF-10/12 的操作系统是分布式的，由中国科学院软件研究所负责。GF-10/12 中的各台处理机能各自独立地执行自己本身的任务，又可在分布式操作系统 FDOS 的控制下协同完成用户任务。用户提交作业的多个进程可以在多台机器上并发执行，FDOS 保证了不同机器中的文件可以在系统的整个空间存取。

GF-10/12 中的高速阵列处理机是自行研制的，它是一个高速多部件并行流水线结构的机器，其阵列处理机的速度为每秒 1500 万次。由于采用了功能分布的设计思想，整个系统的效率高，实际运算速度比当时国际上流行的 VAX 11/785 超级小型计算机快一个数量级，接近于 Convex C-1 小巨型机的水平，具有很高的性能价格比。同时，GF-10/12 也采用了一些国际上成熟的先进技术，如系统服务机采用了当时较先进的 32 位 M68000 微型计算机；AP 的控制采用 M68000 单板机；操作系统 FDOS 的两个子系统 APOS 和 SOS 均由 UNIX V.7 移植而成；VF 77 是在 FORTRAN 77 的基础上发展而成的向量程序设计语言，可以容易地将 FORTRAN 77 语言的程序改写为 VF 77 语言的程序，在 GF-10/12 上编译执行。

GF-10/12 中的高速阵列处理机与 150-AP 相比，也有很多改进。如指令字长从 24 位扩展到 32 位；阵列处理机内部也采用了多部件并行工作的结构，包括阵列控制处理机、阵列参数处理机、阵列运算处理机等；除了提供高速运算库和汇编语言外，还提供了高级语言编程环境，以方便用户使用。

1988 年 10 月，GF-10/11 功能分布式阵列处理机系统获中国科学院科技进步奖二等奖。

2 从国家科研计划中争取基础性研究项目

1988 年，夏培肃与冯康学部委员合作，在国家自然科学基金重大项目"并行计算机及并行算法"的支持下，探索并行计算机与并行算法相结合的实现方法，研制出了 BJ-1 并行计算机，并应用于中国科学院地球物理研究所。

2.1 BJ 并行计算机系列

提高并行计算机系统性能的一个有效途径是寻求并行算法与并行计算机结构之间的最佳匹配。并行算法体现了应用问题的需求，但如果算法的要求不能被机器的结构所满足，那么实际运行的效率是不高的。所以并行算法和并行计算机不能孤立地研究，而应该结合在一起。基于这样的考虑，1988 年，夏培肃和中国科学院计算中心的冯康合作，申请到了国家自然科学基金重大项目"并行计算机及并行算法"。项目的参加单位除了研究并行计算机体系结构的计算所，还有研究并行算法的中国科学院计算中心、研究并行操作系统的东南大学计算机系、研究并行编译的中国科学技术大学计算机系，以及研究串行程序自动并行化的复旦大学并行处理研究所。由于当时基金重大项目的经费不是很多，而参加的单位却不少，因此只能做一些基础性研究和小型的并行计算机系统，以加深对并行计算机系统的了解。夏培肃提出研制 BJ 并行计算机系列，BJ 是"并行"和"计算"的拼音简写。其团队完成了 BJ-01 和 BJ-1 并行计算机。

2.2　BJ-01 并行计算机

BJ-01 并行计算机是根据李政道教授的建议，由夏培肃和中国科学院理论物理研究所郝柏林学部委员共同负责，研制一台专门用于分析非线性系统中混沌（chaos）行为的并行计算机，李政道为这台计算机筹集了 10 万美元。

BJ-01 并行计算机由祝明发负责总体设计，采用主从式的并行计算机方案，BJ-01 的主机是一台 SUN 3/160 工作站，通过 VME 总线与一台负责主机和从机的通信控制处理机相连，从机是 4 台共享存储器的并行处理机，它们是自行设计的，采用美国 Motorola 公司的 32 位微处理器 68020 和浮点协处理器 68881。各处理机有自己的局部存储器，处理机之间通过交叉开关网络连接到共享存储器。

BJ-01 并行计算机加工、调试和试算成功后，移交给中国科学院理论物理研究所。1992 年,该机获中国科学院科技进步奖三等奖。

2.3　BJ-1 并行计算机

BJ-1 并行计算机的设计工作主要由韩承德负责。关于并行计算机应该采取什么样的结构，是集中存储还是分散存储，是共享内存还是消息传递，用什么样的操作系统、什么样的互连网络，在科研组内都进行了深入的讨论。最后，根据可用的技术条件和经费情况，实现了一种融共享存储与消息传递于一体的新型并行结构。

BJ-1 使用了美国 Intel 公司的 RISC 微处理器 i860XP，它是 Intel 公司处理器中性能最高的一款，而且支持高速缓存的一致性协议。

BJ-1 并行计算机采用双板结构，每块板上放置两个 i860XP 处理器，它们通过高速总线共享内存并维持私用高速缓存中数据的一致性。两块处理器板之间通过一个双端口存储器板桥接。用双端口存储器作为处理器板之间交换数据的高速通道，带宽 40MB/s，与用普通的互连网络相比，使用更为方便，即通过常规的存、取指令便可访问，带宽也更高。BJ-1 采用的紧凑结构，使它可被安装在普通个人电脑的立式机箱内，成为一台便于搬移的桌面高性能计算机，该机的最高速为 400MFLOPS。

BJ-1 并行计算机在通过鉴定、项目结题后，被转移到中国科学院地球物理研究所，用于地球科学方面的研究和计算工作。于 1995 年获中国科学院科技进步奖二等奖。

不忘初心：潜心打造高水平国家级高性能计算服务环境

迟学斌　　陆忠华　　肖海力　　王小宁

国家高性能计算服务环境，暨中国国家网格作为我国的高性能计算基础服务环境，经过近二十年的发展，已经从雏形、实验床阶段逐步发展成熟，为我国科研用户及行业用户提供稳定的计算服务，成为我国经济、社会发展不可或缺的组成部分。本文回顾了国家高性能计算环境的发展历程，介绍了在高性能计算、云计算以及大数据技术迅猛发展的新时期背景下，国家高性能计算服务环境积极应用新型服务构建技术，有效实践"互联网+"，潜心打造高水平国家级高性能计算服务环境。

1　世纪之初的梦想

国家高性能计算环境基础设施的建立要追溯到 20 世纪 90 年代后期。1999 年，国家高技术研究发展计划（863 计划）"智能计算机系统"主题（306 主题）设立了重大课题"国家高性能计算环境"，实现了研究重点从研发单台高性能计算机向建立高性能计算环境的转变，这意味着我们不仅要研制高性能计算机，还要用所研制的机器建立高性能计算环境，更好支持高性能计算应用。2001 年，理论峰值速度达到每秒 4032 亿次的"曙光 3000"高性能计算机研制成功，同时分布在全国各地（合肥、成都、武汉、北京等）的 5 个高性能计算中心构成了国家高性能计算环境，支持了一系列示范应用的开发，形成了今天国家高性能计算环境的雏形。

"十五"期间，国家 863 计划于 2002 年启动了"高性能计算机及核心软件"重大专项，该专项的主要任务是研制每秒 4 万亿次的高性能计算机系统，研究和突破网格关键技术，建立聚合计算能力 5 万亿~7 万亿次的高性能计算环境（称为中国国家网格），开发一批网格示范应用。

2003 年，联想公司研制成功了联想深腾 6800 系统，系统峰值速度达到了每秒 5.3 万亿次浮点运算，Linpack 速度每秒 4.183 万亿次浮点运算，该系统在 2003 年 11 月世界超级计算机 TOP500 中排在第 14 位。2004 年，曙光 4000A 研制成功，系统峰值速度每秒 11.2 万亿次浮点计算，Linpack 速度每秒 8.06 万亿次，在 2004 年 6 月的世界超级计算机 TOP500 中名列第 10。这是中国超级计算机得到国际同行认可的最好成绩，标志着中国已成为继美国、日本之后第三个能制造和应用十万亿次级商用高性能计算机的国家。两台机器分别装备在中国科学院计算机网络信息中心和上海超级计算中心，这两个中心分别成为重大专项建立的中国国家网格的北方主节点和南方主节点。

2005 年，依托国产高性能计算机所建立的中国国家网格实验床包含了分布在全国各地的 8 个结点，聚合计算能力达到 18 万亿次，中国国家网格的资源能力居世界国家级同类网格的第二位。

2　磨砺、成长、发展

"十一五"期间，国家 863 计划把高性能计算的研究推到了新的高度。在此期间的 863 计划重大项目"高效能计算机及网格服务环境"的主要目标之一是提升中国国家网格的资源能力和服务水平，将其从实验床升级为网格服务环境，从而更好地支持应用。

2005 年 12 月 21 日，中英开放中间件基础架构研究所与中国国家网格运行管理中心揭牌仪式在中国科学院计算机网络信息中心举行，时任科技部部长徐冠华等为中英开放中间件基础架构研究所与中国国家网格运行管理中心揭牌，这标志着中国国家网格正式开通。

图 1　中国国家网格运行管理中心揭牌仪式

2007 年 12 月 11 日，"中国国家网格"项目荣获 2007 年国家科学技术进步奖二等奖。

图 2　中国国家网格获得国家科学技术进步奖二等奖证书

2008 年，233 万亿次的"曙光 5000A"和 157 万亿次的"联想深腾 7000"研制成功，分别装备在上海超级计算中心和中国科学院计算机网络信息中心这两个环境主节点。同时专项团队开展了千万亿次计算机的关键技术研究，为千万亿次系统的研制奠定了技术基础。

2010 年 5 月，"曙光·6000"的服务分区即"曙光星云"研制成功并在国家超算深圳中心部署，投入使用。该系统峰值性能每秒 3000 万亿次浮点运算，实测 Linpack 性能每秒 1271 万亿次浮点运算，是我国首台 Linpack 性能超千万亿次的超级计算机，在 2010 年 6 月的世界超级计算机 TOP500 中位居第 2。

2010 年 8 月，"天河一号"研制成功；2010 年 10 月 28 日，"天河一号"高效能计算机系统正式对外发布，"天河一号"峰值速度 4700 万亿次，Linpack 性能每秒 2566 万亿次浮点运算，满负荷最大功率 4MW，2010 年 11 月 17 日，在世界超级计算机 TOP500 排名中名列第一，实现了我国自主研制超级计算机综合技术水平进入世界先进行列的历史突破。

2010 年底，全面采用国产高性能多核处理器实现的神威·蓝光完成研制工作，装备在国家超级计算济南中心，其在采用国产处理器实现千万亿次高效能计算机系统方面取得了历史性的突破。

"十一五"期间，网格软件 CNGrid GOS 研制成功并完成部署，成为中国国家网格环境的核心支撑系统，也是重大项目的主要创新点之一。系统在分布式资源管理、虚拟组织、网程技术、网格安全机制和支持多种行业应用方面具有重要创新，适用于广域分布自治环境下的高性能计算和信息服务，在世界同类软件系统中有着重要地位。

基于中国国家网格服务环境，以上海超级计算中心为主要依托而构建的工业设计和仿真优化应用社区于 2010 年 11 月正式开通。该应用社区在中国商用飞机公司、宝钢集团、国家核电、上汽集团、奇瑞汽车等企业得到了应用，取得了初步应用成效。它帮助企业缩短产品研发周期，降低研发费用，针对国家高性能计算环境可持续发展之路进行了有益的探索。

到 2010 年年末，中国国家网格服务环境在"高效能计算机及网格服务环境"重大项目支持下，立足于国产高性能计算机资源，建成了 14 个结点的国家级高性能计算服务环境，聚合计算能力超过 3000 万亿次，是 2005 年的 167 倍，存储能力超过 15PB，居世界同类计算环境领先地位；环境部署了 450 多个软件与服务，支持了 1100 多项国家与地方科技项目，在支持我国科学研究与大型工程建设方面发挥了重要作用。

2010 年 11 月 2 日，科技部在北京召开了国家 863 计划"高效能计算机及网格服务环境"重大项目成果发布会。时任科技部党组书记李学勇同志和发改委、教育部、中国科学院、国家自然科学基金委有关领导出席了会议。我国信息技术领域知名专家金怡濂院士、沈绪榜院士、李国杰院士、陈左宁院士等出席了会议。本次发布会集中展示了"十一五"期间国家 863 计划"高效能计算机及网格服务环境"重大项目在千万亿次高效能计算机研制、网格服务环境建设、高性能计算及网格应用等方面取得的重大进展。

图 3　"高效能计算机及网格服务环境"　重大项目成果发布会合影

2013 年，在科技部"十二五"863 计划信息技术领域"高效能计算机研制"重大项目的支持下，天河二号超级计算机系统研制成功。6 月 17 日，世界超级计算机 TOP500 组织在德国莱比锡举行的 2013 国际超级计算大会上，正式发布了第 41 届世界超级计算机 500 强排名，天河二号超级计算机系统以峰值计算速度每秒 5.49

亿亿次、Linpack 性能每秒 3.39 亿亿次双精度浮点运算的优异性能位居榜首。这是继 2010 年国防科大研制的天河一号首次夺冠后，我国超级计算机再次登上世界超算之巅。中共中央总书记、国家主席、中央军委主席习近平对国防科技大学研制成功天河二号超级计算机系统做出重要批示，对取得这一成绩表示热烈祝贺，向参加系统研制任务的全体同志致以诚挚的问候。习近平指出，天河二号超级计算机系统研制成功，标志着我国在超级计算机领域已走在世界前列。特别值得一提的是，"天河二号"超级计算机连续 3 年六届（2013~2015 年）位列世界超级计算机 TOP500 排名榜首位，展示了我国在超级计算机制造方面的能力。

2013 年 9 月 25 日，在科技部的指导与支持下，我国超级计算创新联盟正式成立。联盟将造机器、管机器、用机器三个群体有机联合起来，共同探索构建超级计算创新平台，促进行业技术进步和应用发展，更好地服务社会与广大用户，壮大我国超级计算事业。

图 4　超级计算创新联盟成立大会合影

2014 年 6 月，国家高性能计算服务环境建设在"十二五"863 计划的持续支持下进一步发展，设立了"高性能计算环境应用服务优化关键技术研究"课题。由中国科学院计算机网络信息中心牵头，上海超级计算中心、国家超级计算天津中心、山东省计算中心（国家超级计算济南中心）、湖南大学（国家超级计算长沙中心）、国家超级计算深圳中心、山东大学、清华大学、华中科技大学、西安交通大学、甘肃省计算中心、中国科学技术大学、中国科学院深圳先进技术研究院、北京应用物理与计算数学研究所、中国科学院上海药物研究所、中国科学院计算技术研究所、上海交通大学、北京创腾科技有限公司共计 18 家单位共同参与。课题在中国国家网格环境基础上，重点研究高性能计算环境的应用服务优化关键技术，完善资源建设机制，建立具有新型运行机制和丰富应用资源、实用的高性能计算应用服务环境，以及基于高性能计算环境的工业产品设计社区、新药创制社区、数字媒体和文化创意社区，降低高性能计算应用成本，全面提升高性能计算应用服务水平，最终建立"可管理、可运行、可使用"的高性能计算环境。

课题团队在已建成软件系统的工作基础上，结合环境实际运维的需求和高性能计算用户实用性的需求，自主研发了系统软件 SCE。SCE 秉承着实用性和便利性的原则，是一套面向高性能计算的、轻量级的、可稳定运行的网格系统软件，屏蔽跨域计算资源的底层异构性，实现资源的统一管理和调度，使之作为一个整体面向用户提供便捷的计算服务。SCE 系统软件提出了自底向上的应用封装概念，将用户常用应用软件的使用环境和流程规范化，并通过通用门户和命令行提供给用户使用，极大地降低了用户使用高性能计算资源的门槛；SCE 命令行使用环境可以很好地支持传统超算用户的高交互需求；同时提供了 REST 风格的应用开发接口，支持面向科学计算的多种终端应用的建设。为了提高环境日常运行维护和技术支持工作的效率，团队针对高性能计算环境日常运维实际需求构建了运行支持平台，并积极研究各类环境运维技术，完善环境运行规范，实现了国家高性能计算环境的可运行、可管理、可使用。

为探索高性能计算可持续发展道路，课题团队立足实用性，通过应用社区的建设尝试全新的服务模式和商业化运营模式。依托国家高性能计算服务环境，课题团队分别结合工业产品制造、新药创制、数据媒体和文化创意三个应用领域的应用特点，面向用户提供更加符合其业务特点和流程的个性化的高性能计算服务，实现了服务的多样化和专业化，全面提升用户体验和服务质量。工业产品创新设计社区已服务于汽车、航空航天、核能等工业领域；新药创制社区面向近 20 家单位组织了推广培训。数字媒体和文化创意社区将高性能计算引入文化传媒领域，合作完成多个样片制作，促进了产业发展。

课题团队积极与国际同行合作，实现了 SCE 软件与欧洲高能物理网格 ATLAS 接轨。基于 ATLAS 中间件 Arc CE，利用 SCE 应用编程接口开发了作业和数据管理插件，通过"桥接"的方式实现将 ATLAS 作业转发到由 SCE 中间件所建设的国家高性能计算服务环境中的超级计算结点"元"和"天河一号"上，运行效果达到预期。

经过"十二五"期间的建设，国家高性能计算环境聚合了国内 15 个结点单位的超级计算资源，包括中国科学院计算机网络信息中心，上海超级计算中心、国家超级计算天津中心、山东省计算中心（国家超级计算济南中心）、湖南大学（国家超级计算长沙中心）、国家超级计算深圳中心、山东大学、清华大学、华中科技大学、西安交通大学、甘肃省计算中心、中国科学技术大学、中国科学院深圳先进技术研究院、北京应用物理与计算数学研究所、香港大学；聚合计算资源 12PFLOPS，存储资源 34PB。

中国高性能计算机 TOP100 排行榜回顾

袁国兴　　姚继锋

2002 年 11 月 8 日，首个中国高性能计算机性能排行榜在北京发布。榜单的发布者共三位，分别是中国科学院软件研究所孙家昶研究员、北京应用物理与计算数学研究所袁国兴研究员和中国科学院数学与系统科学研究院张林波研究员，他们共同的身份是中国软件行业协会数学软件分会的成员——孙家昶研究员为时任理事长，袁国兴和张林波研究员则担任副理事长。中国软件行业协会数学软件分会也正是第一届排行榜的发布单位。

中国高性能计算机性能排行榜（下简称 HPC TOP100 或 TOP100 排行榜）是受世界高性能计算机性能排行榜 TOP500 的启发。TOP500 由德国曼海姆大学的 Hans Meuer 教授、Erich Strohmaier 和美国田纳西大学的 Jack Dongarra 教授三人于 1993 年 6 月首次发布，并随后固定在每年 6 月德国的 International Supercomputing Conference（ISC）和 11 月美国的 Supercomputing Conference（SC） 大会上发布。TOP500 榜单以 Linpack 基准测试程序的运行性能为排序依据，列出当前世界最快的 500 台超级计算机，并详细给出进入榜单的每一台计算机的体系结构、处理器数、应用领域、安装地点、制造厂商等多类信息，不仅能反映当前全球高性能计算机的技术与应用现状，而且综合对比多年的榜单数据，能很好地了解高性能计算机的发展和趋势。自发布以来，TOP500 榜单迅速成为全球高性能计算机研制生产、市场发展和应用交流的重要参考。

在中国 TOP100 排行榜发布之前，TOP500 已经发布了 19 次，尽管其中不乏部署在中国的计算机，但无一例外，全部是 IBM、HP 等国外厂商在中国销售并部署的系统，没有一台系统由中国制造。然而以曙光、神威为代表的国产高性能计算机正不断取得突破，联想万亿次计算机也列入研发计划。随着高性能计算在我国应用得越来越广，对中国高性能计算机及应用现状和发展的清晰认知日显重要。时任中国软件行业协会数学软件分会理事长的孙家昶研究员敏锐地察觉了启动中国高性能计算机性能排行榜的契机。

中国软件行业协会数学软件分会成立于 1990 年，是我国唯一一个专注数值计算软件尤其是高性能计算应用软件的全国性组织，其会员单位主要由国内高性能计算领域的研制厂商、研究机构和代表性用户组成，我国计算数学和计算机领域主要开拓者之一的徐献瑜教授即担任分会的首届名誉会长。2001 年，孙家昶研究员在数学软件分会内部首倡设立中国高性能计算机性能排行榜，并在同年 6 月中国软件行业协会来分会考察时，详细报告了发布中国高性能计算机性能排行榜的设想，得到了协会的支持。2001 年 9 月 27 日，中国软件行业协会数学软件分会理事会决定正式启动排行榜工作，并由分会的两位副理事长袁国兴研究员与张林波研究员筹建"高性能计算机性能评测专业工作组"，具体负责榜单制定工作。

经过一年多的筹备，2002 年 11 月 8 日第一个中国高性能计算机性能排行榜在北京发布。与最初设计不同的是，原定的 TOP100 变成了 TOP50。其主要原因：按照孙家昶研究员的解释，"如果排到 100 名，有的机器性能指标并不高，我们认为，这是一个向世界展示中国高性能计算机的排行榜，所以要追求质量。因此后来改为只评 50 名。我们希望以后每年 11 月都能出一次榜单，明年希望能排出 100 名。"

后来的发展也正如孙家昶研究员所料，第一届榜单成为唯一的"TOP50"：从 2003 年起，中国高性能计算机性能排行榜每年发布，并都排出了 100 名——事实上，日后争论的是需不需要扩充到 200 名乃至 500 名。

名列 TOP50 榜首的是部署于中国科学院数学与系统科学研究院的深腾 1800 超级计算机，由联想公司研制，其 Linpack 测试性能为 1.027 万亿次。这是我国首台万亿次超级计算机。几天之后，这台系统成为首台进入 TOP500 榜单的中国制造高性能计算机，位列第 43 名。当年排名第一的是大名鼎鼎的地球模拟器，Linpack 测试性能 35.86 万亿次。

TOP50 榜单发布之后，其所引起的议论和反响远出乎三名发布者的意料。有质疑其意义和价值的，有质疑性能数据来源的，但更多的是肯定和支持，其中尤其重要的是周毓麟院士、金怡濂院士等都表达了对排行榜工作的支持和鼓励。面对争议，三名发布者除了坚信排行榜工作对我国高性能计算事业发展的积极意义之外，另一个坦然直面的重要原因是榜单的中立性和公正性——发布单位数学软件分会是非营利性行业组织，而三名发布者的身份均是高性能计算算法与软件的研究者，与各个高性能计算机研制厂商或机构没有直接关联。这种利益无关的中立性也是中国高性能计算机 TOP100 排行榜在其后得到业内广泛认可的最主要原因之一。

2003 年 11 月 8 日，第二届中国高性能计算机性能排行榜由孙家昶、袁国兴、张林波三人签署发布，部署于中国科学院超级计算中心的联想深腾 6800 系统以 4.148 万亿次的测试性能排名第一。基于 2003 年榜单，中国科学院软件研究所的张云泉博士作为主要撰稿人与三名榜单发布者联合发表了题为《2003 年中国高性能计算机 TOP100 排行榜分析与预测》的论文，对我国高性能计算机的发展进行分析和预测，这也成为以后每年的惯例——榜单发布后由主要发布者撰写相应的分析文章。

2004 年 11 月 15 日，新一届中国高性能计算机 TOP100 排行榜发布，部署于上海超级计算中心的曙光 4000A 系统以 8.061 万亿次的测试性能排名第一。本年度，排行榜发布得到国家 863 计划"高性能计算机及其核心软件"重大专项课题支持，设立于清华大学的国家 863 计划高性能计算机评测中心成为榜单的联合发布单位。同时，排行榜的发布者增加张云泉，即榜单由孙家昶研究员、袁国兴研究员、张林波研究员与张云泉博士四人署名发布。

2005 年 8 月，由中国计算机学会学术工作委员会主编、清华大学出版社出版的《2004 年中国计算机科学技术发展报告》中，将张云泉、孙家昶、袁国兴和张林波撰写的《2004 年高性能计算机发展趋势分析与展望》一文列为首篇。一方面，这是因为高性能计算机是计算机科学技术王冠上的明珠；另一方面，也是因为经过数年的发展，TOP100 排行榜工作已经得到计算机业内的充分肯定和广泛认可。

2005 年 11 月 8 日，新一届 TOP100 排行榜榜单上，部署于中国气象局、由 IBM 研制的 eServer p655 系统以 10.310 万亿次的测试性能排名第一。这是国外品牌系统首次占据榜单头名。但与此对应的是，在系统份额上，曙光、联想等国内厂商以 51 比 49 的微弱优势首次超过 IBM、HP 等国外厂商阵营。

2006 年榜单在由数学软件分会主办的第三届全国高性能算法软件研讨会上发布，冠亚军系统保持不变。 系统厂商份额方面，HP 以 44 台遥遥领先，曙光 25 台居第二。本年度，用于网络游戏的系统从去年的 3 台增加到 9 台，变化明显。

2007 年榜单于 11 月 8 日发布，部署在胜利油田的 IBM 刀片集群以 18.6 万亿次性能居榜首。 前 10 台系统中有 6 台用于游戏计算，展现了这一领域的迅猛发展势头。而美国 HP 公司连续六年保持中国 TOP100 数量份额第一名。

2008 年 10 月 31 日，新一年榜单在江苏无锡发布，由曙光公司研制、部署于上海超级计算中心的"魔方"超级计算机以 180.6 万亿次性能首次上榜并排名第一。这是科技部 863 计划重大专项所支持的系统之一，并拉开了中国超级计算机系统研制迅猛发展的巨幕。本年度起，中国计算机学会高性能计算专业委员会成为榜单的第 2 家联合发布单位，总发布单位增加到 3 家。

2009 年排行榜于 10 月 29 日在湖南长沙发布，由国防科大研制、部署于国家超算天津中心的天河一号超级计算机作为我国首台千万亿次峰值系统位居榜首。和以往系统不同的是，天河一号大量采用 GPGPU 用于加速计算，成为 TOP100 榜单中首个采用加速计算部件的超级计算机系统。

2010 年 10 月 27 日，新的榜单在北京国家会议中心发布，更新后的天河一号 A 系统百尺竿头，更进一步，而且是巨大的一步：不仅是中国最快的计算机，而且是世界最快的计算机。 这是中国计算机发展史上的最重要事件之一。

2011 年 10 月 27 日，TOP100 排行榜在济南发布，天河一号 A 蝉联冠军，部署于国家超算济南中心、由国家并行计算机工程技术研究中心研制的神威·蓝光超级计算机首次上榜，排名第二。该系统以全自主国产处理器、高集成度、高能效比等众多特性引起了全世界的广泛关注，其影响力不亚于我国首次夺得世界第一。

2012 年 10 月 29 日，榜单在美丽的张家界发布，前三名系统保持不变，这种情形是排行榜自发布以来首次出现。

2013 年榜单于 10 月 29 日在广西桂林发布，部署于国家超算广州中心、由国防科大研制的天河二号超级计算机位居榜首，曙光公司、IBM 公司各以 35 套系统并列数量份额第一。

2014 年 11 月 7 日，HPC TOP100 排行榜在广东番禺发布，天河二号蝉联冠军。这一年中国科学院软件研究所的姚继锋博士接替张云泉研究员，成为新的发布者。

2015 年天河二号继续蝉联冠军，直至 2016 年 10 月 28 日，在陕西西安新一届榜单发布会上，部署于国家超算无锡中心、由国家并行计算机工程中心研制的神威·太湖之光超级计算机位居榜首，终止了天河二号的三连冠。

2017 年榜单于 10 月 19 日在安徽合肥发布，神威·太湖之光蝉联冠军。这一年，国产系统已经占据了全部系统的 98%，国外仅余 HP 还有 2 套系统。而回首 16 年前，在第一次榜单中，也正是 HP 占据了 50 套系统中的 23 套，名列厂商第一。

从 2001 年筹划到 2017 年的这 17 年间，中国 HPC TOP100 排行榜正如三位发起者所期冀的那样，记录、见证并很好地阐述了我国高性能计算机的发展。

第二部分　*Part 2*

算法和软件

国家自然科学基金委员会重大研究计划"高性能科学计算的基础算法与可计算建模"

江　松　郑伟英　陈　艺

科学计算是 20 世纪重要科学技术进步之一。随着数值计算方法的发展和大型计算机计算能力的快速提升，科学计算已经深入科学和工程技术的几乎所有研究领域，它与实验研究、理论研究一起已成为科学研究的三大支柱，极大地促进了重大科学发现和科技进步。现今，科学计算已是体现国家科学技术核心竞争力的重要标志，是国家科学技术创新发展的关键要素。国家重大战略需求中许多科学问题的解决高度依赖于科学计算中基础算法与可计算建模的发展水平。共性基础算法是指通过计算模型构造出来，经过理论分析和应用验证的普适性算法。可计算建模指根据所研究问题对计算精度的要求，综合运用相关领域知识建立或简化模型，减少计算量，提高计算效率，使得模型在现有计算机条件下可进行计算。

1 "高性能科学计算的基础算法与可计算建模"重大研究计划的设立

2010 年，在国家自然科学基金委员会数学物理科学部、北京应用物理与计算数学研究所江松研究员、中国科学院数学与系统科学研究院陈志明研究员、北京大学张平文教授等专家的努力和推动下，国家自然科学基金委员会决定实施"高性能科学计算的基础算法与可计算建模"重大研究计划（简称"重大研究计划"），资助周期为 2011~2019 年，总金额达 1.8 亿元（中期评估后，追加 4000 万，共合计 2.2 亿元）。重大研究计划设立的目的是，在国家自然科学基金的框架内，以实际需求为牵引，从基础研究入手，加强科学计算领域的重要基础科学问题研究，设计高效基础算法和建立满足实际精度要求的可计算模型，以降低计算复杂度和计算量，显著提高利用计算机解决科学与工程问题的能力，满足实际应用不断增长的要求。重大研究计划的实施将为前沿科学研究和重大需求提供进一步的科学计算支撑，有力地促进科学计算硬、软件协调发展，促进数学与其他学科的交叉融合，培养一批高水平的科学计算交叉型人才，推动科学计算乃至科学技术的跨越式发展。

重大研究计划针对科学前沿和国家重大需求，遵循"有限目标、稳定支持、集成升华、跨越发展"的总体思路，围绕基础算法与可计算建模这一主线，开展科学计算的共性高效算法、基于机理与数据的可计算建模和问题驱动的高性能计算与算法评价研究。具体目标为：①在共性高效算法研究方面取得原创性和系统性的成果，期望在偏微分方程的高保真高效离散方法和非线性特征值问题算法的基础理论研究等方面取得突破，为解决前沿科学和国家重大需求的若干算法瓶颈问题提供关键的数值模拟技术和方法的支撑；②在重要问题的可计算建模和高性能计算方面，重点突破涉及多物理过程耦合、数据驱动以及模型和数据互补的建模难点，提出实用的可计算模型，实现全过程、高效使用上万处理器核的大规模数值模拟；③在学科建设与人才培养方面，聚集和造就一批站在国际前沿、具有创新能力的科学计算复合型人才，形成多个高水平研究团队，实现我国科学计算的跨越式发展。

重大研究计划是数学物理科学部在科学计算领域实施的第一个重大研究计划，资助项目主要涉及新型基础算法与可计算建模研究，极端条件下（高温、高压、高速等）的物理现象、生物信息与疾病、大气海洋科学计算问题的算法、建模及验证，以及共性算法的高效实现研究等。研究内容涉及数理、生命、地球、工程与材料、信息和医学领域的多个前沿交叉问题，如科学前沿的随机算法与数学理论、非线性特征值问题的计算方法、复杂结构及其相变的多尺度模型与算法、高超声速飞行器多尺度多物理输运问题的高效算法、高能量密度极端条件下的多介质辐射流体力学的可计算建模与快速算法、生物网络和几类精神疾病小样本多尺度可计算建模与模拟、复杂介质波传播反问题的混合建模与计算方法、飞机机翼形状优化问题的关键数学理论与快速算法、面向 E 级计算机的测试算法与高效实现等。这些研究的突出特色是：以基础算法和可计算建模为主线，研究发展新型算法和可计算模型所需解决的关键数学问题；以可计算建模为纽带，将算法发展与解决实际问题贯穿在科学计算研究的全过程；以可计算建模为突破，解决利用计算方法处理实际问题能力弱这一薄弱环节；以多学科交叉融合为基础，促进算法研究与问题研究的结合。

2　重大研究计划的管理和实施

重大研究计划的管理和实施由管理工作组和指导专家组协作执行。管理工作组主要由国家自然科学基金委员会数学物理科学部成员组成，负责组织项目评审、经费管理、项目跟踪管理和项目结题审查等。指导专家组由国家自然科学基金委员会聘请的专家组成，组长为北京应用物理与计算数学研究所江松研究员，副组长为中国科学院数学与系统科学研究院陈志明研究员，成员包括北京大学张平文教授、南方科技大学汤涛教授（现单位为北京师范大学-香港浸会大学联合国际学院）、中国科学院大气物理研究所王会军研究员（现单位为南京信息工程大学）、北京航空航天大学钱德沛教授、复旦大学程晋教授和中国科学院上海生命科学研究院陈洛南研究员，专家组成员的研究领域涵盖应用数学、地球物理、大气物理、生命科学、并行计算等。

重大研究计划采取顶层设计的前沿目标导向与科学家自由探索相结合，根据"择需"和"择优"的原则进行申请和审批。"顶层设计"是指由指导专家组根据重大研究计划的总体目标设立项目资助指南，并联系国内相关优势单位组织高水平队伍进行联合攻关。"自由探索"则兼顾科学研究的"探索性"、"创新性"和"不确定性"一般规律，给科学家更自由的发挥空间。重大研究计划资助的项目分为培育项目、重点支持项目和集成项目三类，集成项目是在前期重点项目和培养项目的基础上，挑选符合重大研究计划总体目标且成果突出的科学家，重新有机组合，建立团队申请项目。

3 重大研究计划的整体效果

重大研究计划 2011 年 9 月正式实施，至 2015 年底由国家自然科学基金委员会进行中期评估，共发布指南和受理申请五次，正式资助项目 105 项，其中重点支持项目 23 项，培育项目 79 项，延续资助项目 3 项。申请项目涉及国家自然科学基金委员会数理、化学、生命、地球、工程与材料、信息和医学七个科学部。截至 2015 年 9 月，重大研究计划取得了一系列重要的理论与应用成果（也见下述），共发表标注基金资助号的国内外 SCI 学术论文 700 余篇，其中 Science 2 篇，PNAS 2 篇，J. Amer. Math. Soc. 2 篇，Phys. Rev. Lett. 12 篇，Nucleic Acids Research 1 篇，以及计算和信息等领域最有影响力的期刊 SIAM 系列，J. Comput. Phys., J. Sci. Comput., IEEE 系列，Phys. Rev. 系列论文共计 110 余篇。本重大研究计划十分注重理论研究成果的应用验证，基于基础算法与可计算建模的研究成果，完成多项软件研制并获软件著作权 8 项，为解决科学前沿研究和国家重大需求中的数值模拟难题提供了有力的支撑。

此外，重大研究计划的实施显著推动了我国科学计算领域水平的整体提高，有效地推动了数学与其他学科的交叉融合，有力地促进了算法研究与解决问题的紧密结合、研究方式从分散个别的研究到集中的交叉合作的方式转变，明显提升了我国科学计算的原始创新能力和国际影响力。研究队伍中成长了一批高水平的交叉研究人才，自本计划启动四年以来，项目承担者当选中国科学院院士 3 人，获国家杰出青年科学基金 5 人、优秀青年科学基金 3 人、中组部青年拔尖人才 1 人、国家特支百千万人才 1 人；多人应邀在国际重要学术大会上作特邀和大会报告；项目承担者先后获得美国 SIAM 协会 von Karman 奖、教育部自然科学奖一、二等奖各一项、专利（包括已受理）17 项。

4 重大研究计划的突出成果

重大研究计划自 2011 年实施以来，充分发挥数学、物理、生命、地球、工程与材料、信息和医学领域等多学科交叉融合的优势，围绕数值计算的共性高效算法、基于机理与数据的可计算建模和问题驱动的高性能计算与算法评价三个关键科学问题，紧密结合科学前沿研究和国家重大项目中的高性能计算需求，以基础算法和可计算建模问题作为研究主线，开展了广泛、系统和深入的研究，在算法、可计算建模、问题驱动的算法实现与验证，以及解决国家重大需求研究方面取得一系列重要进展，获得一批创新性的成果。下面简单介绍本重大计划到中期检查（2015 年左右）时的部分成果。

（1）中国科学院软件研究所培育和重点项目团队在神威·太湖之光并行集群上实现 1000 万核的大气模拟，研究成果"千万核可扩展全球大气动力学全隐式模拟"获 2016 年戈登·贝尔奖，项目负责人获 2017 年中国科学院杰出科技成就奖。

（2）浙江大学项目组澄清了反问题的理论难题，提出了新的高精度反演算法。相关结果发表于国际顶尖数学刊物 *J. Amer. Math. Soc.* (2014 年)上。由于项目组近几年在光学与光子学中的数学建模、分析和算法上的系统性和前瞻性的研究工作，项目负责人被美国 SIAM 学会邀请在 *SIAM News* 上撰写综述性文章"光学与光子学中的数学所面临的挑战和机遇"。

（3）北京大学课题组发展了高效易实现的新型混合元，解决了弹性力学混合有限元方法 50 余年的遗留难题。研究有限元方法的国际著名专家 D.N. Arnold 教授（在北京大学海外名家讲座上）评价项目组成果"代表了相关研究领域近十几年来最好的结果。他们的混合元空间之间的匹配非常漂亮，这是一项杰出的工作"。项目负责人获 2015 年中国计算数学学会的首届青年创新奖。

（4）中国科学院数学与系统科学研究院项目组提出了求解非线性特征值问题的大规模可扩展高效实用的并行轨道更新算法，开发了电子结构计算的并行软件平台 RealSPACES。在天河 2 号并行机上将特征值计算成功扩展到几万个 CPU 核，在多原子体系计算时，计算效率明显优于著名软件包 Gaussian09。2015 年 1 月美国工业与应用数学学会展板采用了该项目组的部分计算图形。

（5）北京大学重点项目组基于稀有事件建模和算法的创新，在金属熔化的微观机理和层流的稳定性研究方面取得突破性进展，针对铜、铝两个金属体系进行了深入的数值研究，数值结果展现了金属固液相变的关键过程，这一研究使得对简单金属熔化的微观机理的理解更为清晰，并较完整地解决了经典 Born 理论和 Lindeman 理论之间的分歧。研究成果发表在 2014 年的 *Science* 杂志上。

（6）北京应用物理与计算数学研究所的项目组等解决了惯性约束聚变（ICF）重大专项研究中的若干数值模拟与并行计算难题，开发了 ICF 数值模拟平台，在大尺度长脉冲 ICF 辐射输运模型数值模拟方面取得突出进展，研究成果成功应用于神光 III 原型和主机激光器的黑腔、内爆实验设计与分析等物理研究工作，有力地支持了我国的 ICF 研究。惯约实施管理中心对成果的应用效果给予了高度评价。

（7）中航工业集团沈阳飞机设计研究所的课题组在飞机机翼形状优化的关键数学理论和快速算法方面取得突破。利用十万设计变量结构光顺优化方法，解决了机翼上发动机集中载荷对气动力的影响。在天河二号上使用一亿三千万块结构网格和 SA 湍流模型计算 DLR-F6 模型，实现了一万六千核量级的大规模求解，计算结果与文献及实验结果吻合。基于上述算法研制的大型应用程序已被列入国家重大专项中，正在开展应用验证。

（8）上海交通大学项目组、中国空气动力与气动力学研究所项目组以及香港科技大学的团队协同合作，建立了新型高效的全流域统一计算格式，发展了具有渐进保持性质的直接模拟 MC 方法和统一动理学格式，并将算法应用于 2018 年的天宫一号返回舱的再入数值模拟，为解决着陆点的高精度高置信度预测计算提供了理论依据和算法支撑。

（9）病毒衣壳内部基因组及相关蛋白由于与衣壳蛋白具有不同的对称性，导致收集的实验数据是对称失配信息的叠加，现有的数据处理算法无法实现在高对称结构恢复的同时实现低对称结构的恢复。迄今为止，生物学家对病毒衣壳内部的三维结构几乎一无所知。湖南师范大学项目组发展了一种基于冷冻电镜二十面体病毒对称失配三维重构的新算法，突破了病毒三维结构再现研究的瓶颈，重构出包括外衣壳和内部基因组的完整病毒三维结构。该成果发表在 2015 年的 *Science* 上。

（10）中山大学项目组针对生物医学数据处理的关键问题，提出了 DNA 和蛋白质序列比对新算法，并以此研发出了 DNA 序列比对软件 HS-BLASTN 和蛋白质序列比对软件 H-BLASTP/X。在计算结果与 MegaBLAST 一致的前提下，该算法的运行速度比最新版的 MegaBLAST 提高了 11 ~ 22 倍。基于高维数据的低维稀疏逼近方法，提出了基于迫近算子的不动点算法，揭示了 Bregman 算法在收敛性方面存在的问题，与美国癌症研究中心 MSKCC 和纽约州立大学上州医科大学合作研发了低放射性剂量的医学影像重构算法。

综上，在本重大研究计划的支持下，科学计算的基础算法与可计算建模研究取得可喜的新进展，在新型高效高精度算法、生命与疾病等前沿科学中的建模与算法、针对神威·太湖之光和天河 2 号等超级计算机的可扩展并行算法实现与应用等研究方面取得了长足的进步。这些研究成果不仅解决或推动解决了相关前沿科学研究中提出的计算难题,促进了科学计算学科的快速发展,而且解决了国家重大需求(例如飞机机翼形状优化、惯性约束聚变数值模拟研究)中的若干计算难题,在完成国家重大任务中发挥了重要作用。同时,提出的一些算法通过进一步完善其数学理论和拓广其应用范围,成为较普适的算法(基础算法)。

973 项目"高性能科学计算研究"和"适应于千万亿次科学计算的新型计算模式"

陈志明 张林波

1 引 言

科学计算兴起于 20 世纪后半叶。伴随着计算技术的发展，计算逐渐与实验和理论相并列，成为科学活动的第三大手段，在科学研究和工程设计中发挥着不可替代的作用。计算方法是科学和工程计算的核心，高性能计算机需要和高效的计算方法及软件相结合，才能够充分发挥其在科学研究和工程设计中的作用。1956 年，国家科学规划便将计算数学列为重点，由华罗庚指定冯康等组建计算数学研究队伍。1986 年，由于国家"七五"高科技发展规划初稿未将科学工程计算列入，冯康等专家于 4 月 22 日联名向时任国务院副总理李鹏提交紧急建议书并得到接见，建议得到采纳。1990 年，由冯康牵头筹建了"科学与工程计算国家重点实验室"，实验室于 1993 年通过科学院验收，1994 年正式对国内外开放，1995 年通过国家验收并投入正式运行。1991 年，中华人民共和国国家科学技术委员会（国家科委）组织了首批国家基础研究重大关键项目，即"攀登计划"项目，由冯康任首席科学家的"大规模科学与工程计算的方法和理论"项目得以立项。1997 年，"大规模科学与工程计算的方法和理论"再次被列入国家"九五"攀登计划预选项目。1999 年，"大规模科学计算研究"项目入选"国家重点基础研究发展规划"项目，即"973 计划"项目。

"大规模科学计算研究"项目（G1999032800，1999～2004 年）由中国科学院数学与系统科学院承担，杜强担任首席科学家，参加单位包括中国科学院大气物理研究所、中国科学院软件研究所、北京大学和大连理工大学等国内高校和科研机构，研究队伍汇聚了国内从事科学与工程计算研究的优势力量。项目结题时经科技部评估为"优秀"，并且研究团队在 2008 年召开的"973 计划"十周年纪念大会上被授予"973 计划"优秀研究团队荣誉证书，在 31 个获奖励团队中排名第 2 位。

在"大规模科学计算研究"项目的基础上，科技部又相继启动了"高性能科学计算研究"（2005CB321702，2005～2010 年）和"适应于千万亿次科学计算的新型计算模式"（2011CB309700，2011-2015）两期"973 计划"项目。下面重点对这两个项目进行介绍。

2 "高性能科学计算研究"项目

"高性能科学计算研究"项目于 2005 年立项，执行期限为 2005 年 12 月至 2010 年 8 月，项目总经费 2729.66 万元，由陈志明任首席科学家。

项目把能充分发挥计算机最大效率的高性能计算方法和关键实现技术研究作为需要解决的关键科学问题，确立的总体目标为：在科学计算的共性问题研究中，在基于后验误差估计的并行自适应有限元方法和复杂流动问题的并行自适应移动网格方法方面形成我国自主的既有算法理论，又有程序实现，又有具体应用的完整的创新体系。在应用目标研究中，完成千万自由度的完整气候模式的研制；进行千万自由度三维多介质大变形高温高压流体力学数值模拟；建立能够处理几百上千个原子的实空间第一原理计算方法，以该计算方法为基础，在原子和纳米尺度上通过结构设计实现量子调控；建立非周期（随机）结构的，适用于材料服役行为分析的，从纳米、介观到宏观多个尺度的多物理多尺度耦合模型和计算方法。

项目团队包含 66 位骨干成员，由四个课题构成：第一课题"创新计算方法的基础理论研究"，承担单位为中国科学院数学与系统科学研究院和北京大学，由陈志明任课题组长；第二课题"大规模并行计算研究"，承担单位为中国科学院数学与系统科学研究院和北京应用物理与计算数学研究所，由张林波任课题组长；第三课题"复杂流动问题的高性能算法研究"，承担单位为中国科学院大气物理研究所和北京应用物理与计算数学研究所，由王斌任课题组长；第四课题"材料物性的多物理多尺度计算研究"，承担单位为北京大学和大连理工大学，由张平文任课题组长。

项目在基础算法理论研究、面向国家重大需求应用研究和针对国际科学前沿研究的多个方面取得一批重要成果，获得国家自然科学奖二等奖 3 项（1 项排名第 1，1 项独立完成，1 项排名第 2）。项目结题时被评估为"优秀"。

项目取得的部分成果如下。

1. 创新计算方法的基础理论研究

（1）在并行自适应有限元方法的算法和理论研究方面，在时谐 Maxwell 方程的自适应多重网格方法、电磁涡流问题的时空自适应计算、电磁散射问题自适应 PML（理想匹配层）方法、大规模集成电路参数提取的建模与自适应计算中取得重要进展，这些工作不但在算法的理论创新方面取得重要成果，同时也为第二课题的并行自适应有限元软件平台的研究提供了理论支持。

（2）在保结构计算方法的理论与应用研究方面，提出了随机 Hamilton 系统辛几何算法的生成函数理论，利用随机生成函数构造了随机 Hamilton 系统的若干实用的辛格式；对于随机 Hamilton 系统，基于提出的随机离散变分原理，发展了随机变分数值积分子理论、随机生成函数和随机 Hamilton-Jacobi 方程理论，进而构造了若干实用有效的随机辛格式，发展了随机流形上随机微分方程的数值方法，建立了具有随机守恒量随机微分方程保持守恒量的数值格式。

（3）在大规模高速集成电路电磁信息计算方面，在几何参数偏差下互连线参数提取中，提出了求解随机偏微分方程的随机谱配置算法，解决了互连线的随机寄生电容模型的提取问题；在带参数的互连线的模型降阶领域，提出了基于二维 Arnold 方法的互连电路带参数模型降阶方法，该方法首次实现了同时保结构、保证数值稳定性和保证无源性；针对纳米尺度的带移相掩模的掩模系统的 2D 电磁模拟问题，提出了 GeSEM 方法，该方法具有极高的数值精度与并行度，以及能够处理实际大规模任意结构（非周期）芯片掩模模拟的能力。

2. 大规模并行计算研究

（1）针对高性能科学计算普遍采用的两类几何离散网格：结构网格和非结构网格，研制了两个具有普遍应用价值的支撑软件框架 "并行自适应结构网格应用支撑软件框架（JASMIN）" 和 "并行自适应非结构网格有限元软件开发平台（PHG）"。

（2）基于以上框架，移植、发展和研制了多个并行应用程序，可以使用数千个处理器核进行数亿自由度规模的并行自适应数值模拟，获得了满意的数值模拟结果和并行计算性能。

（3）针对高性能科学计算的重要问题和项目的需求，提出了若干高效的数值并行算法及其实现和性能优化技术。

（4）实现了 TB 级的大型科学计算数据场的可视化。

3. 复杂流动问题的高性能算法研究

（1）在地球系统模式中的高性能算法研究中，提出了稳定求解重力波方程（包括内波和外波）的特征分解半隐式能量守恒格式，改善了积云对流方案和云的微物理过程，发展了 1°×1° 的高分辨率大气环流模式，实现了 GAMIL 动力框架在高性能应用软件支撑框架 JASMIN 上的重构，建立了全球气溶胶模式和大气-气溶胶相互作用模式；提出了次表层上卷海温参数化方案，建立了印度洋海盆区域 1/4 度的高分辨率海洋模式；发展了具有 "局部海气耦合" 功能的耦合模式以及快速耦合气候系统模式，完成了 1200 年的耦合积分；提出了新的同化方法，分别建立了大气模式、海洋模式和陆面过程模式的资料同化系统，并在具体天气、气候问题（如台风、厄尔尼诺等）的模拟与预测中得到成功应用。

（2）在高维多介质大变形流体动力学计算方法研究及应用中，对守恒型单调格式能生成违反直觉的振荡的原因给出了理论分析；构造了一种普适的、能较好分辨激波和接触间断的自适应近似黎曼解，并提出了适用于多介质大变形流体问题的整体 ALE(任意拉格朗日-欧拉方法)局部欧拉的算法与实现方案；构造了一种辐射流体力学能量方程的自适应计算格式，有效地解决了多介质大变形网格上扩散格式计算出复合物理量振荡等问题。以上述算法为基础并吸收国际上计算流体力学的最新成果，突破了三维多介质弹塑性流体力学自适应欧拉程序和二维 ALE 多介质流体力学程序研制的关键技术，并成功地应用于武器物理研究。

4. 材料物性的多物理多尺度计算研究

（1）设计了基于密度泛函理论的第一原理电子结构计算的有限元/有限体局部化计算方法，并发展了基于原子性质网格自适应加密策略以及实空间哈密顿矩阵的预处理方法，设计的算法既有理想的逼近精度，又有良好的并行本性；利用 PHG 平台，完成了一套可在数百 CPU 核上通过求解 Kohn-Sham 方程研究千余个原子系统的电子结构性质的计算程序。

（2）将重正化思想与量子信息理论相结合，提出了波函数的张量乘积态的二次重正化群方法。该方法将可计算的张量的维数提高了一个量级，使得可精确确定的张量元的数量达到或超过了 1 万的量级，把计算量子统计模型的配分函数或张量乘积态的物理期望值的精度提高了至少五个量级。

（3）在弦方法的基础上发展了一套有效的研究有序相变成核的数值方法，并将这套方法应用到高分子聚合物体系和液晶体系的有序相变成核，得到了核的大小、形状，以及能量势垒和不同的成核路径。

项目作为信息领域的应用型基础研究项目，所取得的许多研究成果具有预期解决国家重大需求、推进高性能计算机应用的实质性贡献和作用。

首先，项目的主要目标之一是结合高性能计算机的发展，探索高性能应用软件的研制方法和技术路线，推进高性能计算在科学计算领域的应用，提高应用水平。项目提出了通过发展相关支撑框架或软件平台来支撑并行应用程序研制的思路，并在这一思路的指导下研制了 JASMIN 框架和 PHG 平台。JASMIN 框架和 PHG 平台的研制成功，大大降低了结构和非结构网格上并行自适应应用程序的研制难度，缩短了它们的研制周期，实现了数千处理器核上的并行自适应计算，大大提升了高性能计算在相关领域的应用水平。同时，JASMIN 框架和 PHG 平台的研制及应用也是并行应用程序研制技术路线的一次创新。通过项目的实施，证实了"通过发展支撑框架或软件平台来支撑并行应用程序研制"这一思路是突破制约高性能数值模拟应用软件发展的"计算效率低"和"研制周期长"这两大瓶颈的一条有效的途径，是切实可行的。JASMIN 框架和 PHG 平台的研制成功，在高性能计算界产生了积极的影响，在一定程度上引领了国家在高性能并行应用软件研制方面的革新。

其次,三维偏微分方程的自适应计算已经成为当前科学计算领域受到广泛关注的研究热点。经过五年的努力,项目对基于后验误差估计的并行自适应有限元方法开展了系统深入的研究,许多原创性研究成果已经在第二组自主开发的软件平台PHG 上得到实现,在三维偏微分方程的自适应计算领域初步形成我国自主的既有算法理论,又有程序实现,又有具体应用的完整的创新体系。 以大规模集成电路的参数提取问题为例,该问题是大规模集成电路性能分析和设计中的一个重要组成部分,在数学上它归结为拟稳态电磁问题即涡流问题,特点是需要处理电流、电压边界条件,其困难在于,Maxwell 方程以电场磁场为变量,电流、电压边界条件不是Maxwell 方程的自然形式。我们通过建立涡流问题的电势磁向量势形式提出了解决该问题的一个新的模型,建立了相应的有限元后验误差估计理论和自适应计算方法,解决了离散问题的大规模可扩展计算问题,并在 PHG 软件平台上进行了成功的数值计算,对"加法器"电路计算模拟达到了 18 亿个自由度,显示了良好的并行自适应可扩展性能,为应用领域开展进一步的应用研究奠定了较好的基础。

再次,项目的研究工作在推进环境、信息和国防建设等领域的科技创新和具体业务的改进方面起了推动与示范作用。例如:

全球气候变暖是举世瞩目的科学问题。我国政府制定了《中国应对气候变化国家方案》,并进一步编制《中国应对气候变化科技专项行动》,对气候变化的成因以及未来气候变化趋势的科学预估给予高度重视。气溶胶对大气上界的辐射收支和大气的水循环产生影响,因而在气候系统中扮演着重要的角色。气溶胶粒子对气候的影响可概括为直接效应和间接效应两大类,但参与联合国政府间气候变化专门委员会(IPCC)第四次评估报告(AR4)的所有气候系统模式均不具备考虑气溶胶间接效应的能力,因而在模拟气溶胶对气候的影响时存在很大的不确定性。为此,发达国家较早就开展了全球气溶胶模式的研发,并将其耦合到大气环流模式中,从而增加大气环流模式对气溶胶间接效应的模拟能力。我国在全球气溶胶模式的自主研发方面相当落后,项目自主发展的全球气溶胶模式 LIAM 以及大气-气溶胶相互作用模式 GAMIL-LIAM 为打破我国在这一领域的落后局面迈出了重要一步。关于 20 世纪全球和中国气温变化的 IPCC AR4 耦合模式模拟的研究成果,是相关耦合模式在东亚地区形成的较为权威的结果,对于了解当今和未来气候变化都至关重要。

项目的流体力学计算方法研究围绕解决国家安全和国民经济重大、重要需求中提出的计算难题开展,程序研制来自于这些重大、重要需求的驱动,并基于计算方法研究成果的基础之上。研制完成的程序能进行大规模计算(例如上亿自由度),已在国家安全中的重大和重点课题中发挥了重要的作用。MEPH 系列程序也已应用于国家石油工业建设,在石油射孔弹的理论设计方面发挥了重要作用。

在信息技术领域，项目完成的"纳米尺度系统芯片中互连线电路及其制造工艺的建模和分析方法研究"的部分成果已经通过国家"十一五"重大科技专项的实施得到了产业应用。其中互连线模型降阶方法 2009 年起应用于"先进 EDA 工具平台开发"01 重大专项项目的牵头单位北京华大九天科技股份有限公司（以下简称"华大九天"）EDA 电路仿真工具开发，经过华大九天的实际电路测试，表明经过该方法降阶后的电路几乎没有精度损失，降阶效率和精度均优于全球第一大 EDA 公司美国 Synopsys 公司的 HSPICE 内嵌的 PACT 降阶工具，可以大幅提高互连线仿真的效率，对于集成电路的后仿真验证具有重要意义，已在华大九天 SPICE 工具中应用，进入产业化阶段，为研发我国自主知识产权的 EDA 工具提供了基础理论和核心技术支撑。项目发展的互连线化学机械抛光建模、分析技术应用于国家"十一五"重大科技专项 02 专项"45 纳米集成电路的可制造性设计"项目。2008 年起，我们为中芯国际集成电路制造有限公司 SMIC 定制设计了化学机械抛光 CMP 的压力分配工具、全芯片 CMP 仿真工具，通过了中芯国际 SMIC 公司的 65 纳米生成线的验证并进入产业化应用，填补了当时国内半导体产业在铜互连可制造性技术方面的空白，缩短了和国际先进技术的差距。

3　"适应于千万亿次科学计算的新型计算模式"项目

"适应于千万亿次科学计算的新型计算模式"项目于 2011 年立项，执行期限为 2011 年 1 月至 2015 年 8 月，项目总经费 2865 万元，由陈志明任首席科学家。

项目的目标是集成具有共性的计算方法、并行算法和相应的软件模块，建立适应于千万亿次科学计算的高效并行支撑软件框架和平台，在框架和平台的支撑下，创新大规模可扩展的并行计算方法，研制千万亿次科学计算并行应用程序，开展千万亿次科学计算应用。在此新模式下，各个专业领域的科学计算研究人员可以集中精力于物理模型和计算方法的创新研究，无须了解并行计算的细节，就可以将新的物理模型和计算方法快速融入千万亿次并行计算中，突破"计算效率低"和"研制周期长"两大瓶颈；而计算机系统的研究人员，则可以集中精力于更高速度（例如万万亿次）和更大规模计算机系统的研制，而无须顾及实现具体科学和工程计算的细节。新模式的建立，可推动我国科学计算事业实现跨越式进步。

项目团队包含 30 位骨干成员，由五个课题构成：第一课题"可扩展基础并行算法"，承担单位为中国科学院数学与系统科学研究院、复旦大学和中国科学院软件研究所，由陈志明任课题组长；第二课题"自适应结构网格并行应用支撑软件框架"，承担单位为北京应用物理与计算数学研究所、中国科学院数学与系统科学研究院和中国科学院计算机网络信息中心，由莫则尧任课题组长；第三课题"自适应非结构网格并行软件平台和特征值计算",承担单位为中国科学院数学与系统科学研究院、复旦大学和中国科学院物理研究所,由张林波任课题组长;第四课题"气候系统模式的高性能算法与应用",承担单位为中国科学院大气物理研究所、清华大学、北京大学和浙江大学,由刘骥平任课题组长;第五课题"支持多物理耦合的粒子输运算法与软件",承担单位为北京应用物理与计算数学研究所、清华大学和国防科技大学,由阳述林任课题组长。

经过 5 年研究,项目取得了许多前沿性、创新性和突破性的研究成果。项目执行期限内获得 1 项国家科学技术进步奖特等奖(排名第 3),2 项国家自然科学奖二等奖(1 项排名第 1,1 项排名第 2)。项目结题时被评估为"优秀"。

项目取得的部分成果如下。

1. 可扩展基础并行算法

(1)在大波数波动问题的快速算法研究方面,提出了 Helmholtz 方程的一种波源转移区域分裂算法,达到区域分裂方法的理想计算复杂性,并给出了算法的最优收敛性证明;结合稳定化的离散格式设计了求解对流扩散方程和时谐 Maxwell 方程更为有效的光滑子,对于高波数 Helmholtz 方程也有非常好的效果;针对弹性波散射问题单轴 PML 方法,引进了单轴 PML 方法 PML 复坐标拉伸的一个简单条件,提出了 PML 方程在区域边界上的一个新的混合边界条件,证明了该方法的稳定性和收敛性,这是弹性波散射问题单轴 PML 方法的第一个理论结果。

(2)在纳米尺度集成电路互连线的建模与分析方面,首次将并行自适应有限元方法应用于寄生电容参数提取中,实现了基于业界标准 GDSII 版图的、可以在上千 CPU 核上运行的并行寄生电容提取工具;针对具有大量端口的互连线网络模型降阶问题,提出了基于聚合的模型降阶算法 AMOR;对特征尺寸级 CMP 工艺机理进行了全面研究,对传统 SPH 方法进行了改进,首次利用数值计算方法定量地建立了 CMP 材料移除速率与研磨颗粒浓度的解析关系式。

(3)在反散射问题的高效数值算法方面,对石油勘探问题中得到广泛应用的逆时偏移成像方法的数学基础进行了较为深入的系统研究,建立了逆时偏移成像方法不依赖于小散射体或几何光学近似假设的新的数学分析,提出了新的声波、电磁波、声波波导、弹性波等逆散射问题的逆时偏移成像算法。

2. 自适应结构网格并行应用支撑软件框架

(1)提出与千万亿次高性能计算机复杂体系结构相匹配的六层嵌套网格剖分数据结构,即"网格层—网格区—网格域—网格片—网格单元—数据片",用于管理结构网格和定义在网格上的物理量。该数据结构集成到 JASMIN 框架,很好地适应于科学与工程计算领域中普遍采用的单块结构网格、自适应局部加密网格、多块

（非）协调拼接结构网格以及粒子模拟等复杂应用情形。基于该数据结构，耦合常用的浮点运算性能优化技术，应用软件的串行性能、节点内并行性能和节点间可扩展能力均显著优于基于数组的串行程序。

（2）凝练形成了基于无向图和有向图的数据依赖关系模型，提出了支持无向图模型的非规则数据通信的"声明—调度—执行"的三阶段流程及提升效率的多块结构网格拼接方法和邻接图快速生成算法，提出了支持有向图模型的数据驱动并行算法框架及提升算法效率的节点优先级算法，提出了基于"联邦—克隆—网格层—网格片"的四层嵌套并行算法，并建立了相应的三层 MPI 耦合 OpenMP 的实现策略，提出了四阶段动态负载平衡算法。这些算法系统解决了千万亿次计算机节点间的并行可扩展性瓶颈。

（3）围绕武器物理和激光聚变等实际应用对"近似最优计算复杂度并适应数万核的数值并行算法"以及"适应于高性能计算的高分辨率健壮数值方法"的需求，提出系列快速数值并行算法以及保物理特性的高精度健壮计算方法。其中，自适应局部加密网格算法应用于三维辐射流体力学界面不稳定性模拟，网格规模降低 $1 \sim 2$ 个量级，在数千核上成功实现了纯流体模型、三温热传导模型、多群扩散模型的大规模数值模拟，为激光聚变理论研究提供了坚实的数值模拟支撑。

（4）完善和发展了 JASMIN 框架的并行编程模型及其构件化编程接口，集成了高可扩展并行算法到 JASMIN 框架，在支撑 JASMIN 框架从十万亿次到千万亿次计算的升级中发挥了重要作用。

3. 自适应非结构网格并行软件平台和特征值计算

（1）在 PHG 平台研制方面，针对千万亿次并行计算机的体系结构特征，对关键计算和通信模块进行了重新设计和优化，并引入了 MPI+OpenMP 两层并行，大幅提升了平台的并行规模和可扩展性；基于平台发展了数个可适应于千万亿次并行计算机的高效并行自适应应用程序，在天河-1A 和天河二号上完成了十亿以上自由度、数万以上处理器核的非结构网格大规模并行自适应数值实验。

（2）在实空间第一原理电子结构计算算法研究和 RealSPACES 软件包研制方面取得突破，提出并在 RealSPACES 软件包中实现了电子结构计算的并行轨道更新算法，它有助于克服实空间方法中大型非线性特征值问题求解的计算瓶颈，大幅提升算法的可扩展性和计算精度。初步数值实验结果展示了该算法的良好前景。

（3）在利用第一性原理计算开展材料物性研究方面取得多项高水平成果，包括建立材料逆向设计方法，设计了新型光伏半导体，系统地开展了四元半导体的理论研究，澄清了关于其晶体及能带结构的争论，揭示了多元半导体独特的物理现象和特征缺陷，提出了有利于其光伏性能的最优生长条件，得到了实验证实和应用，促使该类半导体在短短几年时间内就走完了其他薄膜太阳能电池材料几十年才走完的历程,并使其成为太阳能电池研究的一个重要体系。

(4)在张量重正化群及其应用研究方面,提出了一种基于张量的高阶奇异值分解的粗粒化张量重正化群方法,把 3 维经典统计模型的计算精度提高了至少 3 个量级,而且这种方法也能用于研究 2 维量子格点模型,是目前最为精确有效的数值重正化群方法。

4. 气候系统模式的高性能算法与应用

(1)在气候系统模式高性能算法研究方面,实现了 IAP/LASG 海冰–海洋模式转移极点的水平坐标,解决了有限差分海冰–海洋模式随着分辨率不断提高在极区的计算不稳定性和极点的通量交换的问题,显著改进了海冰的模拟能力,并通过提高模式中垂直混合方案与动力框架耦合精度,增强了海洋模式极区的计算稳定性,显著改进了大西洋经圈翻转流的模拟能力;把以前 IAP/LASG 气候系统模式诸多版本中为了保障计算稳定性而在靠近北极点使用了多年的人工孤岛去除,使海冰和海洋模式成为真正意义上的全球模式,是 IAP/LASG 气候系统模式研发的一个重要进展;以此为基础,建立了高性能和高分辨率海冰–海洋模式及气候系统模式。

(2)在模式不确定性和可预报性方面,实现了并行高阶 Taylor 算法(PMT 算法),使得模式能快速长时间积分,有效地控制了混沌动力系统中的计算误差;用此算法得到了一系列混沌动力系统的长时间参考解;获得相关计算机软件著作权两项。利用多个气候系统模式,进行了大量集合数值模拟,揭示了印度洋海温增暖触发我国南方高温事件多发的机制。

(3)在稀薄气体数值模拟的高性能算法方面,建立了一维到多维 Grad 矩方程组的全局双曲正则化理论,使得正则化的矩模型获得了局部适定性,从根本上解决了 Grad 矩方程组双曲的问题,该理论得到了国际同行的一致认可;将此理论推广到一般的动理学方程模型约化,保证了约化模型一定是对称双曲方程组;发展了对各阶模型一致的新型数值格式,可以对极度复杂的高阶矩系统进行程序实现和数值模拟。

5. 支持多物理耦合的粒子输运算法与软件

(1)在粒子输运时空尺度研究方面,开展了粒子输运与流体力学的自适应时空步长耦合算法研究,完成了 SN 自适应时空步长耦合算法的程序实现与实际模型计算,实现了 MC 粒子输运与多物理过程自适应时空尺度耦合计算的功能,获得了加速计算的效果。

(2)在粒子输运并行算法研究方面,通过基于 JASMIN 框架的多物理耦合并行计算与多级并行算法研究,实现了 SN 方法克隆并行算法和"区域分解+能群"的多级并行,以及 MC 方法"区域分解+粒子"二级并行,大幅度提高了输运问题的并行度,取得了很好的并行计算效率。

（3）除此之外，针对多物理耦合粒子输运问题，开展了包含流体力学计算、辐射扩散计算和粒子输运计算等多种系列数值计算方法的研究，并且在多个领域得到了有效的算法实现和实际应用。

项目的实施取得了良好效果，为推动高性能计算机应用发挥了重要作用，为解决一些国家重大需求作出了实质性的贡献。具体体现如下。

首先，项目的主要目标是建立适应于千万亿次科学计算的新型计算模式：集成具有共性的计算方法、并行算法和相应的软件模块，建立适应于千万亿次科学计算的高效并行支撑软件框架和平台，在框架和平台的支撑下，创新大规模可扩展的并行计算方法，研制千万亿次科学计算并行应用程序，开展千万亿次科学计算应用。本项目的实施在这些方面产生了良好的效果。

JASMIN 框架 3.0 已成功应用于激光聚变、武器物理等领域的数值模拟研究，支持了这些领域高效使用数万 CPU 核的应用软件的研发（其中 5 个应用程序可以在上万核上开展大规模模拟，自由度总数达到百亿量级，并行效率达到 40% 以上）。JASMIN 框架的研究模式也推动了中国工程物理研究院战略科"高性能科学与工程计算"的实施。

通过本项目的实施，将 PHG 平台的计算规模提升到了千万亿次级。基于 PHG 平台研制了数个具备百万亿次至千万亿次计算能力的并行应用程序，实现了非结构网格并行应用在数千至数十万个处理器核上的高效计算。这些程序包括：集成电路参数提取并行自适应有限元程序（数千上万核），三维离子通道并行自适应有限元程序（数千上万核），三维非结构网格弹性波 PML 程序（近 20 万核），等等。同时，本课题在大波数波动方程的快速求解算法及光刻数值模拟并行程序的研制方面为第一课题组提供了很好的支撑。

其次，在基础并行算法的研究方面，我们用大波数波动方程的波源转移算法和电子结构计算的并行轨道更新方法取得了原创性的成果，这对提升我国高性能科学计算的研究水平具有重要的推动作用。

再次，我们的研究工作在推进千万亿次科学计算在环境、信息和国防建设等领域的科技创新中起到了推动与示范作用。例如：

海冰是气候系统的重要组成部分，其通过复杂的反馈过程对区域乃至大尺度的天气气候产生重要影响，其变化是指示全球气候变化的重要标志。海冰模式是气候系统模式的一个重要组成部分。但参与联合国政府间气候变化专门委员会（IPCC）第四次评估报告（AR4）的所有气候系统模式都不能模拟出近年来北极海冰的快速减少，因而对气候变化的预测，以及北极对天气气候影响的模拟带来很大的不确定性。本项目改进和发展了自主研发的海冰参数化过程，形成了高分辨率海冰模式，为打破我国在这一领域落后局面迈出了重要一步。我们与国家海洋环境预报中心合作建立了极地海冰数值预报模式，该模式已被引入国家海洋环境预报中心业务预报系统，正式为我国南北极科学考察提供海冰预报。

支持多物理耦合的粒子输运算法与软件在武器物理和民用核反应堆的计算模拟中都具有重要应用价值。我们发展了二维柱几何中子输运的多级并行计算方法，结合已有的区域分解并行计算，使得二维柱几何非结构网格中子输运方程在数千上万核的高效并行计算成为可能。此项技术成功应用于秦山核电二期压力容器屏蔽等典型模型的评测，大幅度提升了计算效率，基本满足了反应堆屏蔽工程设计的实时性计算需求。

在信息技术领域，我们完成的"纳米尺度系统芯片中互连线电路及其制造工艺的建模和分析方法研究"的部分成果已经通过国家"十二五"重大科技专项的实施得到了产业应用。我们开发的模型降阶工具集成到国内最大的电子设计自动化(EDA)公司华大九天 EDA 工具平台的电路仿真工具 Aeolus 中，2013 年获上海市自然科学奖一等奖。开发的全芯片化学机械抛光仿真工具通过了国内最大的芯片制造公司中芯国际 SMIC45 纳米的生产线的验证，集成到华大九天的可制造性设计工具 Argus 中，并在中芯国际得到应用。开发的数模混合电路仿真的晶体管表格模型集成在华大九天的 EDA 工具平台的电路仿真工具 Aeolus 中，基于全芯片 CMP 仿真模型的哑元填充工具已集成到华大九天的可制造性设计工具 Argus 中，为研发我国自主知识产权的 EDA 工具奠定了坚实的创新理论基础，提供了核心技术支撑。

针对大型异构系统的体系结构特征，提出新型内外层划分的异构区域分裂算法，并针对新型超级计算机基准测试程序 HPCG，在天河二号超级计算机上进行实践。经过国防科技大学实测，优化版程序在天河二号上成功扩展至整机 1.6 万异构计算节点共 312 万核、达到 623TFLOPS 性能，超越当时美国 Intel 公司提供的优化版程序性能，为天河二号取得 HPCG 排行榜世界排名第一作出了贡献。国防科技大学在发来的通报中评价上述工作"达到了世界领先水平，为进一步推广国产超级计算机系统在不同领域的成功应用起到了良好的示范作用"。

4 结 语

在我国高性能计算机高速发展的关键时期，在冯康等战略科学家的建议下，国家适时成立了"科学与工程计算国家重点实验室"，部署了科学与工程计算"攀登计划"项目和"973 计划"项目，这些举措很好地配合了高性能计算机的发展，有力推动了我国科学计算事业的发展，促进了高性能计算应用，具有重要的战略意义。相关"973 计划"项目的实施取得了显著成效，培养了一批高水平的科学与工程计算人才，对我国科学计算研究产生了深远的影响。从项目开始实施截至 2017 年，项目团队成员中王鼎盛、向涛、江松、张平文、龚新高、陈志明先后当选中国科学院院士。项目的实施还提升了我国科学计算研究的国际影响力，并催生了一批包括 2016 年度 ACM Gordon Bell 奖在内的后续高水平研究成果。

我国早期并行算法研究概况

李晓梅　　张宝琳

1　引　　言

纵观大到宇宙天体小到微观基本粒子的运行，甚至人脑细胞的活动，并发事件无处不在，并行原理普遍存在，这反映了世界万物多种因素的相互影响。回顾 20 世纪 60～70 年代串行计算机出现和发展以后，受到科学技术向更快速和更高端发展的驱动，计算机科学家和学者开始把并行原理引入计算机研制与应用研究，在一些先进工业国家出现了"并行算法热"。正是在这种形势下，并行原理和并行算法热引发了中国土地上工程师和学者们的高度热情，迅速形成了可喜的并行计算新局面。

我国自 1983 年研制成功流水线向量计算机——银河-I 后，在整个 20 世纪 80 年代至 90 年代先后研制成功了多种并行计算机系列，如第一大部分所述的银河系列并行机、曙光系列并行机、神州系列并行机以及工作站集群系统，这些并行系列机的诞生为我国早期并行算法的研究提供了物质基础。国内多家科研单位，如中国科学院计算技术研究所与中国科学院计算中心、北京应用物理与计算数学研究所、航空航天部二院 204 所、中国工程物理研究院计算机应用研究所、北京北方计算中心、中国气象局国家气象中心、中国石油天然气总公司地球物理勘探局物探地质研究院等，国内多家大学，如国防科技大学、中国科技大学、武汉大学、清华大学、复旦大学、华中理工大学、南京航空学院、西安交通大学等，面向我国研制出的各种并行机，展开了并行算法研究、大型应用程序并行化研制，取得了可喜进展。

1987 年 11 月，在国防科工委的支持与帮助下，由国防科技大学承办，在北京翔云楼宾馆召开了我国第一届并行算法学术交流会，会后出版了第一届并行算法学术会议论文集。两年以后，1989 年 11 月由中国石油天然气总公司物探局研究院承办，在河北涿州市召开了我国第二届并行算法学术交流会，会后出版了第二届并行算法学术会议论文集。我国著名科学家钱学森院士、著名计算机专家慈云桂院士、汪成为院士、著名计算数学专家冯康院士先后在并行算法学术交流会上作报告，特别是钱老在我国第一届并行算法交流会上的报告，提出了很有远见的"深度和极深度并行计算"问题，引起了与会学者的深思，并带来很大启发。此后，我国著名的计算数学专家周毓麟院士、李德元教授和符鸿元教授高度关注并行算法研究，鼓励、支持和带领本所中青年学者对偏微分方程并行求解和大型程序并行化等开展工作。他们的参与，鼓舞了我国当时中青年并行算法研究者，由此，并行算法研究与应用在全国更加广泛和持久地开展起来了。

2 20 世纪 80 年代及 90 年代初我国并行算法研究概况

下面回顾一下 20 世纪 90 年代初前并行算法研究情况。这一时期，我国并行算法研究处于起步阶段，研究工作大致从三方面展开：一方面是学习，剖析国外已公开发表的有关方面的并行算法成果；另一方面对数值和非数值计算中一些串行算法，开发相应的并行算法；在此基础上，应用单位与并行计算机研制单位相结合，开发大型应用的串行程序并行化工作。而并行算法实现的硬件环境则多种多样，如以国防科技大学研制成功的向量计算机——银河-I；中国科学院计算技术研究所的 757—KJ-8920 向量机；总参 56 所的神州 1 分布式并行计算机；武汉大学 WuPP—80 分布式系统；以 Transputer 为基本单元的并行分布式系统以及国内多家引进的分布式并行计算机。

这一时期，数值计算并行算法研究主要集中于递归问题、数值代数、常微分方程、偏微分方程、快速傅里叶变换中的一些最基本问题进行研究与实现。

递归问题并行算法研究，首先从一阶递归问题的三种并行算法——倍增法、分段法和循环加倍法研制在我国并行计算机上高效实现的方法，并由此推广至多阶递归问题的并行实现。

数值代数并行算法研究则是从矩阵计算、线性方程组求解、矩阵特征值与特征向量计算中的最基本算法开始。例如，一般矩阵乘的内积算法、外积算法、Strassen 算法和 Winograd 算法；一般矩阵求逆的消去法、分块递推法以及三角矩阵和 Toeplitz 矩阵求逆的串并算法，并开发相应的并行算法；对于线性方程组求解问题，包括三角形线性方程组求解的行列扫描法、三对角线性方程组直接解法中的追赶法、奇偶约化法；一般稠密线性方程组直接解法中的 Gauss 消去法、Householder 变换法、迭代解法中的 Jacobi 方法、Gauss-Seidel 方法；对称正定线性方程组求解的 Cholesky 分解法；大型稀疏线性方程组求解的预条件 Krylov 子空间法；对于矩阵特征值与特征向量计算，首先计算三对角矩阵特征值的带原点移位的 QR 算法、二分法；计算实对称矩阵特征值的 Jacobi 方法、Givans 方法及 Householder 方法等，研究和开发相应的并行算法与高效实现。在上述并行算法研究与开发中，国防科技大学、北京应用物理与计算数学研究所、中国科学院计算中心、复旦大学、清华大学、西安交通大学等单位做了大量的研究工作。值得一提的是，陈景良教授、张丽君教授、谢铁柱研究员和王嘉谟研究员，做了不少前期的介绍工作。

离散傅里叶变换(DFT)、离散卷积和滤波的并行算法研究，首先针对 DFT 的快速算法(FFT)，采用矩阵分解方法开发出基 2FFT 的并行算法；基于离散余弦变换(DCT)与离散正弦变换（DST）的快速算法开发出相应的并行算法，再基于 DCT 和 DST 的并行算法和多项式变换的并行算法开发出一、二维和多维实数与复数域上卷积和滤波的并行算法。国防科技大学蒋增荣教授和华中科技大学王能超教授等，在这方面做了许多研究工作，并进行了并行算法效率分析。

常微分方程并行算法的研究，当时主要针对一阶常微分方程初值问题串行隐含一步法，Runge-Kutta 法、迭代法及二阶常微分方程二点边值问题的串行打靶法的并行化开发。航空航天工业部第二研究院 204 研究所费景高、刘德贵与刘智良研究员等，结合他们的应用，对刚性常微分方程初值问题做了很有价值的研究工作，提出了三阶三过程和四阶二过程并行 Runge-Kutta 法，分析了算法的绝对稳定性。

偏微分方程并行计算的研究，首先是针对较为简单的抛物型、双曲型和椭圆型方程差分格式的并行化。例如，线性抛物型初边值问题差分格式的组显式格式的并行化；双曲型二维波动方程的混合问题 Poisson 方程 5 点差分格式并行化；对于椭圆型方程则重点研究 Poisson 方程的 Dirichlet 离散方程迭代法、区域分裂法、有限元法及椭圆型边值问题的多重网格法的并行化；此外，开展了复杂的流体弹塑性方程差分格式并行化工作。北京应用物理与计算数学研究所、中国科学院计算中心、国防科技大学计算机研究所等团队，对此进行了大量有价值的研究，取得了很好的结果；武汉大学康立山教授等则针对线性与非线性椭圆型方程边值问题，利用区域分裂的概念发展了一类异步并行算法，即 Schwarz 混乱松弛法，是一种有价值的新思想。

应用软件与专用软件包的并行化研制，当时针对国内已有的并行计算机分别建立了高效数学软件库和专用软件包。国防科技大学计算机研究所首先在银河-I 上开发出了大型应用程序（张量程序）向量化软件包和线性代数程序库；与石油工业部物探技术研究院合作，共同开发出"银河地震数据处理系统"；与中国气象局国家气象中心合作，共同开发"高分辨率中期预报模式银河高效软件系统"；北京应用物理与计算数学研究所根据他们的需要，开发出若干大型向量化应用程序软件包；中国科学院计算技术研究所和计算中心、航空航天工业部、北京北方计算中心以及中国石油天然气总公司西北地质研究所分别针对他们应用的并行计算机建立了不少高效的并行专用软件包。这些并行高效软件包，在我国科学研究和国防与经济建设中发挥了重要作用。

在非数值并行计算方面，中国科技大学陈国良院士、唐策善教授等团队针对并行图论、并行排序与选择、并行搜索与组合等方面，在各种专用和通用并行计算模型上，进行了大量研究工作，出版了多本这方面的专著，为我国非数值并行算法的进一步研究奠定了坚实的基础。

根据当时并行算法的发展和需求，1986 年 3 月武汉大学组织了一次全国并行计算讲座活动，活动分两部分。一部分由应邀前来我国讲学的英国著名计算机教授、拉夫堡大学计算机科学系主任 D. J.Evans 博士主讲，他的讲座分 9 部分进行；另一部分由 6 个讲座组成，分别涉及异步并行、并行多网格、并行线性递推等算法以及并行算法设计的若干方法，并分别由康立山教授、王嘉谟研究员、张宝琳研究员、邵建平博士、王能超教授和李晓梅教授担任主讲。这次讲座活动有来自全国高校和研究单位 60 多人参加，讲座后大家还就如何在我国进一步开展并行算法研究进行了有效的交流。这次讲座之后，张宝琳研究员发展了 D.J.Evans 提出的求解抛物型方程的交替分组显示方法，构造了交替分段显-隐格式，该法兼顾了并行性与绝对稳定性的特点，解决了隐式格式并行计算的难点。此后，清华大学陆金甫教授、北京应用物理与计算数学研究所计算物理实验室并行计算研究团队完成了一系列的推广和发展工作，如变系数与非线性抛物型方程、对流-扩散方程、Burgers 方程和一些多维问题等。

3　并行算法专业委员会的成立与并行算法研究概况

为了更好地有组织地开展我国并行算法学术交流活动，由中国数学会计算数学学会筹备和组织，于 1990 年 8 月成立了计算数学学会并行算法专业委员会，由李晓梅、王荩贤、王宏琳、陈景良、康立山、王能超、陈明逵、王嘉谟、张丽君、谢铁柱、张宝琳、刘智良、周树荃、黄清南等全国 14 位专家教授组成，在计算数学学会领导下开展工作，这是我国并行计算研究与应用发展史上的一个重要事件。从此，我国从事并行计算的科技工作者有了一个互通信息、加强联系、组织和召开学术会议的正式组织。此后，在并行算法专业委员会组织下，先后召开了 4 届全国并行算法和并行计算学术交流会。1991 年 11 月由华中理工大学承办，在湖北武汉召开了第三届并行算法学术交流会，会后由华中理工大学出版社出版了第三届并行算法学术会议论文集；两年后的 1993 年 12 月，由南京航空学院承办，在江苏南京召开了第四届并行算法学术交流会，会后由航空工业出版社出版了第四届并行算法学术会议论文集。

1994 年经中国计算机学会理论计算机科学专业委员会的建议，在其下面成立了并行算法专业组。此后，为了统一开展全国并行算法学术交流的需要，理论计算机科学专业委员会并行算法专业组与计算数学学会并行算法专业委员会合并，于

1994 年 4 月成立 "并行计算专业委员会"，同时隶属于中国数学会计算数学学会和中国计算机学会理论计算机科学专业委员会，此时，并行计算专业委员会的委员增加了迟学斌、陆林生、乔香珍、朱传琪、陈国良、汪道柳、金之雁等，这是专业委员会的第一次发展壮大期。

1995 年 10 月由武汉大学主办了一次国际并行计算学术交流会，国内有不少学者参加，因此，国内第五届并行计算学术交流会延迟至 1997 年 9 月，由西安交通大学承办，西安航空计算技术研究所、西安电子科技大学和西北工业大学协办，在陕西西安召开，会后由陕西科学技术出版社出版了第五届并行计算学术会议论文集。时隔 3 年，2000 年 10 月由国防科技大学承办，在湖南长沙召开了第六届并行计算学术交流会，会前已由国防科技大学出版社出版了第六届并行计算学术会议论文集。

上述 4 次并行算法和并行计算学术会议论文集收入的论文共 343 篇，其中含特邀报告 26 篇。这些论文涉及数值和非数值并行计算的方方面面，其中涉及数值并行计算方面的有递归问题、数值代数、快速傅里叶变换、常微分方程、偏微分方程、有限元计算、优化问题等；涉及非数值并行计算方面的有图论问题、排序与选择、归并与搜索、组合运算、图像分析、编程环境等；进入论文集中的应用有 29 篇，这些应用广泛涉及了航空航天、气象、石油勘探、核能、海洋、生物、天文等。

26 篇特邀报告全面综述了我国 20 世纪 90 年代并行计算的发展动态、并行计算的基本问题及前沿研究课题、并行计算机的结构对数值代数并行算法的影响、偏微分方程并行计算发展动态与研究进展、常微分方程刚性系统数值积分并行化方法、地震数据处理与地震成像对并行算法的需求、并行计算在数值天气预报上的业务应用等。这些综合报告由我国并行计算各方面的专家教授康立山、张宝琳、孙家昶、袁国兴、周树荃、刘德贵、王宏琳、皇甫学官、陈国良、王能超、谢铁柱、吕涛、熊鹜、李元香与李晓梅分别担任主讲。

20 世纪 90 年代，我国性能更高的共享和分布式并行计算机已研制成功，并投入使用，同时也从国外引进了各种高性能并行计算机，因此，这期间我国并行计算的研究与应用处于百花齐放的阶段，其表现为：

在数值并行计算研究方面，包括递归问题、数值代数、微分方程、快速傅里叶变换、最优化方法、大整数分解、因子分解多个多项式二次筛，提出了很多效率高的同步和异步并行算法，并进行了并行算法可扩展性分析以及并行算法超线性加速比分析等。

在非数值并行计算研究方面，其研究范围拓宽了，不仅包括排序与选择、归并与搜索、组合运算、图论问题与图像分析的并行计算，还涉及编程环境、可视化环境、高性能计算服务环境、线性规划、数据传输优化、数据加密以及神经网模型等并行化工作。

在并行计算应用研究方面，其应用范围更广泛，其中包括石油勘探、中长期数值天气预报、流体力学计算、航空航天、核能、量子计算、蛋白质折叠与染色体遗传、演化计算、大型程序移植、数据库查询等。

4 结 束 语

尽管我国并行计算研究起步较晚，但在 20 世纪 80 年代和 90 年代有了很大发展，每秒执行百亿次运算或千亿次运算的并行计算机已研制出来，并投入使用。与此相适应，我国并行计算在基础理论、新的并行算法和应用研究方面均取得了可喜的进展，大规模分布式并行计算研究已全面展开，并行计算专业委员会成员在 21世纪初进一步扩大，一批中青年并行计算专家已成长壮大起来，他们活跃在各个领域，在他们的组织与领导下，并行计算学术交流会已在全国轰轰烈烈地开展起来，其研究成果已跻身于世界前列。

在纪念我国高性能计算 30 周年之际，我们深切悼念为我国早期并行算法研究和并行计算专业委员会的组织工作做出重要贡献的康立山教授、陈景良教授、周树荃教授和谢铁柱研究员。

JASMIN 编程框架研发历程

莫则尧

2017 年，北京应用物理与计算数学研究所（以下简称"北京九所"）研发的复杂应用数值模拟自动并行高可扩展编程平台 JASMIN 框架获国家技术发明二等奖。该框架为并行自适应结构网格数值模拟领域建立了并行编程模型，可以支持领域专家串行编程地研发并行应用软件并支撑其高效运行于现代超级计算机。当前，JASMIN 框架在武器物理、激光聚变和核能开发等多个领域，成功支持了批量复杂应用软件和国产超级计算机的同步发展。

回顾 JASMIN 框架的研发历程，大致可以分为四个阶段。第一阶段是技术储备阶段，自 1997 年至 2003 年；第二阶段是探索研发阶段，自 2004 年至 2010 年；第三阶段是应用研发阶段，自 2011 年至 2015 年；第四阶段是完善提升阶段，自 2016年至今。这里，我们重点阐述前三个阶段。

1 技术储备阶段

1997 年，我从国防科学技术大学计算机学院到北京九所做数学博士后研究工作。在李晓梅研究员、沈隆钧研究员、袁国兴研究员和张宝琳研究员等老师的指导下，开始接触该所的串行程序并实施并行化研究工作。随后，曹小林研究员、张爱清研究员等多人加入团队。至 2006 年，团队实现了武器物理中系列串行程序的并行化，部分掌握了并行计算需求，凝练形成了不同类型的数据依赖关系，提出了系列高效的并行算法和性能优化方法。由于这些工作，团队于 2006 年获得了军队科技进步一等奖。

伴随串行程序并行化，团队逐步认识到，基于 MPI 等通用并行编程环境，程序并行化复杂度高，无法满足批量复杂并行应用软件的快速研发要求。团队提出了一个设想，能否找到一条新的技术途径，在串行程序并行化中复用并行算法和性能优化方法，隐藏并行实现。2002 年，美国宾夕法尼亚州立大学的许进超教授建议我们关注国际上一类隐藏并行计算的并行算法库。2003 年，我短期访问了德国海德堡大学。在那里，我学习了非结构网格有限元计算平台 UG 和美国 Livermore 国家实验室研发的并行自适应结构网格算法库 SAMRAI，掌握了隐藏并行实现的算法库研制方法。尽管 UG 和 SAMRAI 无法满足实际应用的串行程序并行化需求，但是相关技术途径是可以借鉴的。

2　探索研发阶段

2003 年，北京九所的裴文兵研究员提出了重构激光聚变系列遗留代码、快速自主研发新一代并行应用软件的设想。对此，团队积极响应，提出了研制并行编程平台、基于平台研发新一代并行应用软件的技术思路。在朱少平研究员和裴文兵研究员的支持下，JASMIN 框架获得了国家 863 计划高技术主题项目的支持，开启了探索研发的历程。

编程接口是探索研发的最大难点。如果编程接口不成熟，应用软件研发人员就不会使用。为此，团队付出了艰辛努力，不但要设计和实现接口，还要学习物理模型和数值方法，重构应用软件。团队夜以继日，在 2005 年年底推出了第一套可测试的编程接口，实现了 LARED 某程序主体功能的重构和正确性测试。期间，激光聚变科研室的同事们给予了强有力的支持和鼓励。特别地，在一次技术发展研讨中，李敬红研究员建议将框架命名为 JASMIN，得到了与会人员的一致同意。

2006 年，JASMIN 框架推出可试用的 1.0 版本，完成了激光聚变辐射流体力学程序和激光等离子体相互作用程序的重构和正确性考核，可行性得到了验证。同时，北京九所的超级计算机得到提升，JASMIN 框架支持两个程序自动适应新机器，展示了良好的应用前景和价值。这些进步极大地鼓舞了团队的研发热情，刘青凯研究员、安恒斌研究员、徐小文研究员、刘旭副研究员等新成员先后加入团队，很好地补充了研发力量。2007 年，JASMIN 框架及其在武器物理数值模拟领域的应用研究得到了中国工程物理研究院预研重大项目的支持。至 2008 年，JASMIN 框架在北京九所的 10 多个新一代并行应用软件的自主研发中得到应用，新技术途径得到了初步认可。

2008 年前后，团队进行了一次长达几个月的激烈争论，争论的焦点是编程框架的组成要素。民主的学术争论极大地拓宽了大家的学术视野，研究对象从单纯的并行算法与性能优化技术提升到了系统的并行计算技术体系，研发模式从传统的算法库提升到了面向复用的层次化构件化软件框架，认识水平从应用程序并行化提升到了并行应用软件研制新方法。在此基础上，研发团队重新设计了网格模型、数据通信、负载平衡、性能优化、编程接口等层次的可复用软件构件，基于构件对 JASMIN 框架进行了系统性的层次化和构件化重构，使得 JASMIN 框架具备了高可扩展的软件架构能力，可以快速适应超级计算机体系结构的发展。

2008 年，团队还创造性地提出了自动并行的构件化编程接口和构件组装的并行应用软件研制新方法，可以支持领域专家串行编程地研发适应于超级计算的并行应用软件，从而实现了自动并行和高可扩展的领域并行编程。该项技术是国内外并行计算研究的原创性成果，奠定了 JASMIN 框架的技术先进性和功能完备性的基础，是 JASMIN 框架发展历程中的一个重要里程碑。

2010 年，JASMIN 框架完成了编程接口和软件架构的重构，推出了可实用的 2.0 版本，在武器物理、激光聚变、高功率微波等领域支持了 20 多个新一代应用软件的自主研制。特别地，随着国产新一代超级计算机的测试安装，在不到 3 个月的时间内，JASMIN 框架成功支持这些软件从串行计算平滑升级到了新一代超级计算机，证明了新技术途径的可行性、有效性和先进性。至此，JASMIN 框架完成了探索研发阶段，进入应用研发阶段。

3　应用研发阶段

2012 年，中国工程物理研究院实施战略科技发展规划，成立中物院高性能数值模拟软件中心（以下简称"软件中心"），专注于高置信、高效能和高可用的数值模拟软件的自主快速研发与推广应用。面向国防和国民经济高端装备数值模拟，JASMIN 框架进行了功能扩展和性能提升。同时，借鉴 JASMIN 框架的软件架构，北京九所和软件中心联合启动了并行自适应非结构网格编程框架 JAUMIN 和并行组合几何无网格计算编程框架 JCOGIN 的研制。伴随三个框架，团队还启动了前处理复杂几何与网格生成引擎软件 SuperMesh 和后处理并行可视分析软件 TeraVAP 的自主研制。

至 2015 年，北京九所和软件中心联合形成了"前处理引擎—编程框架—后处理可视分析引擎"的高性能科学与工程计算中间件（以下简称"中间件"）。中间件在武器物理、激光聚变、高新装备、核能开发、电磁防护、水利大坝、气候气象等领域，支持了近百个数值模拟应用软件的自主研发，使这些软件短期内实现了串行计算到超级计算的跨越式提升。2015 年，JASMIN 框架获军队科技进步一等奖。

4　完善提升阶段

"十二五"末期，团队针对高性能数值模拟的特定领域，提出了自动并行编程模型，包括网格数据模型、并行计算模型、程序构件模型和并行计算新流程等，发展了构件组装的并行应用软件研制新方法。至 2017 年，为 JASMIN 框架建立了相对完整的理论基础、研制方法和技术体系，可以较好地满足日益增长的不同类型的并行应用软件的自主研发需求。2017 年，JASMIN 框架获国家技术发明二等奖。

5 致 谢

JASMIN 框架得到了国家自然科学基金重点项目、国家 973 计划项目课题、国家 863 计划项目课题以及国家重点研究计划项目课题的支持，在此，对这些项目首席科学家朱少平研究员、陈志明研究员、钱德沛教授和王斌研究员表示衷心感谢，对长期关心和支持 JASMIN 框架的张林波研究员、裴文兵研究员以及国内外专家表示衷心感谢，最后对使用 JASMIN 框架的所有用户表示衷心感谢。

如果读者对 JASMIN 框架和中间件感兴趣，那么请访问软件中心网址 http://www.caep-scns.ac.cn。在那里，相信大家可以看到令人振奋的系列的高性能数值模拟软件的自主研发成果。

并行自适应有限元软件平台 PHG 研制

张林波

PHG 是 Parallel Hierarchical Grid 的缩写，它是由科学与工程计算国家重点实验室发展的一款专门支持三维自适应有限元程序和软件设计的并行程序开发平台。PHG 平台的主体代码以开源的形式在因特网上公开发布，版权协议采用了 LGPL（GNU Lesser General Public License），以方便科研人员免费下载使用。PHG 平台的网址是 http://lsec.cc.ac.cn/phg/。

2000 年，陈志明作为中国科学院"百人计划"入选者来到中国科学院数学与系统科学研究院计算数学与科学工程计算研究所工作。我们共同参加了由同样是中国科学院数学与系统科学研究院计算数学与科学工程计算研究所的"百人计划"入选者杜强担任首席科学家的国家 973 计划项目"大规模科学计算研究"（G1999032800），分别担任不同课题组的组长。当时，陈志明的主要研究方向是自适应有限元方法。有限元方法是计算偏微分方程或方程组在给定网格上（如三角形网格、四面体网格等）的近似解的一种通用算法，而自适应有限元方法则在计算过程中根据所求解问题的性质自动对计算网格进行调整，从而获得更高的计算精度和计算效率。自适应有限元方法中一种主要的网格调整方法是通过将部分单元细分为更小的单元来对网格进行局部加密。对三角形或四面体网格而言，一种被算法研究人员所青睐的网格局部加密方法是将需要加密的单元按照一定规则一分为二，即所谓的"最新顶点单元二分加密"算法，该算法的最大优点是可以形成嵌套的局部加密的协调网格，并且保证网格的正则性，即多次加密后的单元不会退化，这些性质可以大大方便有限元算法的设计和分析。最新顶点二分加密算法中有一套复杂的加密规则，它的程序实现涉及非常繁琐的数据结构操作，因此支持这类网格自适应方法的软件包很少，并且都是串行的。陈志明课题组（包括他当时的博士后郑伟英和武海军，以及博士研究生王龙和陈俊清等）当时使用的是一款由德国弗赖堡大学的一个课题组开发的名为 ALBERT 的开源自适应有限元软件包（该软件包后来更名为 ALBERTA，网址是 http://www.alberta-fem.de/）。他们在使用该软件包的同时，还根据算法设计需要对其进行了一些扩展，如引入多重网格算法支持等。

ALBERT 软件包由于受到串行计算的计算速度和内存大小的限制，很难满足三维问题的计算要求。由于我在 973 计划项目中负责并行计算研究，陈志明多次问我是否可以将 ALBERT 软件包并行化，或者研制一个类似于 ALBERT、支持大规模并行的三维自适应有限元软件包，以支撑他们的算法研究和应用软件开发。于是，我安排了当时我的硕博连读研究生刘青凯将研制并行化的 ALBERT 版本作为他的博士学位论文研究内容。考虑到工作量及难度，我们将研究内容限定在了 ALBERT 的二维版本上。从应用角度看，并行化的二维版本用处并不太大，因为通常求解二维问题的计算量和内存量串行计算就能满足，但由于二维自适应网格的处理比三维简单很多，可以借此厘清整个算法流程及难点，为三维版本的研制作好准备。经过几年的研究和开发，刘青凯实现了一个并行的二维 ALBERT 版本，并完成了一些椭圆模型问题的算例。在这个过程中，我们发现由于 ALBERT 软件的数据结构和主要算法没有考虑分布式并行计算，对其三维版本的并行化难度太大，并且将来进一步的功能扩展也受到其固有架构的诸多限制。与此同时，在 973 计划项目执行期间，我们项目组的几位课题组长，包括杜强、陈志明，以及北京大学的张平文、北京应用物理与计算数学所的莫则尧等，也经常在一起讨论如何解决由于高性能科学计算程序和软件研制周期长、工作量大而无法满足高性能计算应用和算法研究需求的瓶颈问题，认为应该针对特定的算法或应用领域，研制具有自主知识产权的共性高性能科学计算软件平台或应用框架，用于支撑应用程序和软件的研制。因此，我们决定在完成 ALBERT 二维版本并行化试验工作后不再继续 ALBERT 三维版本的并行化，而是自行研制一个新的、可以支持大规模并行并且能够满足相关课题组算法研究需求的三维并行自适应有限元软件平台。但由于当时忙于 973 计划项目的研究任务，这个计划暂时被搁置了下来。

2004 年接近年底时，我们承担的 973 计划项目 "大规模科学计算研究" 进入结题阶段，在顺利通过了课题验收并协助首席科学家杜强完成了项目验收的主要准备工作后，我腾出手来，开始考虑研制一个新的三维并行自适应有限元软件平台，决定将其命名为 "Parallel Hierarchical Grid"，缩写为 PHG，因为它的核心是层次化自适应网格的管理。

下面是 PHG 早期开发的一些主要时间节点：

（1）2004 年 11 月初，正式开始平台的开发、研制，包括网格导入导出、初始化，以及串行二分加密算法的研究和实现。

（2）2005 年 1 月中旬，基本完成网格导入导出、初始化以及串行二分加密算法，开始研究网格划分/重划分（动态负载平衡）以及并行自适应二分加密算法。

（3）2005 年 10 月底，开始引入有限元计算支持，包括自由度管理、Lagrange 型基函数、数值积分、分布式矩阵、向量管理和线性求解器模块。

（4）2006 年 2 月中旬，实现了最低阶 Nédélec 元及 Maxwell 方程算例。

（5）2006 年 3 月初，开始网格并行粗化模块的研制。

到 2006 年底，PHG 平台的主体框架已经基本成型，具备了基于最新顶点二分单元加密算法的四面体网格的并行局部加密、粗化和动态负载平衡功能，以及对求解椭圆、电磁场、流体力学和结构力学等典型应用问题的自适应有限元算法的支持。

PHG 平台的研制主要在中国科学院"科学与工程计算国家重点实验室"进行，它作为重点平台得到了实验室、中国科学院数学与系统科学研究院以及国家数学与交叉科学中心从研究经费到计算条件多个层面的大力支持和扶持。PHG 平台研制的不同阶段得到了多个国家项目的支持，包括：国家自然科学基金面上、重点、创新群体和重大研究计划重点支持/集成项目（60873177, 11171334, 11021101, 11321061, 91430215, 91530323），973 计划项目"高性能科学计算研究"（2005CB321700），973 计划项目"适应于千万亿次科学计算的新型计算模式"（2011CB309700），863 计划课题"面向千万亿次计算机的并行算法库研制"（2009AA01A134），863 计划课题"高效能计算应用支撑软件框架体系研制"（2012AA01A30900），以及国家重点研发"高性能计算"专项项目"E 级高性能应用软件编程框架研制及应用示范"（2016YFB0201300）等。

PHG 的早期开发人员主要包括我自己和我的几位学生。其中，崔涛参与研制了线性求解器模块、数值积分模块以及电磁场计算的算例和模块（包括 Nédélec 基函数、Hypre HX 预条件子接口等）。刘辉实现了一些动态负载平衡算法和模块（包括空间填充曲线、Hamilton 路径、RTK 等网格剖分算法），以及 hp 自适应算法。冷伟将 PHG 平台运用到计算流体、地核热对流以及冰盖模拟，在这一过程中对 PHG 平台的功能进行了许多扩展，包括几何多重网格预条件子、高阶曲面等参元、粗网格预条件等模块，后来又独立研制了 PHG 的六面体网格版本并将其应用于圆柱绕流、地核热对流以及弹性波 PML 谱元程序等。此外，还有几位学生主要开展的是扩展 PHG 平台应用方面的工作，包括王昆发展了 PHG 平台的间断有限元模块，成杰针对半导体器件模拟发展了三维 Poisson-Nernst-Planck 方程并行自适应有限元求解器，林灯在冷伟的六面体 PHG 版本基础上发展了区域尺度地震波谱元程序，谢妍和许竞劼在成杰的程序基础上与卢本卓课题组合作发展了三维生物分子和离子通道计算程序，等等。

PHG 平台的早期应用主要有两方面。

第一方面的早期应用是电磁场自适应有限元计算。PHG 平台最初设计时瞄准的就是支撑陈志明课题组的并行自适应有限元电磁场计算。他们的研究内容之一是与保定天威保变电气股份有限公司(以下简称"天威保变")副总工程师程志光课题组合作，发展大型变压器的电磁场模拟算法及软件。国际计算电磁学会（COMPUMAG）

有一组标准测试问题，简称 TEAM 问题（https://www.compumag.org/wp/team/），用于比较电磁场计算的算法和软件性能，其中的第 21 问题就是由天威保变设计和提交的。在 2000 年前后，陈志明和郑伟英设计了 TEAM 第七问题的自适应有限元算法，基于 ALBERT 设计了计算程序，得到了与实验完全相符的计算结果，验证了他们所提出的自适应有限元算法的正确性和高效性。为了提高电磁场自适应计算中线性方程组的求解效率，陈志明、郑伟英和王龙又设计了相应的自适应几何多重网格算法，并对 ALBERT 软件包进行了改造以支持自适应多重网格算法的实现，从而整体上达到了最优计算复杂度。在 PHG 平台基本架构成型后，崔涛便针对与 TEAM 第七问题相关的算例开始基于 PHG 平台设计自适应有限元计算程序，得到了与基于 ALBERT 平台的串行程序相同的并行计算结果。2008 年，瑞士苏黎世联邦理工学院的 Hiptmair 和美国宾州州立大学的许进超针对实谐电磁涡流问题采用 Nédélec 元离散后得到的线性方程组的求解提出了一种简称为 HX 预条件子的高效代数多重网格预条件子，美国劳伦斯·利弗摩尔国家实验室的研究小组很快便在他们研制的高性能开源软件包 HYPRE 中实现了该算法。HYPRE 的 HX 预条件子发布后，崔涛很快便完成了 PHG 平台与它的接口，并用其替换 TEAM 第七问题自适应有限元算法中的几何多重网格预条件子，获得了类似的计算效率。后来，郑伟英等针对更为复杂的 TEAM 第 21 问题，设计了适合有限元计算的数学模型，基于 PHG 平台发展了自适应有限元计算程序，并应用到一些实际变压器的数值模拟。与此同时，陈志明、陈俊清和崔涛等又与复旦大学曾璇等合作，发展了集成电路等效参数提取的电磁涡流模型和基于 PHG 平台的并行自适应有限元计算程序。利用这些程序，我们在天河 1A 上完成了十亿自由度、数万核规模的大规模并行自适应计算试验。

第二方面的早期应用是电子结构实空间方法自适应有限元计算。通过求解 Kohn-Sham 方程计算电子结构是材料科学等领域的基础工具之一。主流电子结构计算软件通常采用所谓的倒空间方法。倒空间方法虽然计算效率高，但由于它们需要进行大量的快速傅里叶变换（FFT）计算，制约了算法的并行可扩展性，被认为不适合超大规模并行计算，因此许多学者一直在关注和研究求解 Kohn-Sham 方程的另一类方法，即实空间方法。在 973 项目的支持下，中国科学院数学与系统科学研究院计算数学与科学工程计算研究所周爱辉课题组与复旦大学龚新高课题组长期开展深入合作，研究电子结构计算的实空间自适应有限元方法及软件。他们最初是基于他们自行设计的串行自适应网格处理框架发展他们的计算程序。在 PHG 平台的主体架构完成后，他们课题组的主要成员之一戴小英开始尝试将他们的代码移植到 PHG 平台上，为此，她在 PHG 平台中实现了一个与特征值求解软件包 JDBSYM 的接口，从而实现了离散稀疏广义特征值问题的求解，并对 JDBSYM 软件包进行了并行化改造。我们随后对这部分代码进行了整合，在此基础上设计了一个通用的特征值问题求解接口，并且添加了一些与其他特征值求解器，包括 LOBPCG、SLEPc、Trilinos/ANASAZI 等的接口。在这一过程中，周爱辉、龚新高课题组逐渐放弃了他们自己的框架，将主要开发转移到 PHG 平台上，研制了一个电子结构实空间方法自适应有限元计算软件包。该软件包最初被命名为 CRESC（Code for Real-space Electronic Structure Calculations），后更名为 RealSPACES（Real Space Parallel Adaptive Calculations of Electronic Structure）。该软件包经过他们多年的不断发展、改进，集成他们的最新算法研究成果，已经在如全势计算等问题上具备了一些特点和优势。围绕该软件包所发展的一些高效算法，如求解特征值问题的并行轨道更新算法等，也被扩展应用于其他基于倒空间方法的软件包，如 Quantum ESPRESSO 等。

面向国产高性能计算机的并行优化编译环境研究回顾

冯晓兵　黄　春　尉红梅

编译优化系统是高性能计算机的基础软件,是高性能计算机推广使用的重要一环。我国编译优化系统的早期研发主要是围绕相关计算系统(如 119 机、109 机等)的研制而开展的,主要目的是为相关系统提供可用的编程支持系统。自 20 世纪 70 年代开始,面向高性能计算机的编译优化系统研发经历了向量优化编译器、并行优化编译器等阶段,为同时代的国产高性能计算机的研制提供了重要的支持作用。在上述过程中,国内面向的高性能计算系统的编译优化系统的研究逐渐形成几个代表性的团队。

1 面向曙光系列计算机的并行优化编译环境

并行优化工具可以将串行程序自动变换为并行程序,并根据目标系统的特征,进行有针对性的优化,以提高并行程序的执行效率,是并行计算机系统的核心软件系统,对于并行计算机的应用具有重要的作用。并行优化工具的发展是与并行计算机系统的发展相辅相成的。

可视化的并行程序行为监测和性能分析工具可帮助程序员监测程序的并行行为,提高其改善并行程序的开发效率,对程序的并行优化具有特殊的意义。

中国科学院计算技术研究所编译团队(以下简称计算所编译组)研制的支持曙光系列并行机的并行优化工具和并行程序行为监测和性能分析工具的发展是与曙光计算机体系结构变革密切相关的。

1. 面向共享内存并行计算机的并行优化工具 PORT 和 PORTGraph

针对共享内存架构的并行优化工具的关键技术是在程序中发掘更多的循环层级并行性,进而将可并行循环划分到不同的处理器上并行执行,降低由于通信、负载不平衡等导致的性能损失。

自 1990 年起,张兆庆、乔如良研究员领导的计算所编译组开始开展并行编译技术的研究，在 SGI 上实现的并行优化重构工具系统 PORT 是以 FORTRAN 77 为处理对象的并行优化工具集，针对共享内存并行计算机系统，通过全局流分析、全局常数传播、高精确度依赖测试等技术获得了更精细的程序分析信息，更充分地发掘了循环层级的并行性，支持 DOALL 和 DOACROSS 两类 DO 循环的并行机制，通过典型的 Benchmark 评测，PORT 的优化效果与同时期的国际著名并行优化编译系统 PFA 相当，该成果经专家鉴定达 20 世纪 90 年代初国际先进水平，国内领先。

基于 PORT，计算所编译组在曙光一号上实现了以并行识别器为主体的并行程序设计环境 PORTGraph，曙光一号鉴定文件中 PORT 列为系统的关键技术。

2. 面向分布式内存并行计算机的并行优化工具 Autopar

针对分布式内存架构的并行计算机，自动并行需要进行计算划分和数据分布，即如何将计算以及其访问的数据分派到同一个计算节点，从而获得高效率并行计算，成为并行优化工具的关键问题。另外，随着并行计算的普及，并行应用本身日益复杂、应用的场景也日趋多样化，针对单个循环嵌套的并行优化已难以满足要求，这也是并行优化工具面临的重要问题。

Autopar 是伴随着曙光 1000 及其以后系列并行机的研制而逐步发展完善的。

曙光 1000 是大规模并行计算机，采用的是 MPP 架构，计算所编译组研发了大规模并行处理系统上的并行程序设计环境，包括：节点优化工具、自动并行化程序 Autopar1.0、并行程序行为可视化工具 ParaVision。Autopar1.0 是自动程序并行化工具，是国内最早的支持分布式内存并行计算机的并行优化编译器，能够自动识别可并行循环，进行计算划分和数据分布，可对 FORTRAN 程序的循环进行并行优化。曙光 1000 获得国家科学技术进步奖一等奖，编译系统负责人张兆庆和乔如良获得该一等奖的个人奖状。

自 1997 年起，伴随曙光 2000 超级服务器（采用 Cluster 架构）的研发，计算所编译组研发了 Autopar2.0，其特色是：

（1）支持数据的自动分布，针对过程内全局的计算和数据访问间的仿射关系，对计算和数据进行协同划分，以降低异地数据访问、循环嵌套间数据重分布带来的开销，获得更好的并行效率；

（2）过程间数据分布策略和根据过程调用上下文的多版本技术，以降低由于过程调用导致的数据重分布的开销；

（3）支持多层循环的并行优化，发掘更多的并行性；

（4）支持通信聚合、计算与通信重叠等多种通信优化技术，降低通信带来的性能损失。

经实测，Autopar2.0 对于部分并行性丰富的应用，可以获得接近线性的加速比。

自 2000 年起，为了更好地适应曙光 3000 等机器采用的 SMP-Cluster 架构，计

算所编译组研发了 Autopar3.0,其新特色是:

(1)支持混合并行体制,即在节点间支持基于消息传递的并行机制,在节点内支持 SMP 的并行机制,将同一循环嵌套中的较外层的并行循环划分到不同的节点上并行执行,将较内层的并行循环映射到节点内的 SMP 架构上并行执行,获得了更好的并行效果;

(2)支持节点间的流水并行优化,发掘了更多的并行机会;

(3)支持全局阴影区、基于数组区域信息分析的栅栏同步消除、冗余通信消除、通信向量化、过程间通信优化等通信优化措施,降低了通信的开销。

3. 支持曙光 5000/6000 的并行优化工具集

随着高性能计算的普及,各种显式并行编程支持工具/语言日益成熟,如何将程序员利用显式并行支持工具/语言开发的应用更好地映射到曙光计算机,并改善其执行效率成为一个重要问题。

计算所编译组为曙光 5000 开发了"曙光 5000 并行化工具集",包含了 MPI 进程优化映射工具、基于"通信行为循环不变性"的 MPI 错误检测工具等并行编程和优化工具。其中后者采用切片、多值分析、通信域分析等编译静态分析获取程序的通信行为循环不变性,并与运行时检测技术相结合。NPB 测试表明该技术显著提高了动态检测的性能和并行扩展性,使得检测可扩展到 256 进程以上,典型程序的检测时间加速 100 倍,减速比降低到 1.1~16.7。

曙光 5000/6000 具有先进的 HPP 结构,而主流的 MPI 编程模型不能有效利用 GAS、HPP 互连等新特征。计算所编译组为曙光 5000/6000 开发了 UPC 编译系统(属于 PGAS 语言),该系统在提供共享内存编程风格的同时,性能达到 MPI 编程的 95%。同时提出了统一多层数据并行的 UPC-H 语言扩展,通过层次数据分布、层次线程分组统一节点内、节点间的数据并行,利用编译分析和软件 DSM 支持全局视角的编程;通过 shared work list 扩展支持图算法等非传统数据并行应用的编程与优化。此工作得到多方关注,计算所编译组的陈莉副研究员受日本理化研究所(RIKEN)的计算科学研究机构(AICS)邀请,于 2012 年 3 月在其主办的国际会议上作特邀报告,介绍 UPC-H。该机构是 K 计算机(2012 年 6 月前持续一年排名 Top 500 超级计算机世界第一)的两个研发机构之一。

4. 并行程序行为可视化工具

并行程序行为可视化工具 ParaVision/ParaVT,可对 PVM/MPI 并行程序进行行为监测、性能分析和动态调试。具有如下特点:

(1)可图形化地实时观测通信计算时空图、通信矩阵、负载平衡、关键数据的数值可视化、实时执行路径等信息;

(2)上述事件的信息收集所需要的程序关键点、通信关键点的插桩均由系统自动完成；

（3）可以实现发生事件与源程序位置信息的对应；

（4）可支持离线的性能分析，发现瓶颈点。

该工具集被列为曙光一号和曙光 1000 的关键技术。

5. 影响

由于 PORT、ParaVision/ParaVT 的研制，计算所编译组的能力得到了 Motorola 公司的高度认可，在 1995~1997 年为 Motorola 公司的数字通信芯片 VeComP 研制并行编程环境和运行时系统。其间得到了对方公司的极高评价。

1997~1998 年，由于与 Motorola 公司的合作以及研发的 Autopar1.0 展现的水平，引起了日本日立公司的关注。应日立公司需求，计算所编译组针对日立公司的 SR2201 系统对自动并行优化编译器 Autopar 进行了定制化研发，将定制化的版本出售给了日立公司。

由于前述的技术积累和良好的口碑，计算所编译组于 2000 年开始，与 Intel 公司合作，为其新一代处理器 Itanium（采用超长指令字架构） 开发开源编译系统 ORC。经专家鉴定，ORC 的性能高于同时期的 GCC，且其架构可为相关研究人员提供更多的研究支持，因此成为众多国际知名研究团队的研究平台。其后，国内的计算所、清华大学和美国的 Intel 公司、HP 公司的相关团队通力合作，将 ORC 发展为 Open64 开源编译系统，该系统一度成为与 GCC 齐名的开源编译系统，在学术界影响广泛。

计算所编译组基于并行优化方面的技术积累，为龙芯处理器开发了多核优化编译系统 LoongCC（以 Open64 为代码基），不仅针对龙芯处理器的单核性能进行了深度优化，而且可以支持多核并行优化。计算所编译组还为早期的国产申威处理器开发了 SIMD 优化编译系统，并受华为公司委托开发了面向华为公司多种应用场景的多核并行编程和优化系统。

2　面向银河/天河高性能计算系统的优化编译系统

自 1978 年"银河-I"工程立项以来，作为高性能计算机系统的重要组成部分，编译系统一直是国防科技大学计算机系（学院）的重要研究方向。作为基础软件，编译系统向上为高性能计算机系统的用户提供编程和优化接口，对下管理并隐藏处理器结构等诸多硬件细节，关系到系统的可编程性和性能发挥，与编程语言规范和硬件体系结构都息息相关。

"银河-I"采用向量体系结构，支持科学与工程计算领域最常用的 FORTRAN 编程语言，因此"银河-I" 由陈火旺院士牵头研制了支持向量扩展的 FORTRAN 编译器。当时，陈院士已有主持 FORTRAN 编译程序"南方会战"和"远望一号"测量船数据处理中心 151 计算机程序语言系统研制的丰富经验。在"银河-Ⅰ"编译器研制过程中，他带领科研人员从研读语言范本开始，进行方案设计、接口讨论和代码调试，直至国家测试题的试算。研制过程中，陈火旺做出了两个重要决策。第一，编译器必须要有自动向量化功能。在向量化实现途径上，为了规避向量化技术不成熟的风险，同时也便于同步开展工作，陈火旺没有照搬 Cray-1 将向量化放置在编译器内部的做法，而是将其独立成一个工具放置在编译器之外。其效果以及国外随后出现的很多向量化软件，都证明这一决策非常正确。"银河-Ⅰ"FORTRAN 编译器的自动向量化技术在国家试算中，对多数程序都获得了较好的加速比。第二，在标准的 FORTRAN 77 语言中增加数组运算语法。以往的程序设计语言只支持操作数是单个数据对象的标量运算，而数组运算则可以同时操作同一类型的一组数据对象。这种语言功能特别有利于表示"银河-Ⅰ"巨型机特有的向量操作，能给程序员主动开发向量程序提供强有力的手段。当时支持数组类型运算的系统凤毛麟角，就连业界标杆——大名鼎鼎的 Cray-1 也未提供此功能，而且当时在实现数组运算上还存在很多技术困难，但陈火旺毫不犹豫地决定在"银河-Ⅰ"FORTRAN 77 编译器中，增加对数组运算的语法支持。事实证明，这一语法扩充对"银河-Ⅰ"超级计算机的应用产生重大影响。"银河-Ⅰ"机国家试算时，利用数组运算编写的 FORTRAN 算法库程序，表现出优越的性能。陈火旺的这个决定，使我国自主研制的 FORTRAN 编译器早于国际标准 10 年实现了后来的 FORTRAN 90 标准中扩充的数组运算功能。

1987 年，"银河-II"10 亿次高性能计算机系统展开研制。"银河-II"为多处理向量巨型机，采用 4 处理机紧耦合共享内存系统结构。国防科技大学计算机学院为"银河-II"配备了并行向量 FORTRAN 编译系统，可同时支持宏任务与微任务两种方式的多任务并行编程，同时在"银河-Ⅰ"的 FORTRAN 编译器基础上进一步加强了自动向量化能力，提高系统的运算效率。"银河-II"的成功研制使中国成为当时少数能发布中期数值天气预报的国家之一，为国家经济建设作出了重要贡献。

1993 年，"银河-III"百亿次巨型机正式立项，采用了国际上最先进的大规模并行处理技术路线，支持分布式共享存储结构。为了支持该结构，国防科技大学计算机学院研制成功了面向多目标机，支持 C、C++、FORTRAN 等多种语言，并具有统一中间代码结构的高性能优化编译系统。

2000 年前后，伴随着多核处理器体系结构的发展，国防科技大学计算机学院还研制了 OpenMP 并行编程环境，支持标准的 OpenMP 编程规范，并一直延续至今。

2008 年，国防科技大学立项研制用于民用领域的"天河一号"超级计算机，在国际上首次使用 CPU 和 GPU 相结合的异构融合计算体系结构搭建大规模并行计算系统，以提高计算效能，并以每秒 4700 万亿次的计算性能首次位列 TOP500 榜单首位。为确保应用程序的可移植性，国防科技大学计算机学院编译团队为其研制了支持 C、C++、FORTRAN、Java 等标准语言，OpenMP、MPI 等并行编程接口的编译系统；同时，为发挥天河一号的计算性能，研制了异构协同编程框架，在 CPU-GPU 负载均衡、通信优化等方面进行探索，克服了异构系统性能优化难题，将 CPU-GPU 异构计算效率从最初的 20%大幅提升至 70%，验证了该技术路线之于大规模并行系统的可行性，引领国际超算领域进入了异构计算时代。

2013 年，"天河二号"立项，一期系统采用 Xeon+Phi 的微异构体系结构。在"天河一号"编译系统的基础上，国防科技大学计算机学院编译团队进一步优化异构系统计算效率，帮助系统取得 Top500 六连冠。2015 年，"天河二号"二期系统升级过程遭遇美国禁运，国防科技大学启动自主加速器 Matrix-2000 研制，编译团队根据 Matrix-2000 结构特点，研制了天鹰编译系统 Aquilla，除支持 C、C++、FORTRAN 等标准编程语言外，还支持 OpenMP 和 OpenCL 异构并行编程结构，并具有较好的编译优化能力；此外，编译系统底层继续兼容"天河二号"一期系统中采用的异构编程接口，保证了程序的可移植性。为最大程度挖掘系统性能，编译团队还针对处理器体系结构对 libm、BLAS、FFT 等高性能数学库和 DNN 智能计算库进行了定制优化。天鹰编译系统随天河系列高性能计算机系统部署，在国民经济建设中发挥了重大作用。

3　面向神威高性能计算系统的优化编译环境

从 20 世纪 90 年代至今，神威高性能计算机系统经历了千亿次、千万亿次到万万亿次的跨越，采用的国产处理器也完成了从单核、多核到众核的跨越，神威编译团队在基础编译、并行编译、并行开发环境方面持续攻研，在国家 863 计划、核高基等项目的支持下，充分发挥国产高性能计算机系统优势，支撑神威软件生态建立，不断创新发展。

3.1　神威基础编译器

神威基础编译器 SWCC 从申威处理器诞生之日开始就在高效实现通用标准编程语言、深度进行软硬件协同设计、挖掘自主处理器的架构特点上耕耘，历经了从单核、多核到众核编译系统的发展过程。

1. 单核编译器

2002 年，具有自主知识产权的第一款 64 位申威处理器正在设计研发之中，作为处理器模拟验证和支撑的核心系统软件，神威基础编译器同步开展研制，神威基础编译团队伴随着自主可控发展的脚步正式组建。参研人员都没有做过芯片相关编译器，他们从无到有，在短时间内完成了结构设计、详细模块设计和代码编写，实现了第一款支持申威单核处理器的编译器。该编译器性能超过同时期的 HP 商用编译器，对刚刚起步的申威单核处理器的应用推广，起到了非常关键的作用。

2. 多核编译器

SWCC 多核编译器从 2007 年开始研制，在坚持不断挖掘单核性能的基础上进一步支持多线程共享编程，支持 OpenMP 3.0 标准文本、支持 SIMD 向量扩展编程和自动向量化、支持标准的 Pthread API 编程，实现多线程基础编程。2011 年，SWCC 多核编译系统在神威·蓝光上部署应用，在海洋科学、新药研制、航空航天、气象等领域课题的并行化和性能优化中发挥了重要作用。

3. 众核编译器

2009 年，申威系列处理器第一次提出异构众核架构，一个芯片包含两种相融合的架构，这在当时国内计算机领域还是前所未有的独创设计。为了解决异构体系结构下编程问题，编译团队不断探索尝试，实现神威基础编译器从多核到众核的发展。

（1）支持异构融合统一编程方式，通过异构代码独立编程和二进制代码融合方式实现编程和编译上的异构融合。

（2）支持主从核异构加速编程模型，通过实现一套高效的加速编程库，实现主核主管理、从核重计算的加速运行方式。

（3）支持灵活的加载运行机制，实现异构融合代码到众核架构的计算资源和存储资源的高效映射，用户通过加载器的配置接口，实现对课题资源的定制化配置。

（4）支持自动向量优化，通过编译器对用户程序进行向量分析和优化，达到程序向量化的目的，减少了程序员的开发复杂度。

（5）支持异构架构的二进制工具集，针对异构特点，实现了两套不同的汇编器、链接器、基础库等编译支撑工具，并协同高效合作。

SWCC 众核编译器是国内首款异构众核编译器，2016 年，在采用全自主国产芯片构建的超级计算机神威·太湖之光上部署应用，为各类基础软件和应用的开发与优化发挥了重要作用。

3.2 神威并行编译系统

神威并行编译系统的研制是从 20 世纪 90 年代初开始的，先后研制了 HPF 编译系统、UPC 编译系统、SWACC 编译系统、并行 C 编译系统，有力促进了航空、航天、气象、石油、药物等领域使用高性能计算大幅提升科研能力和工作效率。

1. HPF 编译器

HPF 语言是 1993 年推出的国际新型数据并行语言标准，神威并行编译系统的第一代产品 HPF 编译系统的研制与国际上该领域的研究同步进行。1999 年，该系统部署在神威 1 并行计算机上。

我国主要的数值天气预报系统 (全球分析同化和中期数值天气预报 T106 系统) 使用 HPF 并行语言并行移植后,在神威 1 计算机系统上编译运行,性能与当时 CRAY- C92

机器上的业务系统相当，可以进行业务运行；在此基础之上的集合数值天气预报系统在神威机上经过了实验运行和用户试用等阶段后，在国家气象中心投入业务运行，准确预告了 10 月 1 日的天气变化，有力保障了 1999 年 50 周年国庆庆典活动。

2. SWACC 众核加速编译系统

SWACC 众核加速编译系统是神威·太湖之光计算机系统的主要系统软件和编译环境之一，通过支持 OpenACC*众核加速编程语言，为科学计算应用提供国产众核平台上的易用、高效的编程环境。OpenACC*语言兼容 OpenACC 语言文本，并针对国产异构众核处理器的结构特点和编程需要进行了必要的功能扩展和优化设计。

SWACC 众核加速编译系统的研制起步于 2009 年，与国产众核处理器的预研工作同步启动，在参考 OpenMP、PGI ACC 等语言的基础上，结合众核处理器的结构特点和使用要素，研究团队设计了原型语言文本，研究解决异构编译方法、加速器空间管理、主从数据交互、数据布局等关键问题，并在 2011 年国际上 OpenACC 1.0 语言文本发布之后，完成与 OpenACC 文本的功能整合，解决了 OpenACC 在国产众核架构高效实现的问题；2013 年正式形成 OpenACC*语言文本和编译系统，并在国产众核系统中应用和完善，有力支撑了众多科学计算应用在国产众核系统上的编程、移植和优化，其中包括 2017 年 11 月入围戈登·贝尔奖终选名单、由清华大学等单位提交的 CAM-SE 应用优化工作。

3. 并行 C 语言及编译系统

并行 C 语言是神威并行编译团队自主研发设计的并行编程语言及编译系统，是神威·蓝光和神威·太湖之光系统的主要系统软件和并行编程环境之一。并行 C 语言的发展与神威高性能计算机系统的发展同步，为大规模多核、异构众核系统提供多级多粒度并行编程和优化支持。

2011 年，针对神威·蓝光多核大规模并行计算机系统，设计了多核并行 C 语言和编译系统，支持节点内基于关键字的共享描述，支持整机范围的消息编程，提供比 MPI 接口更为简洁的消息机制，可实现共享+消息的混合编程。

2016 年，针对神威·太湖之光异构众核架构，设计了众核并行 C 语言和编译系统，提供异构众核加速运算模型，扩展了面向众核的多层次存储描述和多级多粒度并行描述，既支持众核 CPU 间通信与同步，又支持众核 CPU 内异构并行加速，并提供整机范围的动态任务分配与调度机制，在并行 C 一种语言里实现对神威·太湖之光各层次的并行描述，为应用程序设计和系统编译优化提供全局视角。

3.3 神威并行开发环境

神威并行开发环境的目标是面向神威系列超级计算机，根据系统软硬件平台的特点，为高性能计算程序开发人员提供集成开发环境、并行调试和性能分析优化工具，解决超级计算机应用编程难、优化难和调试难的问题。

1. 集成开发环境

早期通过 Visual Studio 的 VSIP 扩展机制，打造了一站式开发的概念，支持高性能应用程序的编辑、编译、运行和并行调试。在神威·太湖之光研发时期集成开发环境转向 Eclipse 平台，基于轻量级的插件扩展机制，引入大数据和人工智能相关技术，为用户提供高效、便捷、智能的一站式服务。

2. 调试工具

神威并行开发环境提供了与国产处理器配套的一系列调试工具。

神威·蓝光上主要有 swgdb、错误定位库等，swgdb 提供国产处理器本地调试和 X86 远程调试两个版本，兼容开源软件 gdb6.8 至 7.1。错误定位库支持并行程序段违例和浮点异常等运行错误的自动定位。

神威·太湖之光上提供了异构众核并行调试器 swpdb 和大规模故障定位辅助工具。swpdb 支持共享编程和异构加速两种编程模型，集主核多线程调试与从核加速线程调试于一体，可调试两种核上的不同指令集、不同宽度的寄存器。大规模故障定位辅助工具提供大规模并行程序的快速行为跟踪，定位离群进程的执行踪迹。整机规模下程序运行过程中的异常可在分钟级定位到进程和函数，极大提高了大规模程序的调试效率。

3. 性能工具

神威·太湖之光性能工具构建了多层次性能监测与分析框架 swperf。

（1）通过与作业管理系统深度融合，实现了方便灵活的作业级性能监测工作，用户可自行配置需采集的性能事件，无需插装代码，无需重新编译即可快速获取作业整体性能信息。

（2）通过积累的性能数据结合聚类与深度学习模型，实现了基于深度学习性能问题分类框架，并提供了友好的用户可视化界面。

（3）swperf 框架提供低开销获取性能数据，与编程语言无关，同时与作业管理系统深度融合，方便易用，并具有良好的可扩展性，在神威·太湖之光诸多应用冲击戈登·贝尔奖的性能优化过程中，发挥了重要作用。

神威编译开发环境经过数十年的发展，形成了基础编译、并行编译、并行开发环境等一整套软件生态和工具集，有力支撑用户高效便捷地进行应用开发和优化、提升神威系列高性能计算机系统的应用效益。

第三部分 *Part 3*

应　　用

2000 年国家科学技术进步奖二等奖"高性能分布式并行数值代数软件研究与开发"

孙家昶

2019 年国庆节前,软件所通知我去领纪念章(编号为 2019018558),是中共中央、国务院、中央军委颁发的 70 周年国庆纪念章,这是国家授予我们并行计算室集体的荣誉, 我只是团队的一分子,因为我们的"高性能分布式并行数值代数软件研究与开发"项目曾于 2000 年荣获了国家科学技术进步奖二等奖。直至目前,并行软件获国家科技奖项目仍然很少,希望回顾当年的艰辛经历对于今天的年轻人继往开来有所启示。

(1)把国家急需放在首位。二十年来我们团队始终致力于曙光、联想、神威、天河等系列国产高性能计算机的软件研发。1996 年,国家 863 计划项目曙光 1000 研制成功,为响应国家科委关于大力推广使用国产高性能计算机,组织一支"敢死队"的精神,我们研制开发了 PJAC 与 PQR 软件,在分布并行大规模广义本征分解等关键算法研究上取得了进展,在研制并行计算程序的同时,从理论上证明了保证计算结果的收敛性定理并准确预估出计算时间;在此基础上完成了人工晶体 LBO 的高精度电子结构计算,LBO 是中国发明、广泛应用于信息技术等高技术领域的晶体材料,当时我国 LBO 晶体生长和定性理论分析都已走在世界前列,但定量数值分析受计算机条件限制无法进行,这次利用分布并行大规模广义本征分解等关键算法,在曙光 1000 上完成的计算,标志着我国对晶体电子结构进行大规模计算研究的能力已达到世界先进水平;生物物理所提出并改进了一种从头算水平的生物大分子电子结构的计算方法,在世界上首次完成了天然 DNA 片段的电子结构计算,为进一步了解基因的信息表达提供了有用的资料。在 863 计划十周年展览会上展出了"广义本征值分解"、"非线性光学晶体 LBO 电子结构计算"及"天然 DNA 片段的电子结构计算"等三项高水平应用软件成果,为我国高性能计算机后续研制立项提供了有力依据。基于以上研究成果,国家科委报告认为我国基础研究的科学计算能力,已初步进入到大规模高性能计算的水平,此次联合攻关为组织多学科合作,促进新课题(人工晶体、天然 DNA 分析)、新理论(物理与生物基础研究)、新算法

（应用并行计算研究）和新机器（国产高性能并行计算机曙光 1000）的结合，提供了一个良好的范例，促进了国内高性能计算的发展，形成了一支并行软件研究与应用开发相结合的队伍。《人民日报》（海外版）1996 年 3 月 30 日（教科文卫版）以"中国科学院高性能并行计算联合攻关获多项高水平成果"为题报道了上述成果。参加这支"敢死队"的主要成员有：软件所孙家昶、迟学斌、曹建文、邓健新，物理所王鼎盛、黎军、张文清，以及生物物理所陈润生等，王鼎盛与陈润生在后来的院士申报材料中都提到了与此相关的工作。

（2）研究与开发并重。1995～2000 年我们承担了具有当时国际上最先进伪向量结构的日立超级计算机 SR8000 数学库 BLAS、LAPACK 及 ScaLAPACK 等软件的研制，在三重循环性能优化中采用了数值计算中的"爬山"算法，以及自动微调和数值计算与编译混合优化等技术，极大地提高了效率，实现了日立 Linpack 高性能的要求，位列世界 TOP500 第五位（2000 年），以致日立公司取消了原有的手工循环性能优化组。当年已安装的用户有日本通商产业省工业技术研究院、日本分子科学研究所、德国航空航天中心、德国 Leibniz 超级计算中心、德国气象研究所、荷兰国家数学与计算机科学研究中心、瑞士工科大学、英国剑桥大学、英国 NAG 公司等，为此周新铭院士在国家奖评审会上特别提到了 SR8000 的高效率。课题组的主要成员有：孙家昶、迟学斌、张林波、朱鹏、张云泉等，应邀参加软件调优的还有原中国科学院计算中心的老师邓健新、张倚霞、杨自强等。

（3）研制油藏数值模拟并行软件 PRIS。我们团队研制开发油藏数值模拟线性并行解法器和并行化软件，历时十余年。1996 年，在北京石油勘探开发研究院、大庆油田、中海油研究总院、中国科学院组织的学术交流会上，石油同行们提出抓紧研究开发国产软件的必要性，由此我们主持研制具有自主知识产权的油藏数值模拟并行软件 PRIS，打破了当时的国际垄断，在国内石油公司使用和推广。1993～2000 年，应中国海洋石油公司要求，我们先后启动四期项目，研发开展针对"小黑油"模型的耦合物理量的全隐式格式的迭代求解器；研发出"黑油"版的耦合物理量全隐式格式的预条件子系统，以解决相变临界点前后的不可容忍的小时间步问题；针对国外引进的 Simbest 源代码和商业"黑油"版的全隐式离散模块，完成了 Green 函数近似逆预条件子。1997 年，花半年时间循序渐进把油藏数值模拟并行软件（约18 万行 FORTRAN 程序）移植到国产神威高性能计算机，实现了三维三相 17 万个节点 51 万个未知数的油藏数值模拟问题并行求解，移植工作中反映出了并行程序的特点，尤其是主存大小、通信的速度及 CPU 主频这三者间的关系以及这三者对高性能计算机的影响，也对今后的神威计算机的研制产生深刻的影响，对 104 万个网格点，13 年开采数据的计算时间是 4 小时 37 分，满足了油藏技术人员工作时效性要求，是国内首次利用高性能分布式并行计算机解决百万节点的油藏数值模拟问题。1998 年，完成了商业"黑油"版引进软件的并行求解器研制和替代工作，为此我们专门组装了一台 16 个处理器的微机机群 RDCPS-1，运行用了 60 多个小时，这和大庆油田使用引进软件在 Origin-2000 机器 10 个 CPU 并行机上计算所需时间差不多，计算结果合理，使绝对计算性能有数量级的提高，并安装在中海油研究院。2000 年，与美国 Baker Hughes 软件公司交流与合作，完成了针对多组分版的耦合系统的全隐式格式的整体软件并行化和多组分版商业软件的并行求解器的研制与开发工作，RDCPS 孙家昶主任与 Baker Hughes 软件公司副总裁 J. M. Sofia 双方签订了知识产权协议，明确了我们软件所拥有商业的"黑油"并行解法版本产权，这在我国应该是首次。在当年汇报会上，油藏数值模拟并行软件受到与会的院士及专家们的广泛关注。课题组的主要成员有：曹建文、孙家昶、文尚猛、王春雨、徐向明、潘峰等，油藏数值模拟并行软件的推出和测试，得到了大庆油田勘探开发研究院李保树、赵国忠，中国石油天然气总公司石油勘探开发研究院陈文兰、宋杰，中国海洋石油总公司马志远、景风江等专家的支持和协助。后应用在神威、曙光、联想等国产系列，完成了大庆油田真实数据的历史拟合与预测，解决了百万节点的数值模拟，基本实现了"夕发朝至"，例如 2001 年，曙光 3000，1/16 的设备工作，做某油田 291 口井 135 年的油藏模拟只需 17 小时，在国内所有计算机包括进口计算机中第一次达到实用水平 。

（4）探索并行计算软件推向国际市场。1995 年，我们在跟日立公司的谈判中，讨论了编制并行化程序与相应串行程序的投入比例。当时以 16 个处理器为目标，日立公司开始坚持，并行只是串行价值的两倍，我们提出至少四倍。经过双方反复论证，日立公司最终同意了我们的方案，并支付每人 4000 美元/月人工费，这比当时日立公司在华的其他公司高出好几倍。到 2000 年，日立公司累计投入超过百万美元，被戏称是我们软件所并行中心的第一桶金，这在当时是我们重要的经济来源。日方又先后提供两台日立工作站及八个处理器的日立 SR2201 计算机供我们调试程序使用，使我们有机会在国内提前用到当时先进的高性能计算机，这条"先国际，后国内"也为我们以后在国产高性能计算机软件研制中做了一定的技术准备。2002年，正当张云泉在亚洲高性能计算会议（AHPC）上发表 128 个处理器得到接近线性加速比，日立公司准备进一步加大投入时，不料意外风险出现了，日本通产省出面干预，会后突然中止了双边的技术合作。今天我们国家高性能计算机发展不是也面临着类似的处境吗？

OpenCFD 软件的开发及应用

李新亮

　　计算流体力学软件（CFD 软件）在航空、航天、化工及海洋工程等领域发挥着重要作用，而当前自主研发的高精度 CFD 非常欠缺。为了满足 CFD 用户的需求，作者开发了一套高精度大规模并行 CFD 开源软件 OpenCFD，该软件核心求解器包括可压缩流动高精度差分求解器 OpenCFD-SC，多块结构网格有限体积求解器 OpenCFD-EC 以及化学反应流动差分求解器 OpenCFD-Comb。　目前该软件已得到国内外上百个科研小组的使用，在复杂流场高分辨率模拟中发挥着重要作用，该软件也是一款很好的 CFD 教学软件，是学习计算流体力学软件编程的得力素材。　该软件从开发至今已有二十余年，到目前仍在不断完善中。

1　OpenCFD 软件的开发历程

　　OpenCFD-SC 求解器的开发最早可以追溯到 20 余年前作者做博士学位论文期间。1997 年，我考入了中国科学院力学研究所做博士研究生，在马延文、傅德薰两位老师指导下进行湍流的直接数值模拟研究。最开始做不可压缩槽道湍流直接数值模拟，一年后开始进行可压缩槽道湍流直接数值模拟。直接数值模拟对数值方法的精度要求非常高，当时直接数值模拟以谱方法为主，但谱方法对计算域几何要求非常苛刻，且难以计算带有强间断的流场，因而选择了高精度差分方法作为计算方法。当时开发了 KY3D 程序，利用该程序进行了马赫数 1.5 及 3 的槽道湍流直接数值模拟。该程序成为 OpenCFD-SC 软件的雏形。直接数值模拟计算量很大，必须使用并行计算，因而程序最初就考虑了并行编程，最早的版本是使用 HPF(High Performance FORTRAN)进行并行编程的。　随后 MPI 作为并行编程语言流行起来，2000 年左右，程序的 MPI 并行版开发出来，开发过程中得到了中国科学院数学与系统科学研究院张林波研究员的大力帮助。2000 年作者在清华大学做博士后，进行均匀各向同性湍流的直接数值模拟，2002 年到中国科学院力学研究所工作，进行平板湍流直接数值模拟等工作。当时程序编写是超 case-by-case 的，每进行一个数值模拟算例，就需要重新编写（或改写）一个专用的程序，编写过程中需要大量的重复性工作，而且随着程序越来越多，管理起来越来越烦琐，因而就产生了开发一个统一求解器的想法。2003 年起，作者利用空余时间，将数值方法、边界条件、后处理分析模块进行了梳理，开发了 Hoam-OpenCFD 程序，后来改名为 OpenCFD-SC。2008 年起，OpenCFD-SC 程序向国内外用户开源使用，在当前复杂流动高分辨率数值模拟（直接数值模拟、大涡模拟）中发挥了重要作用。

OpenCFD-SC 的核心是差分库，该库集成了 3-7 阶线性迎风格式、4-10 阶线性中心格式、5-7 阶 WENO 系列格式（包括经典的 WENO 格式、WENO-Z 格式以及分辨率优化的 WENO-SYMBO 格式等）以及作者课题组发展的优化保单调格式(OMP)以及加权群速度控制格式(WGVC)等高精度差分格式，最高阶精度可达 10 阶。集成多种差分格式的目的是使用户有更多的选择，由于湍流直接数值模拟及大涡模拟计算属于科研探索工作，很难找到一种差分格式适用于全部问题，因而程序集成多种差分格式由用户选择。

OpenCFD-SC 采用 MPI 并行编程，具有良好的并行可扩展性。早期并行计算机的节点间通信性能和健壮性均不如现在，大规模通信时有可能导致性能下降甚至死锁，因而 OpenCFD-SC 在 MPI 通信模块上做了不少优化工作，采用了多种通信模式可供用户选择，如长消息通信、固定长度的短消息通信、复合数据结构通信等，程序的通信模块变得越来越复杂。后来随着并行计算机通信性能的不断提升，通信效率及健壮性已不再是瓶颈，OpenCFD-SC 的 MPI 通信模块又逐渐得到简化。OpenCFD-SC 先后在个人计算机（PC）机群、联想深腾 6800、曙光 4000A、联想深腾 7000、曙光 5000、天河一号、天河二号以及神威·太湖之光等大型计算机上进行了大规模并行计算，纯 CPU 计算最大规模达到了 24 万 CPU 核心，显示了良好的并行效率及可扩展性。与中国科学院计算机网络信息中心的陆忠华研究员团队合作，将该程序移植到 GPU、MIC 以及异构众核（神威·太湖之光系统）等异构体系，计算性能得到了很大提升。但异构系统版本的程序仍有待改进，目前发布的成熟版本是纯 MPI 版的。

与 OpenCFD-SC 主要面向基础研究不同，OpenCFD-EC 主要面向工程计算。OpenCFD-EC 是一个多块结构网格有限体积求解器，最早开发于 2010 年。当时作者承担了飞行器流场及气动力热模拟任务，由于飞行器外形复杂，用高精度差分方法模拟较为困难，因而想到开发一套常规精度（二阶）的有限体积程序。同时，作者当时正在为中国科学院力学研究所研究生讲授《计算流体力学》课程，也想开发一套 CFD 软件作为教学示范软件。2010 年底，OpenCFD-EC 1.0 版本开发完成，程序基于多块结构网格有限体积法及雷诺平均模型(RANS)，主要用于工程复杂外形流动及气动力热的计算。通过了大型飞机标模等复杂流动测试显示，该求解器的计算精准度与目前主流 CFD 软件相当，是一款实用的 CFD 软件。在开发过程中，得到了西北工业大学蔡晋生教授、中国空气动力研究与发展中心黎作武研究员的帮助。OpenCFD-EC 使用 FORTRAN 90 编程,利用 FORTRAN 90 的 module 进行数据封装,具有了部分面向对象特性。与 OpenCFD-SC 相比,OpenCFD-EC 的数据结构更为清晰,可维护性更好。OpenCFD-EC 采用 MPI+OpenMP 两级并行编程,节点间使用 MPI 并行,节点内使用 OpenMP 并行,与 OpenCFD-SC 相比,其并行方式更为灵活。

OpenCFD-Comb 是一款化学反应流场高精度求解器,开发始于 2015 年。当时作者承担了化学反应流动数值模拟的科研任务,为了科研任务需要,开发了该软件。该软件采用高精度差分法,算法与 OpenCFD-SC 类似,在此基础上增加了组分输运方程以及化学反应动力学计算模块。OpenCFD-Comb 采用 FORTRAN 90 开发,利用该语言的 module 功能对化学反应相关数据及函数进行了封装,具有较好的面向对象设计风格。流场求解、化学反应、热力学、并行计算等功能模块实现了很好的封装性和独立性,便于程序的移植及升级。

2　OpenCFD 软件应用情况简介

OpenCFD 的三个求解器中,OpenCFD-SC 是作者课题组最常使用的求解器,作者近年来实现的直接数值模拟算例均采用该求解器计算。利用该求解器,作者进行了来流马赫数分别为 0.7、2.25、6 和 8 的 平板边界层转捩到湍流直接数值模拟,给出了可压缩流动从失稳、转捩直到充分发展湍流的全部时空演化过程。其中马赫数 6 及马赫数 8 平板转捩直接数值模拟是最早发展高超声速边界层转捩直接数值模拟的算例之一。钝锥是高速飞行器的典型头部外形,其边界层湍流及转捩特征是飞行器气动设计领域非常关注的热点问题。为了研究高超声速边界层的转捩特征,作者运用 OpenCFD-SC 程序对来流马赫数 6,半锥角 5°,攻角 1° 的小头钝锥边界层转捩过程进行了直接数值模拟,是国内外最早的高超声速钝锥直接数值模拟算例,随后又对不同钝度、不同攻角条件下的 7° 半锥角钝锥进行了系列直接数值模拟。图 1 给出了钝锥表面上的摩擦阻力系数分布,图中的虚线标示出了计算得到的转捩位置。从中可以看出,转捩位置从背风面到迎风面呈非单调分布,在从背风面算起 20° ～ 30° 子午面的地方转捩位置大幅推迟。

激波-湍流边界层干扰问题是当前空气动力学领域的研究热点,也是飞行器气动设计中的关键气动问题之一。利用 OpenCFD-SC 程序,作者基于压缩折角构型,对激波–湍流边界层干扰问题进行了直接数值模拟。以湍流数据为基础,分析了激波–边界层的激波非定常特性以及湍流场参数影响规律。图 2 为压缩折角直接数值模拟计算得到的截面内温度场的瞬时温度分布。图中清晰显示了层流区、转捩区、充分发展湍流区及角部分离区的特点。图 3 为该图在角部区域的局部放大,可以看

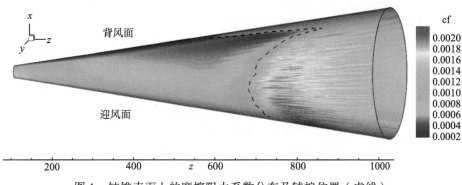

图 1　钝锥表面上的摩擦阻力系数分布及转捩位置（虚线）

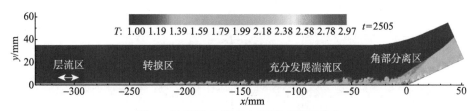

图 2　计算域中截面内的瞬时温度分布

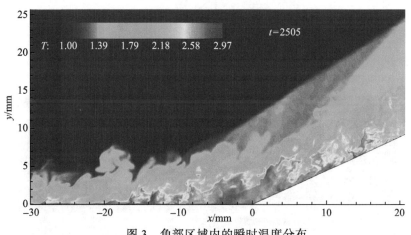

图 3　角部区域内的瞬时温度分布

出角部上游湍流边界层外缘具有相对清晰的轮廓线，显示了湍流边界层的间歇特征。该图显示了流动分离后，温度边界层的厚度快速增加，角部分离区呈现了很高的温度。该图还显示了激波的变形以及穿入边界层的激波束，这些都反映了激波–边界层干扰的典型特征。

　　此外，利用 OpenCFD-SC 程序，作者还进行了 ONEAR-M6 三维翼湍流场、条纹壁面推迟转捩控制、入射激波–平板边界层干扰等复杂流动的直接数值模拟及大涡模拟等系列可压缩湍流高分辨率模拟[1]。

除了 OpenCFD-SC 模块，OpenCFD 的另外两个求解器也在作者的科研及工程任务中发挥了重要作用。OpenCFD-EC 主要应用于作者承担的工程应用任务中，主要是航空、航天飞行器气动力、热的计算。OpenCFD-Comb 则用于燃烧流动的高分辨率计算。运用 OpenCFD-Comb 程序，作者进行了马赫数 1.2 圆管氢气–空气射流燃烧的直接数值模拟[2]，为分析湍流燃烧机理，评估及改进湍流燃烧模型奠定了基础。图 4(a) 为射流燃烧的流场，图 4(b) 为无燃烧的流场。从中可以看出燃烧耗散了湍流的小尺度结构，也同时推迟了转捩。图 5 为中截面上的数值纹影图，清晰展示了流动失稳形成的涡卷以及涡卷对并结构。

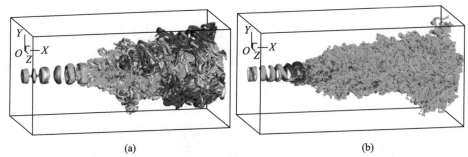

(a)   (b)

图 4　射流流场中的拟序涡结构（(a)：燃烧；(b)：无燃烧）

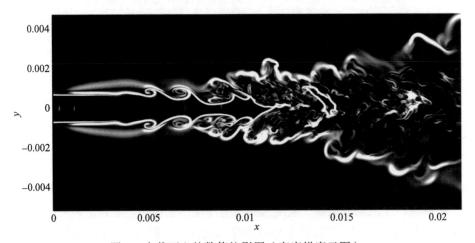

图 5　中截面上的数值纹影图（密度梯度云图）

3　结　　语

为了满足湍流等复杂流动高分辨率数值模拟的需求,作者开发了一套高精度计算流体力学软件 OpenCFD。从该软件开发至今已有 20 余年,软件的功能逐渐完善,从单一的单块网格高精度差分求解器发展到了差分求解器、多块网格有限体积求解器以及化学反应流场求解器等三个求解器,目前已推广到数十个单位的上百个科研小组使用。作者在今后的工作中,仍将不断地完善该程序,欢迎广大科研工作者使用。该程序的二维版本可直接在作者的网盘[3]下载,如需要三维程序可和作者联系(lixl@imech.ac.cn)。

参考文献

[1] 傅德薰, 马延文, 李新亮著. 可压缩湍流直接数值模拟. 北京:科学出版社, 2010.

[2] Fu Y, Yu C, Yan Z, et al. The effects of combustion on turbulent statistics in a supersonic turbulent Jet. Advances in Applied Mathematics and Mechanics, 2019, 11(3): 664-674.

[3] http://pan.baidu.com/s/1slfC5Yl.

九年一剑——记 2016 年度戈登·贝尔奖获奖历程

杨　超

应《中国高性能计算 30 年回顾》编者邀请，撰写此文记录我与合作者冲击戈登·贝尔奖的主要历程。从 2007 年启动相关研究，直至 2016 年获奖，可以说"九年一剑"，远不止一篇短文能够全面述及，仅借此机会重点介绍我亲身经历的若干点滴。

1　引　　子

2007 年夏，我从中国科学院软件研究所取得博士学位后，作为一名"土博士"留所工作，任助理研究员。我所在的实验室名为并行软件与计算科学实验室，我的主要研究工作也围绕大规模并行计算展开。同年 10 月，在我的博士导师孙家昶研究员的推荐下，我短期访问了国际著名的并行计算专家、美国科罗拉多大学博尔德分校的蔡小川教授。访学期间，我主要进行了球面浅水波方程的全隐式求解算法研究，设计了一套单网格区域分解算法，并在美国 IBM 蓝色基因 L 超级计算机上实现了 2048 个 CPU 核的可扩展隐式计算，相关工作此后发表在刊物 *SIAM J. Sci. Comput.* 上[1]。

回国后不久，蓝色基因 L 系统升级至 8192 个 CPU 核，为了将算法的可扩展性继续提升，我们在原算法基础上设计了一套多网格区域分解算法，并取得了较好的效果。与此同时，经过二十年的发展，国产超算的硬件研制能力和应用水平得到了大幅度提升。为了更好地将成果用于国产超算，有两个问题摆在我面前：一是我国当时研制成功了两台重要的国产超级计算机——联想深腾 7000 和曙光 5000A，单系统均配备有超过千核规模的计算资源，此前的研究成果能否充分利用这两台国产超算系统的资源？二是实验室参与的一项国家 863 项目中需要求解一类地球外核热流动问题，区域分解算法针对此类问题是否可以发挥作用？经过一年多的技术攻关，上述研究均取得了预期进展。2009 年 11 月，我受邀在全国高性能算法软件研究开发研讨会上做了题为"曙光 5000A、深腾 7000 和 BlueGene/L 平台两个应用问题的初步测试和分析"的报告，介绍了相关成果。

2　天　河

2010 年 11 月 10 日至 12 日，天河 1A 发布前夕，在孙老师的推荐下，我带着自行研发的全球大气浅水波和地球外核热流动这两套计算程序，来到国家超级计算天津中心开展试算工作。在国防科技大学专家的积极配合和大力支持下，我们顺利完成了两套程序的测试工作：地球外核热流动程序最大实现了 600 亿未知数的高分辨率模拟，全球大气浅水波方程的求解程序从 4608 个 CPU 核扩展至 82944 个，并行效率达到了 60%以上。天河 1A 发布后，我们的工作得到了国内多家媒体的关注，被新华社评价为"天河 1A 上目前最成功的应用案例"。国防科技大学也发函至我的工作单位，评价我们的工作"为天河 1A 系统未来在不同领域的成功应用起到了示范性作用"。

完成了天河 1A 试算任务后，适逢我与蔡小川教授合作的采用多网格区域分解方法求解全球浅水波方程的论文正在期刊 *Journal of Computational Physics* 上一审返修，我们将相关测试结果整理并补充到了修改稿中，将可扩展性提升了一个数量级[2]。当时，虽然文章发表，但我其实高兴不起来，有一个很大的困扰如一团乌云挥之不去：如何在利用好天河 1A 的 8 万多 CPU 核的同时，也能充分发挥系统配备的 7000 多块 NVIDIA GPU 的计算能力？不在算法方面做大刀阔斧的改进，不对系统底层硬件细节有更深入的了解，恐怕难以完成这一目标。

3　冲奖"敢死队"

2011 年 3 月末，受时任清华大学计算机系和清华大学地球系统科学研究中心（现清华大学地球系统科学系）副研究员薛巍老师的邀请，我在清华大学做了题为"面向大气流体的全隐式求解器"的报告，系统性地讲解了我们近期在全球大气浅水波方程求解方面的工作，并介绍了在二维非静力大气欧拉方程求解方面的初步研究进展。在这次活动中，我结识了多名清华大学的师生，包括后来成为合作者的付昊桓副教授。其间，我特别记得一个小插曲：当我讲到在天河 1A 上的测试结果时，有人提出，"这工作是否可以考虑冲击戈登·贝尔奖"？我记得当时并未正面作答，但心中焉有不知这一奖项的难度：自 1987 年设奖以来，这一高性能计算应用领域的大奖几乎完全被美国、日本两国包揽，中国团队从未入围或获奖。

此后，薛老师又与我开展了多次线下交流。其中，薛老师对我采用的由蔡小川教授和合作者提出的限制型加性 Schwarz 区域分解预条件子[3]展现出较为浓厚的兴趣，我详细介绍了该方法的计算过程和特点。薛老师仅花了不长时间就将这一方法用在他正在进行的一项研究工作中，并取得了较为理想的效果。不久，薛老师提出建议，希望在我此前的工作基础上，作为合作者参与进来，基于国产超算对戈登·贝尔奖发起冲击。2011 年秋，经过几个月的交流，在双方有了较为深入的了解后，我们达成了合作的共识。后来，付昊桓副教授也加入了我们，他在 GPU 编程和性能优化方面有丰富的经验，一支由三个年轻的"臭皮匠"和几名学生组成的冲奖"敢死队"悄然成立了。

4　初 试 锋 芒

2012 年 4 月，经过几个月的奋战，我们对戈登·贝尔奖发起了第一次冲击。虽然时间较为仓促，但我们还是取得了不错的战果：针对全球大气浅水波方程，我们设计了一套动态可调的异构区域分解算法，可以高效支持 CPU-GPU 环境下的显式计算，在天河 1A 上扩展至 3750 个异构节点（4.5 万 CPU 核 + 3750 块 GPU），达到 98%的并行效率和 809T FLOPS 的浮点性能。当然，我们的这一次冲奖尝试并没有取得成功，成果后来发表在了会议 ACM PPoPP 上[4]。

首次冲奖没有成功，这个结果并不意外，分析来看，我们认为主要可以归结为三方面原因：① 完成了半机测试，但是没有得到整机的测试结果，总性能没有突破 P 级大关；② 在大型异构系统上实现了显格式的高效计算，但是没有突破更具挑战性的隐式算法，相对于 2010 年日本的一项获奖工作[5]创新性不足；③ 浅水波方程只是大气动力学模拟的一个最基本的控制方程，不够复杂真实。总体来看，通过这次冲奖，我们积累了非常宝贵的经验。为了解决这三个主要问题，我们需要更充分的准备和更缜密的筹划。

5　等 待 时 机

一年后，我们迎来了两个重要的转机。一是我们完成了从浅水波方程到更为一般的全可压欧拉方程的推广工作[6]，欧拉方程是中尺度大气动力学模拟中最为常用的控制方程，相比于浅水波方程，可以说是一个本质跨越。二是天河 2 超级计算机即将于 2013 年 6 月发布，我们在 5 月底收到国防科技大学邀请，有机会进行大规模甚至整机规模的测试。相对于天河 1A，天河 2 系统采用了更为复杂的异构设计，包括了 16000 个计算节点，每个节点有 2 个 12 核 Intel Xeon CPU 和 3 块

57 核 Intel Xeon Phi 加速卡，整机达到了 312 万核规模。在这样的系统上，隐式求解器算法遇到了更大的挑战。

考虑到这方面的困难，我们商量后决定暂缓冲击戈登·贝尔奖，将工作的重心放在一些关键问题的技术攻关上，为未来冲奖积累更多经验。经过一番努力，我们提出了一套更为灵活高效的异构区域分解算法，针对浅水波方程和中尺度欧拉方程，分别实现了 8664 个和 6144 个异构计算节点的超百万核可扩展显式计算，并行效率达到 70% 以上，论文后来分别发表在会议 *IEEE IPDPS*[7] 和期刊 *IEEE Transaction on Computers*[8] 上。

在应用方面，我们也积极探索了多种可能的方案，包括是否与国际主流的大气模式软件如 WRF、FV3 等结合，是否引入物理过程参数化，如何设计更为真实的计算算例等。我们邀请了北京师范大学全球变化研究院的副院长王兰宁教授加入了我们的团队。有相当长一段时间，我们经常聚在一起，讨论大气模拟的方方面面，在咖啡、茶与酒精的作用下，计算数学、计算机科学、大气物理等领域的知识和想法不断交叉碰撞。我们共同度过了一段非常惬意的时光。

6　厉兵秣马

在"十二五"期间，除了天河 2，国家还启动了神威 100PFLOPS 超级计算机的研制任务。2013 年 9 月，神威研制单位召集国内研究力量，进行了一次戈登·贝尔奖应用筛选。我代表研究团队做了"全球大气非静力云分辨模拟"的报告。我们的这一项目最终成为几个候选应用之一，从而正式开启了敢死队的第二次冲奖之旅。可以说，冲击戈登·贝尔奖需要长时间的投入和毫无保留的付出，对精神和意志都是严峻的考验，这次关键的应用筛选恰逢其时地成为支撑我们坚持到最后终点线的一个重要砝码。

神威 100PFLOPS 系统，即后来发布的神威·太湖之光超级计算机，采用了片上异构众核架构，每个处理器集成了 4 个核组，每个核组包含 1 个主核和 64 个从核，整机汇集了 40960 个处理器，总规模达到了惊人的 1000 多万核。在这样的系统上，隐式算法无疑遇到了前所未有的挑战。在当时，国际上从未有过任何可以相比拟的类似的工作。作为团队中并行算法的主要设计者，我感受到了巨大的压力，亟须找到问题的突破口。这时，HPCG（High Performance Conjugate Gradients）进入了我的视野。

HPCG 是世界超级计算机 Top 500 排行榜主要发起人 Jack Dongarra 等提出的一个新型高性能计算基准测试程序，它最主要的特点是采用共轭梯度法和区域分解、多重网格等主流技术并行求解三维泊松方程离散后的大型稀疏线性方程组。

2014 年 11 月，经过为期半年的技术攻关，我与实验室同事和研究生们设计了一套异构区域分解算法，成功应用于 HPCG 的性能优化，实现了理想的迭代收敛性，在天河 2 上扩展至整机达到 623TFLOPS。这一性能超出了由美国 Intel 公司提供的 HPCG 优化版，帮助天河 2 取得了 2014 年 11 月 HPCG 排行榜的第一名[9]。

与此同时，我们在神威上的努力一直没有松懈。毕竟 HPCG 解决的只是一类模型问题，而天河 2 与神威·太湖之光对并行算法和编程技术的要求也有所不同。受国家自然科学基金重大研究计划等项目资助，我们分别开展了多项攻关：我主持完成了神威·太湖之光上高性能扩展数学库的研发和 HPCG 的性能优化工作；薛、付二位老师作为清华大学高性能计算团队的主要成员，承担了神威·太湖之光上一些典型应用的研发任务；王老师则与清华大学合作，开展了高性能大气模拟的应用研究。

7 二 度 出 击

在隐式算法的设计上，一个思路也逐渐成形，我们将神威·太湖之光的千万核以核组为单位划分为两个部分：一方面，为了实现跨核组并行，我们需要突破十余万进程下的求解器设计难题；另一方面，为了实现核组内计算资源的充分利用，我们需要在隐式求解器框架下加入对数十线程并发度的高效支持。针对第一个问题，我们几乎沿用了此前取得多次成功的多层区域分解算法，并在此基础上做了一系列优化和调整。针对第二个问题，我们最初借鉴了 2015 年国际学者发表的一项并行不完全 LU 分解算法的研究成果[10]，此后又做了关键改进，显著提升了整体性能。

2016 年 4 月 16 日，我们向戈登·贝尔奖评奖委员会提交了题为"千万核可扩展非静力大气动力学全隐式模拟"的论文。6 月 8 日，我们收到了来自评奖委员会主席 Subhash Saini 的邮件，正式通知我们入围了 2016 年度戈登·贝尔奖候选名单（finalist）。此后两个月时间，我们的研究团队又投入到了紧张的工作中。8 月 11 日，我们提交了完善后的评奖论文[11]。

特别值得一提的是，当时在国家超级计算无锡中心，在机器研制单位的大力支持下，有多个团队都在一同奋战，大家共同度过了数不清的日日夜夜。当时正值江南盛夏，夜晚机房没有空调，温度达到 38℃ 以上，电扇吹出的风都是热的。为了降温，小伙伴们一度想出了涂花露水后再吹电扇的"好主意"。

2016 年 11 月 17 日，在美国犹他州盐湖城世界超算大会上，我代表研究团队做了成果的技术报告，并回答了戈登·贝尔奖评奖委员会和在场听众的问题。当日中午，在颁奖大会上，当听到主持人报出获奖成果名称的第一个单词时，团队所有在场成员都兴奋地站了起来。我们昂首挺胸登上领奖台，激动地捧起了获奖证书。那一刻，我们代表中国，我们改写了历史！

8　后　记

2016 年戈登·贝尔奖的获奖成果不仅是获奖团队的一项集体荣誉，也更承载了我国高性能计算界前辈们、专家们三十年的辛勤付出和深厚积淀。雄关漫道真如铁，而今迈步从头越！近年来，国产高性能计算机的硬件研制水平在面临国外层层技术封锁的情况下仍持续保持国际先进，相应的软件研发和应用水平也不断提升，中国高性能计算已然迎来了一个欣欣向荣的好时代！

特别鸣谢：孙家昶研究员，蔡小川教授，联想、曙光、天河、神威等国产超级计算机研制单位，以及所有合作者。

参考文献

[1] Yang C, Cao J, Cai X C. A fully implicit domain decomposition algorithm for shallow water equations on the cubed-sphere[J]. SIAM Journal on Scientific Computing, 2010, 32(1): 418-438.

[2] Yang C, Cai X C. Parallel multilevel methods for implicit solution of shallow water equations with nonsmooth topography on the cubed-sphere[J]. Journal of Computational Physics, 2011, 230(7): 2523-2539.

[3] Cai X C, Sarkis M. A restricted additive Schwarz preconditioner for general sparse linear systems[J]. Siam journal on scientific computing, 1999, 21(2): 792-797.

[4] Yang C, Xue W, Fu H, et al. A peta-scalable CPU-GPU algorithm for global atmospheric simulations[J]. ACM SIGPLAN Notices, 2013, 48(8): 1-12.

[5] Shimokawabe T, Aoki T, Takaki T, et al. Peta-scale phase-field simulation for dendritic solidification on the TSUBAME 2.0 supercomputer[C]//Proceedings of 2011 International Conference for High Performance Computing, Networking, Storage and Analysis, 2011: 1-11.

[6] Yang C, Cai X C. a scalable fully implicit compressible Euler solver for mesoscale nonhydrostatic simulation of atmospheric flows[J]. SIAM Journal on Scientific Computing, 2014, 36(5): S23-S47.

[7] Xue W, Yang C, Fu H, et al. Enabling and scaling a global shallow-water atmospheric model on Tianhe-2[C]//2014 IEEE 28th international parallel and distributed processing symposium. IEEE, 2014: 745-754.

[8] Xue W, Yang C, Fu H, et al. Ultra-scalable CPU-MIC acceleration of mesoscale atmospheric modeling on Tianhe-2[J]. IEEE Transactions on Computers, 2014, 64(8): 2382-2393.

[9] Liu Y, Yang C, Liu F, et al. 623 Tflop/s HPCG run on Tianhe-2: Leveraging millions of hybrid cores[J]. The International Journal of High Performance Computing Applications, 2016, 30(1): 39-54.

[10] Chow E, Patel A. Fine-grained parallel incomplete LU factorization[J]. SIAM journal on Scientific Computing, 2015, 37(2): C169-C193.

[11] Yang C, Xue W, Fu H, et al. 10M-core scalable fully-implicit solver for nonhydrostatic atmospheric dynamics[C]//SC'16: Proceedings of the International Conference for High Performance Computing, Networking, Storage and Analysis. IEEE, 2016: 57-68.

中国科学院高性能计算与 863 之情缘

桂文庄　　迟学斌　　陆忠华

高性能计算是中国科学院本身的强烈需求和重点发展领域之一。中国科学院一直关心、支持和配合 863 计划高性能计算方面的工作；同时，863 计划高性能计算专项对中国科学院高性能计算及其应用给予了非常重要的支持。改革开放 40 多年来，中国科学院的高性能计算研究开发及应用取得了举世瞩目的发展。回首往事，中国科学院的高性能计算与国家 863 计划可谓是一路相伴前行。

1　计算技术和科学计算是中国科学院的重要学科发展领域

计算技术和科学计算一直是中国科学院的重要学科发展领域。在我国 1956 年制定的《1956～1967 年科学技术发展远景规划》（简称"十二年科技规划"）中就把计算技术和科学计算列为重点发展领域，并提出了优先发展的"四项紧急措施"，在中国科学院成立了电子学研究所、半导体研究所、计算技术研究所和自动化研究所。从那以后，中国科学院的计算技术和科学计算学科开始创立和发展，20 世纪六七十年代，中国科学院研制了一系列国产计算机，并在"两弹一星"、水利工程、地球物理勘探、发动机设计等领域的研究中作出了重要贡献。

1987 年，冯康先生发表文章"科学计算是科学的第三手段"，明确提出"科学计算"是科学研究的基本手段"科学实验"和"理论分析"之后的"第三手段"，并和周毓麟先生一同向时任国务院总理李鹏同志汇报加强科学工程计算的建议。

20 世纪 90 年代初，经当时国家计划委员会批准，利用世界银行贷款，中国科学院开始建设"科学与工程计算国家重点实验室"，并和北京大学、清华大学共同建设"中关村地区教育与科研示范网络"（即 NCFC—National Computing and Networking Facilities of China），后者包括教育科研网和一个建在中国科学院网络中心的超级计算中心。

1994 年，中国科学院改组原计算中心，成立了中国科学院计算数学与科学工程计算研究所（现归属中国科学院数学与系统科学研究院）和中国科学院计算机网络信息中心。前者包括了"科学与工程计算国家重点实验室"，后者任务包括 NCFC 建设和后来的中国科技网（CSTNet）的建设与服务、中国科学院超级计算中心

（SCCAS）、中国科学院科学数据中心、中国科学院信息管理系统（ARP）和中国互联网信息中心（CNNIC，现划归国家互联网信息办公室），从机构组织上优化完善了科学计算学科发展和信息化基础设施建设服务的平台。

20 世纪 90 年代中期，中国科学院配合 863 计划依托计算所建设了"国家智能机中心"，开始了高性能计算机的研制，先后研制出"曙光一号"、"曙光 1000"。中国科学院软件研究所、生物物理研究所、物理研究所，北京科技大学和国家智能中心的科学家联合攻关，在国产"曙光 1000"并行计算机上，研制完成多个应用软件，并在天然 DNA 的整体电子结构理论计算、激光晶体材料（LBO）电子态理论分析及广义本征值并行计算等方面取得了令人瞩目的高水平成果。来自生物物理、物理等应用领域的科学家设计出便于在"曙光 1000"上实现并行计算应用的开发新方案，在运维人员的密切配合下，使得方案付诸实施；计算科学家则针对"曙光 1000"的特点，提出了"黑匣子并行"的思想和并行方案，同时在理论上证明了若干收敛性定理，为保证计算结果的正确性以及准确预估迭代时间提供了可靠的理论保证。这是中国科学院非常典型的多领域科学家联合攻关，发挥了物理模型、算法和高性能计算技术多学科优势和深度交叉的力量，取得高水平成果的案例，当时在科技界和产业界产生了重要的影响力（参见图 1）。"曙光 1000"的研制成功与联合攻关取得高水平应用，可谓开启了中国高性能计算发展的新纪元，也为后来的曙光系列高性能计算机乃至中国高性能计算机的发展和产业化起到了关键作用。

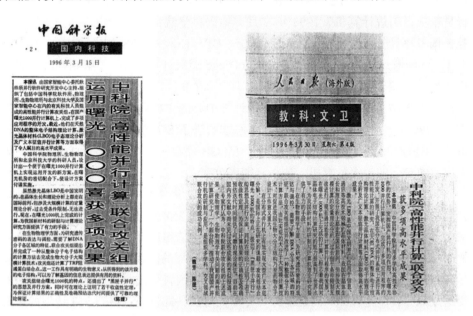

图 1　中国科学报和人民日报于 1996 年关于联合攻关组在"曙光 1000"应用的报道

2000 年之后，中国科学院在知识创新工程中设立了信息化建设专项，明确了信息化包括科研活动信息化和科研管理信息化两部分。中国科学院充分认识到科研信息化对科学技术发展的革命性的影响，科研活动信息化的水平是国家核心竞争力和科学技术水平的重要标志之一；大型科学计算水平是提高我国科研能力的关键之一，是我国科研走向世界一流的重要条件；明确了超级计算和科学数据库作为科研信息化基础设施的关键作用，在信息化建设规划中进行了全面部署和长期支持。在中国科学院信息化建设中，863 计划高性能计算专项起到了重要支持作用。中国科学院计算科学领域的发展也得益于 863 计划的大力支持。

2　中国科学院超级计算能力伴随 863 计划成长

为了发展科学与工程计算，支撑各学科领域计算科学和高性能计算应用的发展，早在 1978 年，中国科学院就成立了计算中心。那时只有 2 台每秒 100 万次运算的 IBM 计算机和 1 台每秒 200 万次的国产单用户计算机，为中国科学院的计算任务服务。这种情况一直持续到 20 世纪 90 年代初。

由于中国当时没有自主研制的高性能计算机，为了建设世界银行贷款项目"中关村地区教育与科研示范网络"的超级计算中心（即后来的"中国科学院超级计算中心"）和"科学与工程计算国家重点实验室"，以及为中国科学院其他世界银行贷款项目引进计算机，1993 年 9 月，中国科学院世界银行贷款办公室组织专家赴美国考察计算机，参观了 SUN、SGI、HP、Cray、CONVEX、DEC、IBM，还参观了 Stanford 大学校园网和美国 San Diego 超级计算中心，了解到当时超级计算机的情况。鉴于当时美国对我国的出口限制政策，实验室只引进了当时性能好的先进的工作站（Workstation），而超级计算中心的主机则受到限制迟迟未能引进。直到 1996 年，中国科学院超级计算中心才引进了 SGI 的 Power Challenge XL 计算机（6 GFLOPS，16CPU，2GB 内存，150GB 硬盘）。这种情况，直到 863 计划研制出我国自己的超级计算机，才得到彻底改变。

2000 年之后，中国科学院连续设立信息化建设专项，一是支持中国科学院超级计算中心的运行环境建设，包括硬件的购置（主要来源于 863 计划的研制项目）、网格环境和之后的超级云计算环境建设；二是支持超级计算的基础并行软件和算法的研究开发；三是支持大型科学计算在各科学领域的应用算法及软件，大力推动各学科领域的 e-Science 的应用。超级计算作为中国科学院科研信息化发展战略的重要组成部分，伴随着 863 高性能计算专项的进展一路同行，得到 863 计划的重要支持。20 年来，中国科学院超级计算能力不断增强，计算水平不断提升。

（1）"十五"期间（2000～2005），中国科学院设立知识创新工程信息化建设专项项目"超级计算环境建设与应用"。2000 年，中国科学院超级计算中心装备了由 863 计划支持的依托计算所国家智能机中心研制的曙光 2000（200 GFLOPS）；2004 年，又装备了 863 计划中由联想集团研制的"深腾 6800"超级计算机系统（4TFLOPS），中国首次上榜世界超级计算机 TOP500，排名位列 14（图 2）；建立了研发基础并行软件平台和科学计算应用平台，并设立 21 个超级计算重点应用课题（具体见表 1），对于普及和促进中国科学院超级计算应用发挥了关键作用。

图 2　联想"深腾 6800"超级计算机及 TOP500 证书

**表 1　"十五"中国科学院知识创新工程信息化建设专项
"超级计算环境建设与应用"课题一览表**

序号	课题名称	课题负责人	课题依托单位
1	复杂流动直接数据模拟软件开发	李新亮	中国科学院力学研究所
2	非均匀脆性介质破坏的共性特性、前兆与地震预报	尹祥础	中国科学院力学研究所
3	研制有限元并行程序自动生成平台	梁国平	中国科学院数学与系统科学研究院
4	第一原理赝势软件包及其在材料科学中的应用	杨锐	中国科学院金属研究所
5	大型数值模拟计算软件集成平台	孙家昶	中国科学院软件研究所
6	大规模科学计算在生态环境研究中的应用	欧阳志云	中国科学院生态环境研究中心
7	大规模并行粒子模拟通用软件平台的开发与应用	葛蔚	中国科学院过程工程研究所
8	用量子力学方法研究化学反应动力学及其软件开发	韩克利	中国科学院大连化学物理研究所
9	IBP 生物信息学软件包	陈润生	中国科学院生物物理研究所
10	三维地震层析成像及其应用软件开发	刘福田	中国科学院力学研究所
11	粉末衍射法测定晶体结构	董成	中国科学院物理研究所

续表

序号	课题名称	课题负责人	课题依托单位
12	研制不充分混合地幔对流模型的大规模数值模拟平台	张怀	中国科学院大气物理研究所
13	分子与塑料电子和光电子材料理论设计	帅志刚	中国科学院化学研究所
14	基于生物复杂分子体系的新药设计和分子模拟	沈建华	中国科学院上海药物研究所
15	灾害性空间天气数据预报模式的初步应用开发	王赤	中国科学院国家空间科学中心
16	基于高性能计算环境的可视化系统建设	单桂华	中国科学院计算机网络信息中心
17	海–陆–气耦合模式的古气候数值模拟	李力	中国科学院地球环境研究所
18	GAMIT 软件解算中国地壳运动及其地球物理机制研究	许大欣	中国科学院测量与地球物理研究所
19	Maxwell 方程的辛计算	唐贻发	中国科学院数学与系统科学研究院
20	金属-AI2O3 界面结构和性能的第一原理研发	张文清	中国科学院上海硅酸盐研究所
21	地球重力场仿真系统研制	陆洋	中国科学院测量与地球物理研究所

（2）"十一五"期间（2006～2010），中国科学院设立了信息化专项项目"超级计算环境建设与应用"。2009 年，在中国科学院超级计算中心装备了 863 计划支持的联想"深腾 7000"超级计算机系统（100TFLOPS）；同时研发了基础并行算法库和框架软件；按照中国科学院超级计算三层架构的设计，建设了中国科学院超级计算总中心、分中心及中国科学院超级计算网格环境；在 863 计划和中国科学院信息化专项的支持下，设立了 10 个大规模科学计算应用软件研发课题（具体见表 2），有效提升了超级计算应用水平。基于联想"深腾 7000"超级计算机（TOP500 排名第 19，参见图 3），在国内率先实现万核级应用，千核以上应用超过 25 个，其中 6 个达到 4096 核以上规模应用。截至 2010 年，中国科学院超级计算网格环境共计接入 1 个总中心、8 个分中心（青岛、兰州、合肥、昆明、深圳、大连、沈阳、武汉）、17 个所级中心的高性能计算集群，聚合了 300 万亿次的通用计算能力。同时还连接了 11 家单位的 GPU 计算机群，聚合 GPU 计算能力近 3000 万亿次；开通账号累计 150 多个，提交网格作业逾 5 万个，累计使用机时超过 700 万 CPU 小时。至 2010 年底，中国科学院超级计算网格环境中累计有 197 个账号提交网格作业 109188 个，共使用机时 22930196 CPU 小时（Wall-time）。

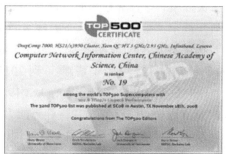

图 3　联想"深腾 7000"超级计算机及 TOP500 证书

**表 2　"十一五"中国科学院信息化专项项目
"超级计算环境建设与应用"大规模重点应用课题一览表**

序号	课题名称	课题负责人	课题依托单位
1	扫描电子显微镜成像的超级计算模拟研究	丁泽军	中国科学技术大学
2	高分辨率地球系统模式的千核应用	王斌	中国科学院大气物理研究所
3	加卸载响应比应用于地震预测的数值研究	刘晓宇、尹祥础	中国科学院力学研究所
4	可扩展高精度计算流体力学软件开发	李新亮	中国科学院力学研究所
5	星系尺度上的恒星形成过程和动力学反馈的大规模数值模拟研究	冯珑珑	中国科学院紫金山天文台
6	复杂生物分子模拟和药物虚拟筛选	于坤千	中国科学院上海药物研究所
7	应用微扰量子场论自动化计算系统 FDC 在超级计算机上进行强子对撞机物理过程 QCD 修正的大规模计算	王建雄	中国科学院高能物理研究所
8	钛合金高温变形组织演化的大规模并行模拟	徐东生	中国科学院金属研究所
9	复杂油气储层介质中声场的多尺度离散模拟计算研究	王秀明	中国科学院声学研究所
10	千核以上并行计算在 III-V 族半导体纳米线研究中的应用	陈立栀	中国科学院苏州纳米技术与纳米仿生研究所

（3）"十二五"期间（2011～2015），中国科学院设立了信息化专项项目"科研信息化应用推进工程"，结合 863 计划，在中国科学院超级计算中心装备 863 计划支持的曙光"元"超级计算机系统（2.3 PFLOPS），见图 4。结合 863 计划，设

立了大规模科学计算应用研发课题 16 项（具体见表 3），开展百万核级超大规模应用研发技术，哺育出一批数十万核级乃至百万核级的大规模计算模拟，极大地促进了我国超级计算的应用水平，为冲击超级计算国际大奖——戈登·贝尔（ACM Gordon Bell）奖，奠定了基础。 到 2015 年，中国科学院超级计算网格环境扩大至 9 个分中心（增加了广州分中心）、19 个所级中心，聚合了 1300 万亿次的通用计算能力和近 3000 万亿次 GPU 计算能力；截至 2015 年底，中国科学院超级计算网格环境累计有 498 个外部账号提交网格作业 550554 个，共使用机时 123339092 CPU 小时（Wall-time）。

图 4　曙光"元"超级计算机

表 3　"十二五"中国科学院信息化专项项目"科研信息化应用推进工程"课题一览表

序号	课题名称	课题负责人	课题依托单位
1	基于 CPU 蛋白质精确模拟大规模并行应用软件开发	李国辉	中国科学院大连化学物理研究所
2	基于逆蒙特卡罗方法和反射电子能量损失谱建立光学常数数据库的大规模并行计算	丁泽军	中国科学技术大学
3	基于张量网络算法的量子多体问题研究	何力新	中国科学技术大学
4	全球涡分辨率海洋环境模式研发和应用	俞永强	中国科学院大气物理研究所
5	基于多网格谱元法的深部资源探测大规模模拟软件研究	林伟军	中国科学院声学研究所
6	行星流体动力学大规模并行数值模拟	李力刚	中国科学院上海天文台
7	重大地下工程灾害孕育演化模拟的万核级并行有限元软件研发	张友良	中国科学院武汉岩土力学研究所
8	针对使役性能的钛合金组织优化模拟	徐东生	中国科学院金属研究所
9	面向航空航天的十万核级计算流体力学软件开发及应用	李新亮	中国科学院力学研究所

续表

序号	课题名称	课题负责人	课题依托单位
10	基于高性能计算的个性化医疗应用系统研发	李君一	中国科学院上海生命科学研究所
11	100,000+ CPU 核级代码的优化与应用	田荣	中国科学院计算技术研究所
12	解析暗宇宙中的结构形成：十万核级 N 体/流体宇宙学数值模拟研究	冯珑珑	中国科学院紫金山天文台
13	基于 GPU 面向 III-V 族半导体材料研究的应用软件研发	石林	中国科学院苏州纳米技术与纳米仿生研究所
14	GPU 加速的第一性原理输运计算	曾雉	中国科学院合肥物质科学研究院
15	连续-离散方法模拟多相流动的大规模 GPU 并行计算软件开发	陈飞国	中国科学院过程工程研究所
16	多 GPU 颗粒流模拟软件开发	齐记	中国科学院近代物理研究所

（4）"十三五"期间（2016~2020），中国科学院设立信息化专项项目"科研信息化应用工程"，其中部署建设信息化应用示范课题 13 项（具体见表 4），研发高性能计算应用软件持续提升中国科学院超级计算应用水平，为提升中国高性能计算事业持续发力。中国科学院超级计算网格环境共聚合了 5000 万亿次的通用计算能力和近 1 亿亿次的 GPU 计算能力；截至 2018 年底，中国科学院超级计算网格环境累计有 1921 个外部账号提交网格作业 901928 个，共使用机时 228240899 万 CPU 小时（Wall-time）。2016 年，在 863 计划和中国科学院信息化专项项目的支持下，中国科学院超级计算算法研究人员联合应用领域科研人员基于神威·太湖之光超级计算机实现千万核级全机计算模拟，中国科学院超级计算重点应用课题成员、中国科学院软件研究所杨超研究员荣获戈登·贝尔奖，中国科学院超级计算中心张鉴研究员也入围该项大奖的遴选，实现了该奖设立 29 年来中国人首次获奖的突破。

表 4　"十三五"中国科学院信息化专项项目"科研信息化应用工程"信息化应用示范课题一览表

序号	课题名称	课题负责人	课题依托单位
1	面向"大尺度区域生物多样性格局与生命策略"的科研信息化应用	庄会富	中国科学院昆明植物研究所
2	面向拓扑量子材料计算与预言的科研信息化应用	常凯	中国科学院半导体研究所
3	面向干细胞领域知识发现的科研信息化应用	张志强、潘光锦	中国科学院成都文献情报中心
4	面向高速列车系统力学问题研究与验证的科研信息化应用	杨国伟	中国科学院力学研究所
5	面向多相系统介尺度模拟的科研信息化应用	葛蔚	中国科学院过程工程研究所

续表

序号	课题名称	课题负责人	课题依托单位
6	面向区域高精度大气污染模拟与预测的科研信息化应用	王自发、唐晓	中国科学院大气物理研究所
7	面向东北森林屏障带生态保护与恢复的科研信息化应用	朱教君	中国科学院沈阳应用生态研究所
8	面向先进动力系统用高温钛基合金组织控制的科研信息化应用	徐东生、杨锐	中国科学院金属研究所
9	面向海岸带生态环境安全的智能立体观测监测网的科研信息化应用	杨红生	中国科学院烟台海岸带研究所
10	面向疼痛慢性化识别与干预的科研信息化应用	刘勋	中国科学院心理研究所
11	面向暗物质粒子探测卫星在轨运行与科学研究的科研信息化应用	常进	中国科学院紫金山天文台
12	面向深海海底观测网的可信观测、数据安全与共享技术研究	郭永刚	中国科学院声学研究所
13	面向生物演化与环境的科研信息化应用	樊隽轩	中国科学院南京地质古生物研究所

目前，中国科学院启动了计算系统 C 类先导专项，组织全院力量携手着力解决高性能计算自主芯片研制、基础算法库研发、应用软件研发、先进计算应用等"卡脖子"关键技术。对于先导专项的项目责任人，中国科学院要求其立军令状，明确了在项目运行时期"不申报奖项、不调动工作、不从事其他项目工作"的"三不原则"，专心攻关，以期在该 C 类先导专项的支持下，通过高性能计算机研制、并行计算方法、软件环境研发、学科应用领域等多方团队深入合作，产出国际领先成果，提升我国超级计算综合实力，再攀高性能计算技术与应用高峰。图 5 为中国科学院超算环境发展历程。

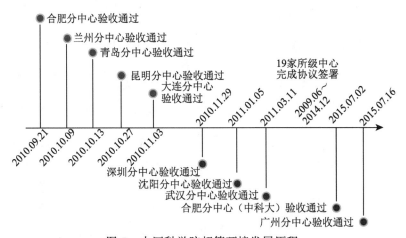

图 5　中国科学院超算环境发展历程

3　积极承担 863 国家高性能计算应用与服务环境任务

3.1　成立中国国家网格运行管理中心

　　"十五"期间，由中国科学院超级计算中心迟学斌研究员牵头，组织清华大学、上海超级计算中心共同承担了 863 计划"高性能计算机及核心软件"重点专项的"中国国家网格运行管理支持环境研究"课题。2005 年，863 计划高性能计算专项决定建设"中国国家网格"（CNGrid）[1]，聚合全国由 863 计划支持研发的超级计算资源，建设国家超级计算应用服务环境。12 月，依托于中国科学院网络中心的"中国国家网格运行管理中心"正式成立。12 月 21 日，"中国国家网格运行管理中心"与"中英开放中间件基础架构研究所"揭牌仪式在中国科学院网络中心举行，时任科技部部长徐冠华等领导为两个机构揭牌（图 6）。中国国家网格运行管理中心负责国家网格的技术支持与维护，保证国家网格的正常运行，推动网格在中国的应用与发展。该中心成立后，制定了《中国国家网格管理办法（草案）》，对国家网格的组织结构、国家网格成员的权利和义务、国家网格环境集成原则、国家网格运行中心的职责、国家网格使用规范、国家网格知识产权管理及使用原则等做了明确的规定，由此开启中国高性能计算网格环境建设历程。

图 6　中国国家网格运行管理中心揭牌仪式

　　中国国家网格建设初期包含了分布在全国各地的 8 个结点（包括中国科学院计算机网络信息中心、上海超级计算中心、国防科技大学、清华大学、西安交通大学、中国科学技术大学、北京应用物理与计算数学研究所和香港大学）；聚合计算能力达 18 万亿次，总存储容量 200TB，共享软件 50 多个，数据库约 150 个，中国国家网格的资源量居当时世界国家级同类网格的第二位。

　　"十一五"期间，中国科学院超级计算中心等 3 家单位继续承担了 863 计划"高效能计算机及网格服务环境"重点专项"中国国家网格运行管理技术研究"课题，持续完善中国国家网格环境运行与服务。截至 2010 年底，中国国家网格环境包含

14 个结点，聚合计算能力超过 3000 万亿次，聚合存储能力超过 15PB，部署软件 450 多个，支持了 1100 多项国家与地方科技项目。

"十二五"期间，由中国科学院超级计算中心迟学斌研究员牵头，组织了上海超级计算中心、山东大学、国家超级计算天津中心、清华大学等 18 家单位承担了 863 计划"高效能计算机"重点专项"高性能计算环境应用服务优化关键技术研究"课题，重点研究高性能计算环境的应用服务优化关键技术，完善资源建设机制，建立具有新型运行机制和丰富应用资源、实用的高性能计算应用服务环境，以及基于高性能计算环境的工业产品设计社区、新药创制社区、数字媒体和文化创意社区，以提升高性能计算应用服务水平，并实现国家高性能计算环境的"可管理、可运行、可使用"。截至 2015 年底，中国国家网格环境包含 15 个结点，聚合计算能力超过 12PFLOPS，聚合存储资源达到 34PB。

进入"十三五"，中国科学院超级计算中心迟学斌研究员又牵头组织包括中山大学、上海超级计算中心、北京航空航天大学、中国科学技术大学在内的全国 23 家单位承担了科技部重点研发计划"高性能计算"重点专项项目"国家高性能计算环境服务化机制与支撑体系研究"，中国国家网格环境与时俱进，迈向国家高性能计算环境新征程。通过该项目的实施，国家高性能计算环境进一步聚合国内优秀的高性能计算资源，面向用户提供便捷的高性能计算服务，从资源接入评价和标准、核心服务优化、运行管理支撑体系完善、基础设施提升、综合评价体系等几方面开展服务化全面升级工作，构建具有基础设施形态、支持服务化模式运行的国家高性能计算环境，达到 E 级计算资源服务承载水平，提供用户个性化高性能计算服务，全面推动环境服务化建设迈上新台阶。该项目突破高性能计算环境发展的几类技术和机制体制重大问题，激励各类超级计算中心加入环境共享计算资源，吸引更多应用领域的用户，促进产生更多的应用成果，推进行业应用发展，并促进从高性能计算机运维到用户应用服务的生态环境建设。

截至 2018 年 12 月，国家高性能计算环境包含了 19 个结点，包含中国科学院计算机网络信息中心（含中国科学院超级计算环境）、上海超级计算中心、国家超级计算天津中心、国家超级计算济南中心、国家超级计算深圳中心、国家超级计算长沙中心、国家超级计算广州中心、国家超级计算无锡中心、清华大学、山东大学、西安交通大学、中国科学技术大学、华中科技大学、上海交通大学、香港大学、中国科学院深圳先进技术研究院、北京应用物理与计算数学研究所、甘肃省计算中心、吉林省计算中心，聚合计算资源超过 260PFLOPS，聚合存储资源超过 200PB，实现了北京/合肥数据异地备份。到科技部重点研发计划"高性能计算"重点专项项目"国家高性能计算环境服务化机制与支撑体系研究"项目实施结束之时，国家高性能计算环境的聚合计算资源超过 500PFLOPS，存储资源超过 500PB，部署应用软件和工具软件超过 500 个，以研究团队为单位的用户数超过 5000。国家高性能计算环境建设将会带来巨大的经济和社会效益。

3.2　成立中国国家网格北方主结点

"十五"期间，中国科学院超级计算中心获得 863 计划"高性能计算机及核心软件"重点专项"超级计算网格结点建设"课题支持，成为中国国家网格北方主结点，2005 年 8 月 16 日，重点专项总体专家组组长钱德沛教授为主结点授牌（图 7）。该课题的目标是建设中国国家网格中国科学院结点，为国家网格环境的主力计算资源服务提供结点。

图 7　863 计划重点专项总体专家组组长钱德沛教授为主结点授牌

中国国家网格中国科学院结点装备了由 863 计划支持的联想"深腾 6800"超级计算机系统，Linpack 计算能力超过 4.183 万亿次，位列世界 TOP500 第 14 位，其 78.5%的整机效率位列世界通用高端计算机第一。在"深腾 6800"超级计算机的运行中，实际使用率最高时达到 91%，平均使用效率保持在 65%~80%，为数百个国家和省部级重点课题提供计算，产生了巨大的社会和经济效益；应用领域涵盖物理、化学、计算数学、生物信息学、电子学、计算流体力学、地震预测、气候模式计算、石油勘探、空间技术、科学数据库等众多领域；国家地震局科技人员利用"深腾 6800"成功地预测了 2005 年 10 月 8 日的巴基斯坦大地震和广东阳江、九江等一批国内地震。中国科学院大气物理研究所大气科学和地球流体力学数值模拟国家重点实验室（LASG）用自主开发的新型气候模式在"深腾 6800"上率先完成为《政府间气候变化专门委员会第四次评估报告》提供的模拟结果，为世界气候研究作出了重要贡献。中国科学院空间科学与应用研究中心在"深腾 6800"上开展的灾害性空间天气数值预报模式的开发与应用研究工作，为首个由中国提出的空间探测国际合作计划"双星计划"和进一步研究行星际扰动如何影响地球空间打下了良好的基础。

"十一五"期间，由中国科学院超级计算中心陆忠华研究员牵头承担了 863

计划"高效能计算机及网格服务环境"重点专项"面向科学研究的超级计算服务环境"课题，继续负责国家网格主结点运行。中国国家网格中国科学院结点装备了联想"深腾 7000"超级计算机系统，Linpack 计算能力超过 106.5 万亿次的异构机群系统，位列世界 TOP500 第 19 位，是当时世界上规模最大的一个结点无盘启动的机群系统。"深腾 7000"超级计算机的实际使用率最高时达到78.65%，平均使用效率保持在 60% 左右；串行作业机时占比仅占总机时的 4%，512 核以上计算规模作业机时占比高达 33%；实现了 25 个千核以上规模计算模拟，其中 6 个达到 4096 核计算模拟规模，最大计算模拟规模达到 8296 核，在国内率先实现万核级大规模计算模拟，充分体现出作为中国国家网格北方主结点应发挥的作用；"深腾 7000"超级计算机的应用领域涵盖物理、化学、材料、天文、地球科学、生物信息与生命科学、计算数学、电子学、航空航天、计算流体、气候气象、石油勘探、指纹识别、能源、工业制造等众多领域。众家媒体对国家网络基础设施进行了报道，如图 8 所示。

图 8　媒体对国家网格环境基础设施建设的报道

"十二五"之后，中国科学院超级计算网格主结点的职责并入中国国家网格运行管理中心共同实施，为中国科学院培育出一大批超大规模应用，为之后在天河和太湖之光超级计算系统上的更大规模应用奠定了基础。

3.3　制定国家高性能计算环境发展指数（CNGrid SCDI）和发展报告

为全面总结"十一五"中国科学院超级计算发展及其成果，科学衡量中国科学院超级计算发展状况，在中国科学院信息化专项的支持下，中国科学院超级计算中心在组织调研的基础上，研制了"中国科学院超级计算发展指数"（CAS Super-Computing Development Index，SCDI）[2-9]，见图 9，以期客观、全面、科学、合理地衡量和评价中国科学院超级计算发展状况，为中国科学院超级计算可持续发展决策提供依据。

基于"中国科学院超级计算发展指数"制定的《中国科学院超级计算发展指数报告》自 2011 年首次发布以来每年持续发布，至今已发布了中国科学院超级计算

2006~2017 年的发展指数（图 10 和图 11），反映出中国科学院超级计算水平不断提升的发展趋势，是国内唯一对超级计算的发展及应用状况进行持续量化分析的指数报告，对于科学指导中国科学院超级计算的可持续发展具有重要意义。

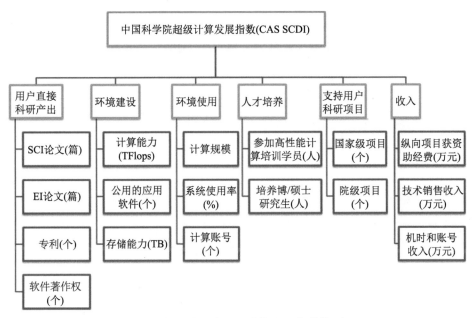

图 9　中国科学院超级计算发展指数体系

图 10　中国科学院超级计算发展指数走势图

2017 年，为科学地衡量和测度我国高性能计算环境的发展水平及变化趋势，基于中国科学院超级计算发展指数研制的经验，863 计划高性能计算专项决定由中国科学院超级计算中心迟学斌研究员牵头，组织国家高性能计算环境各方力量，研究并编制了高性能计算环境发展水平综合评价指数体系；基于中国国家网格 19 家结点单位的相关历史数据，完成了我国第一本国家高性能计算环境发展综合性报告，全面、客观、真实地反映我国高性能计算环境发展的整体概况，对国家高性能计算环境及超级计算应用进行了综合评价，并基于 2015~2017 年我国高性能计算环境指标数，进行综合评价与统计分析，测算了我国高性能计算环境发展水平，并编著了《国家高性能计算环境发展报告（2002—2017 年）》（图 12）[10]，于 2018 年 12 月由科学出版社出版。

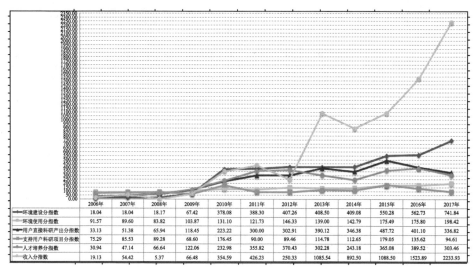

	2006年	2007年	2008年	2009年	2010年	2011年	2012年	2013年	2014年	2015年	2016年	2017年
环境建设分指数	18.04	18.04	18.17	67.42	378.08	388.30	407.26	408.50	409.08	550.28	562.73	741.84
环境使用分指数	91.57	89.60	83.82	103.87	131.10	121.73	146.33	139.00	142.79	175.49	175.80	198.42
用户直接科研产出分指数	33.13	51.38	65.94	118.45	223.22	300.00	302.91	390.12	346.38	487.72	401.10	336.82
支持用户科研项目分指数	75.29	85.53	89.28	68.60	176.45	90.00	89.46	114.78	112.65	179.05	135.62	94.61
人才培养分指数	30.94	47.14	66.64	122.06	232.98	355.82	370.43	302.28	243.18	365.08	389.52	303.46
收入分指数	19.13	54.42	5.37	66.48	354.59	426.23	250.33	1085.54	892.50	1088.50	1523.89	2233.93

图 11　中国科学院超级计算发展分指数走势图

图 12　《国家高性能计算环境发展报告（2002—2017 年）》

3.4   坚持不懈开展高性能计算技术公益培训

作为中国国家网格运行管理中心和中国国家网格北方主结点，中国科学院超级计算中心自成立 20 年来，在 863 计划项目和中国科学院信息化专项支持下，面向全国，坚持不懈地开展高性能计算的技术公益培训，截至 2018 年总计共举办了十八期，培训总人数逾千人，成为中国超级计算技术与应用的摇篮，为各领域培养了许多超级计算系统运行和应用人才，开枝散叶，人才辈出，对我国超级计算应用的普及和发展作出了重要贡献（图 13）。

图 13   持续举办高性能计算培训班

3.5   打造中国超级计算可持续发展生态链

在 863 项目"高效能计算机"和科技部支持下，"超级计算创新联盟"于 2013 年 9 月 25 日在中国科学院计算机网络信息中心成立（图 14）。联盟旨在将"造机器、管机器、用机器"三个群体有机联合起来，共同探索构建超级计算创新平台，打造中国超级计算生态链，促进行业技术进步和应用发展，更好地服务社会与广大用户，壮大我国超级计算事业。

超级计算创新联盟秘书处挂靠在中国科学院计算机网络信息中心，负责联盟日常工作，策划组织学术交流会，组织召开联盟年度工作会议等。金怡濂院士为联盟名誉理事长，钱德沛教授为联盟理事长，迟学斌研究员为联盟秘书长，谢向辉研究员为联盟副秘书长。

图 14　超级计算创新联盟成立大会合影

4　中国科学院高性能计算在 863 计划支持下取得重要进展

中国科学院一直关心、支持和积极参加 863 高性能计算方面的工作。同时，高性能计算也是中国科学院本身的强烈需求和发展重点之一。中国科学院在自身的科研信息化建设和各学科领域高性能计算应用的发展中，得到了 863 项目和高性能计算专家组的关心与大力支持。在高性能计算机的研制、发展和应用的过程中，中国科学院积极参加和配合 863 计划，做了许多工作，进行了长期合作，特别是在高性能计算机的前期预研、超级计算环境的建设、大型科学计算的基础算法、基础软件和在众多学科领域的应用方面，起到了重要作用。这些工作对于中国科学院的科研信息化建设和各学科领域高性能计算应用也有着重要意义。中国科学院从计算方法研究到计算机研制，从计算机科学到各学科领域的高性能计算应用，发挥了科学院多学科综合优势，推进我国高性能计算事业发展，做了大量工作，取得了一系列重要成果，举例如下。

4.1　曙光系列超级计算机研制

20 世纪 90 年代，中国科学院配合 863 计划依托中国科学院计算技术研究所建设了"国家智能机中心"，开始了高性能计算机"曙光一号"的研制；这对后来的曙光系列高性能计算机的发展和产业化，曙光公司的诞生和发展起到了关键作用。曙光公司在 863 计划的支持下，先后研制出"曙光一号"、"曙光 1000"、"曙光 2000"至"曙光 6000"系列高性能计算机系统（图 15 和图 16）。目前曙光公司已成为我国最重要的高性能计算机公司之一，2018 年，该公司生产的高性能计算机系统销

售数量约占到全国同类产品的三成，为我国国产高性能计算机的技术发展和商业
化作出了重大贡献。

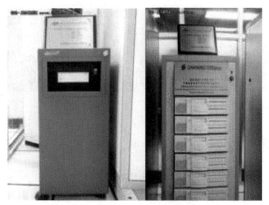

图 15　曙光一号、曙光 1000、曙光 2000

图 16　曙光 3000、曙光 4000A、曙光 5000A、曙光 6000

4.2　龙芯系列 CPU 研制

从 21 世纪初开始,中国科学院配合 863 计划和国家重大专项,持续支持了龙芯 CPU
的研制和发展，龙芯已成为我国目前主要国产 CPU 种类之一，得到重要应用（图 17）。

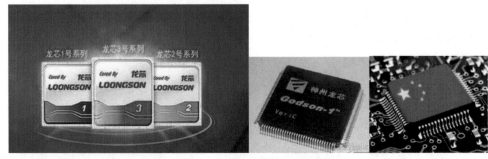

图 17 龙芯系列 CPU 芯片

4.3 率先开展 GPU 技术及应用研究

中国科学院支持研制高性能 GPU 计算机，促进了 GPU 在我国科学计算领域的应用，对后来我国发展起来的 CPU+GPU 异构超级计算机有一定推动和借鉴作用。其中，中国科学院过程工程研究所李静海院士为首的团队提出了化学工程流态化拟颗粒模拟算法，并在基于 GPU 的可扩展集群系统上实现了拟颗粒计算模型的并行化（图 18）。2009 年 4 月他们与国内相关企业合作成功研制了我国第一套基于 GPU、单精度峰值超过每秒 1000 万亿次浮点运算的超级计算系统。这套计算机不仅可用于过程工业设计的拟颗粒模拟计算，而且正在探索在其他领域的应用，已经引起各方面的关注。

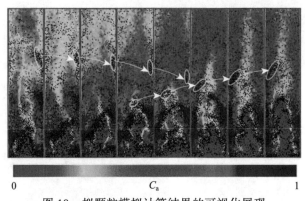

0   C_a 1

图 18 拟颗粒模拟计算结果的可视化展现

4.4 高性能计算机算法软件及科学计算应用软件研制

中国科学院配合 863 计划在院信息化专项中设立超级计算重点专项，支持研发高性能并行算法基础软件；结合学科重要应用支持研制气候变化模拟、过程工程多尺度计算、计算生物学、计算化学、新药研制、流体动力学等方面的高性能计算应用软件，为高性能计算机的应用和学科发展作出了重要贡献，这里仅举部分成果。

（1）并行基础软件研发。

面对科学工程计算与应用中共性计算问题，中国科学院计算机网络信息中心和中国科学院软件研究所针对稀疏线性代数方程组求解、特征值问题、并行多重网格算法、并行多层快速多极子、网格–粒子类有限元问题，选择逆和近似逆并行算法等基础算法，研究了新型的并行算法。通过高效实现研制了基础算法库 SC_HCAL 和各类求解器，基础算法库可运行于通用 CPU、神威、曙光和天河系列等不同国产众核机器以及 GPU 集群，具备了跨多计算平台计算能力。SC_HCAL 算法库（图 19）已应用于电子结构计算软件 ABACUS、地震数值模拟分析软件、电磁学问题、天体问题、大数据谱聚类分析软件等不同应用领域。

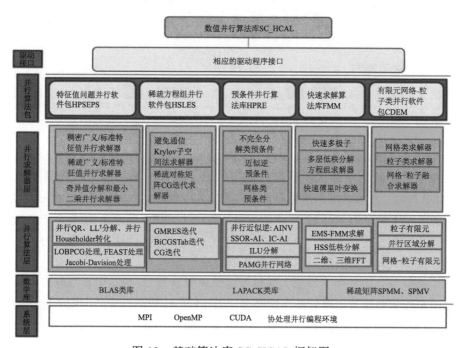

图 19　基础算法库 SC_HCAL 框架图

（2）气候模式研发与应用。

中国科学院大气物理研究所王斌团队研发了 FGOALS、RIEMS 等气候模式，是具有中国特色的四代气候系统模式（图 20）。该团队与中国科学院计算机网络信息中心合作，在"深腾 6800"和"深腾 7000"以及"元"上模拟人类活动对全球变化的可能影响以及未来气候可能演变趋势，其结果被联合国政府间气候变化专门委员会（IPCC）已有的四次气候评估报告所采纳；所开发的天气预报系统，不仅能对全球范围的天气形势作 3~10 天的中期天气变化预报，而且通过同化各种观测资料，能对区域尺度的剧烈天气事件作 24~48 小时短期精细预报；在海洋灾害预报方面，不仅能对厄尔尼诺作长期预测，而且能对风暴潮、海浪、海流和海冰作日常业务预报以及对溢油等紧急事件作应急预报。

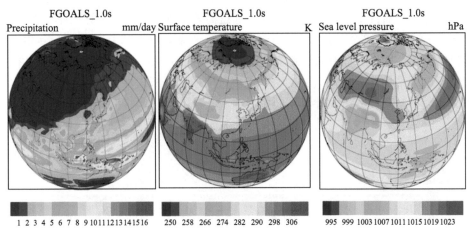

图 20　我国第四代气候系统模式 FGOALS 模拟的降水、温度和海平面气压

（3）基因图谱分析研究。

中国科学院北京基因组研究所参与完成了国际人类基因组单体型图计划和 HapMap 计划，北京基因组所也是伴随"人类基因组计划"应运而生：1999 年 7 月，中国加入"人类基因组计划"，成为继美、英、法、德、日之后的第 6 个参与国，也是唯一一个发展中国家；2000 年初，完成 1%人类基因组序列工作，与美、英等国联合宣布"人类基因组工作框架图绘制完成"。

中国科学院实施了"中国人群精准医学研究计划"，旨在大规模解析中国人的全基因组遗传变异位点和复杂结构变异（图 21）；构建高精度的中国人群遗传变异图谱，为精准医学研究提供参照（图 22）。样本数量约 1000 人，测序数据量约 100TB。

"中国人群精准医学研究计划"开发了基因组分析平台和工作流，目前分析平台和工作流已部署在生物医药应用社区上。该计划解析了中国科学院人群队列项目 500 人的全基因组遗传变异位点；获得约 2400 万个遗传变异位点，其中包括约 1000 万个新位点，完善建立中国人群遗传变异图谱（图 23）；采用自主开发的基因型填补工具提高了对中国人群基因型填补的准确性（图 24）。

（4）大型铸锻件加工工艺仿真。

中国科学院金属研究所肖纳敏团队利用高性能计算模拟材料成形过程（图 25），指导大型铸锻件的加工工艺过程，有效提升了铸造、锻造等传统材料加工水平，已经在船用曲轴毛坯、大型铸钢支承辊、大型空心钢锭和核电用关键锻件等的制造技术上成功应用，解决了我国不能加工特大型铸锻件的难题。

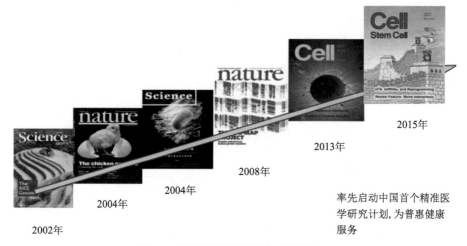

图 21　组建基因组学研究"国家队"

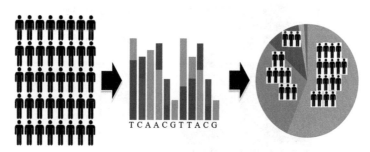

图 22　从个体测序数据到中国人遗传变异图谱

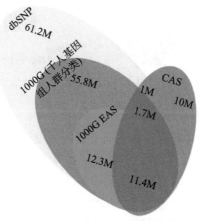

图 23　获得的遗传变异位点与已知数据库的比较

SNP：单核苷酸多态性数据库；EAS：千人基因组人群分类东亚亚群；CAS：中国科学院人群队列

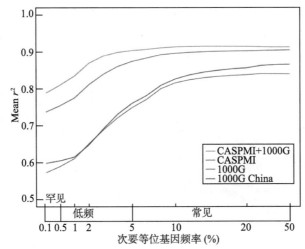

图 24　不同数据集的基因型填补的准确性比较

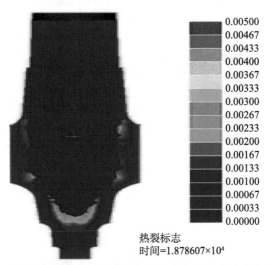

热裂标志
时间=1.878607×10⁴

图 25　计算模拟预测大型铸钢支承辊在铸造过程中的热裂倾向

（5）基于 GPU 的颗粒流软件研发。

中国科学院近代物理研究所杨磊研究员团队设计并研发了基于 CUDA 平台的多 GPU 颗粒流模拟算法。多 GPU 颗粒流模拟算法将原颗粒模拟规模提高了数个量级，能够支持模拟真实加速器驱动次临界洁净核能系统（ADS）散裂靶装置内颗粒流动所需的颗粒数。经过大量的优化工作，研发实现的多 GPU 算法拥有较好的扩展性。经测试，在"元"超级计算机上采用 128 块 GPU 并行计算 51200000 个颗粒时，实际性能达到了理论性能的 76.32%（图 26）。针对 ADS 散裂靶的需要和多 GPU

程序框架的特点,设计并实现了高能粒子束流在轰击散裂靶后的束靶耦合能量沉积模拟算法。基于 GPU 的束靶耦合算法相对于原 CPU 模拟算法,计算速度提高了两个数量级,间接地提高了束靶耦合的计算精度。此外,多 GPU 颗粒流模拟算法还实现了颗粒之间热辐射传热、气膜传热、接触传热等主要的传热方式模拟,能够模拟束靶耦合后,热量在颗粒体系内传播的过程。目前,该算法已经用于 ADS 散裂靶装置的模拟工作。

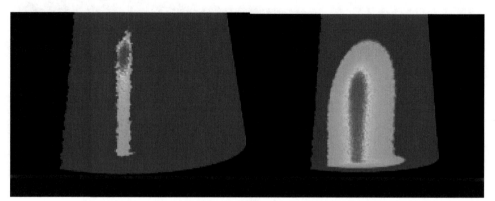

图 26   基于 GPU 的 ADS 散裂靶装置内颗粒流动模拟

(6)高速列车空气动力学优化设计和评估技术及高超声速飞行器气动外形优化。

中国科学院力学研究所杨国伟团队,在"深腾 7000"及"元"上,对包括高速列车气动外形评估和优化设计,以及高速列车隧道、交会等气动特性评估等方面进行了数值模拟与仿真。为新一代高速样车下线和研制提供系统数据支撑。此外还进行了飞行器跨声速气动颤振特性评估技术、高超声速飞行器气动外形优化设计及高超声速飞行器气动热弹性评估等方面的研究。

(a) 在"和谐号"380B 研制方面,通过对"和谐号"3 型车气动性能和流场分析,确定了 20 多个减阻降噪优化区域,并制定改进方案,对每个方案及综合改进方案进行了详细分析和风洞实验验证(图 27)。改进后的八辆编组列车以 350km/h 运行时气动阻力减少了 8.6%。

(b) 完成了我国自主设计的 C919 大型客机机翼的跨声速气动性能反设计(图 28);完成了我国若干高超飞行器的跨声速气动颤振特性性能评估;对高超声速飞行器外形进行了乘波体气动力优化设计;对某高超实验模型进行了高超气动热弹性评估。

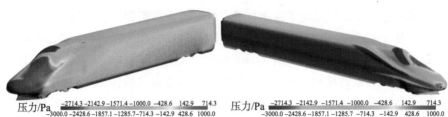

图27 高速列车头、尾车表面压力分布和流场等值面

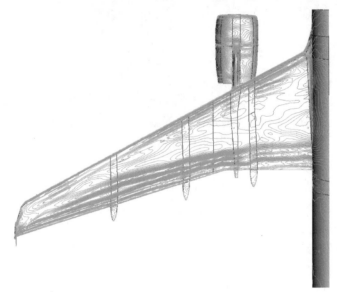

图28 机翼表面压力分布云图

（7）面向大型飞机设计的万核级流场数值模拟软件研制。

中国航空工业第六三一研究所周磊团队，与中国科学院计算机网络信息中心、中国科学院力学研究所等合作，研发大型飞机全机流场高精度气动设计数值模拟并行软件，在"深腾7000"上实现2048CPU的计算，并应用于各种型号飞机初始设计中，可支持飞机设计过程中的全机流场黏流数值模拟（图29）；在飞机机翼、机身关键区域，可进行直接模拟及大涡模拟，以提高计算的解析度；可进行万核级的超大规模计算，提高飞机气动计算的效率和精度；通过有效的应用推广与示范，有望基于该软件逐步形成飞机气动计算高精准度的行业标准，在"国家大飞机计划"的实施和推进我国飞机制造业由"中国制造"向"中国创造"的重大战略转移中发挥重要作用。

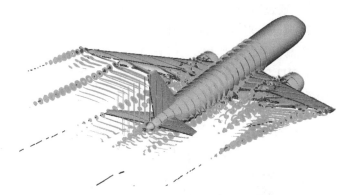

图 29 大型客机增升构型空间涡量截面云图

（8）基于 GPU 面向 Ⅲ-V 族半导体材料研究的应用软件研发。

中国科学院苏州纳米技术与纳米仿生研究所石林研究员团队，与中国科学院计算机网络信息中心合作，在"元"超级计算机上，基于相对成熟的理论和方法自主研制材料计算应用软件，因其在 Ⅲ-V 族半导体材料在固态照明、蓝光激光器、高迁移率功率电子器件中成功应用而受到广泛关注。团队在 GPU 异构计算架构下，改进和优化 Ⅲ-V 族半导体材料计算程序，完成了第一原理平面波 GPU 加速软件 PWmat1.0 的开发，实现 GPU 版本的软件加速比达 25 以上（图 30）；对于 GaP 中 ZnO 的掺杂、GaN 中的 ZnGa-VN 掺杂等情况展开了深入的研究。

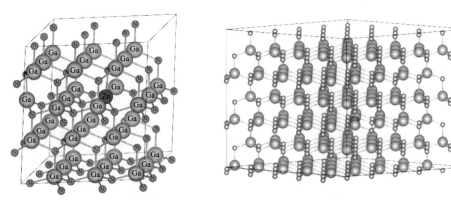

图 30 Ⅲ-V 族半导体材料 GPU 计算

（9）基于结构的药物设计中受体蛋白构象变化的分子模拟研究。

北京生命科学研究所黄牛团队，在"深腾 7000"超级计算机上，进行大规模分子动力学模拟对多个蛋白结构和功能关系的研究，实现 1024 核模拟，取得了重要成果。

(a) 药物靶标 5-羟色胺受体(5HT-2A/2B) 结构的同源建模，以及同其特异性拮抗剂的诱导契合研究。通过对模拟的非活性构象的分子对接研究，预测并通过实验验证了抗肿瘤新药 Sorafenib 对 5HT-2B 受体的强结合能力(56 nM)，在国际上第一次提出 Sorafenib 除激酶以外的新作用机制（图 31），并设计合成多个类似物，利用化学生物学手段研究 5HT-2B 受体与肿瘤及其他疾病的关系。前期工作 2012 年发表在 *Journal of Medicinal Chemistry*，被 Faculty 1000 收录，并申报药物专利一项。

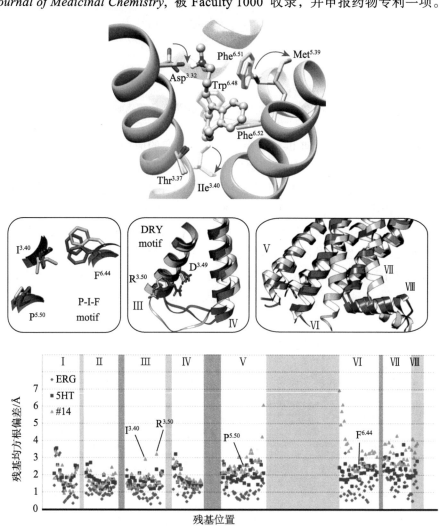

图 31　5HT-2B 受体靶标全局的诱导契合效应

(b) 模拟研究流感病毒入侵细胞的关键步骤中环境 pH 诱导病毒膜蛋白-血凝素(HA)构象变化的分子机制。通过模拟鉴定了在 HA 构象变化过程中关键位点和中间亚稳定状态，从而为寻找阻断 HA 构象变化的小分子抑制剂，设计全新的广谱抗流感病毒药物提供帮助。目前已鉴定环境 pH 诱导的 HA 构象变化起始阶段的分子开关。

在"深腾 7000"上使用 1024 核进行了计算，相比于 128 核计算结果，1024 核并行效率为 65%。

（10）玉米自交系 Mo17 基因组拼接。

中国农业大学赖锦盛团队开展玉米自交系 Mo17 基因组拼接研究，在"深腾 7000"超级计算机上实现了 2048 核的计算。玉米是重要的粮食作物，提高玉米产量和生产适应性对我国粮食安全具有重要意义。杂种优势的利用是提高玉米产量的重要手段。玉米自交系 B73 和 Mo17 组配出的杂交种曾被美国广泛利用，并发展出很多优良自交系。该团队通过发掘和分析玉米自交系 B73 和 Mo17 基因组之间的变异及其规律为玉米育种提供资源和理论指导，并尝试从基因组学的角度对杂种优势的机理进行解析。通过下一代测序技术对玉米自交系 Mo17 基因组进行测序，通过 Abyss 等软件组装测序数据，得到 Mo17 基因组序列（图 32）；将得到的 Mo17 基因组与已公布的玉米 B73 自交系基因组序列进行比较，研究两个玉米自交系之间的变异和规律。

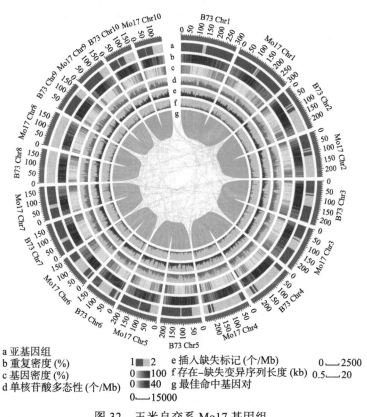

a 亚基因组
b 重复密度 (%)　　　　　　　　e 插入缺失标记 (个/Mb)
c 基因密度 (%)　　　　　　　　f 存在-缺失变异序列长度 (kb)
d 单核苷酸多态性 (个/Mb)　　　g 最佳命中基因对

1 ▨ 2
0 ▨ 100
0 ▨ 40
0 ▬ 15000

0 ▬ 2500
0.5 ▬ 20

图 32　玉米自交系 Mo17 基因组

（11）全球涡分辨率海洋环流模式研发和应用。

中国科学院大气物理研究所俞永强团队基于原创理论和方法自主研制应用软件，发展具有高并行度的新一代海洋环流模式，通过引进三极坐标框架优化模式并行方案，在"元"超级计算机实现万核级模拟，同时利用 CPU 和 MIC 节点的混合并行，混合并行较 MIC 本地运行性能提升 10%（图 33）。利用新版本的海洋模式 LICOM2.1，分别在 100km、10 km 和 5 km 三种不同分辨率下进行了大量测试，模式表现出很好的并行效率。其中 10 km 和 5 km 分辨率模式均进行了全系统整机 CPU 万核规模以上的并行测试，10 km 分辨率模式整机的并行效率可以达到 53%，5 km 分辨率模式整机并行效率可以达到 82%。

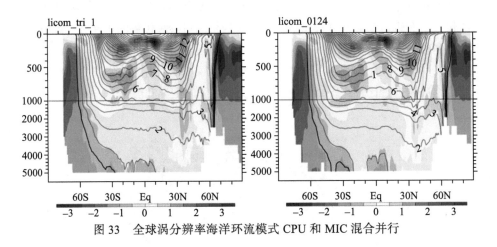

图 33　全球涡分辨率海洋环流模式 CPU 和 MIC 混合并行

（12）星系尺度上的恒星形成过程和动力学反馈的大规模数值模拟研究。

中国科学院紫金山天文台冯珑珑团队与中国科学院计算机网络信息中心合作，利用联想"深腾 7000"超级计算平台，建立完整的包括暗物质-流体动力学的高效宇宙学数值模拟计算环境 WIDGEON。基于该程序开展了大规模宇宙学数值模拟，针对 4096^3 的三维流体计算网格，在"深腾 7000"上率先实现了 8192 核的星系风计算，并行效率达 97.6%，探讨了宇宙结构形成中的重子物质大尺度速度旋度场和湍流的形成及演化特征，研究了不同星系模型中物质外流的流体动力学过程（图 34）；而基于 GADGET 的 N 体数值模拟则有望获得超大规模的宇宙学数值模拟样本，该样本将对我国的重大科学工程如 LAMOST 红移巡天计划的科学目标实现、南极天文的科学预研起到重要的作用。取得的主要成果如下。

(a) 采用所发展的宇宙流体动力学数值模拟程序 WIDGEON，研究了宇宙大尺度上速度旋度场及湍流的形成过程，并统计分析了它的演化特征。

(b) 在各种星系模型中，开展了超新星产生的星系外流的流体动力学模拟，对星系风产生的金属抛射和动力学结构进行了分析。

（c）利用 GADGET 宇宙学数值模拟软件包，开展了目前超大规模的宇宙大尺度结构形成和演化的 N 体数值模拟，已取得阶段性进展。

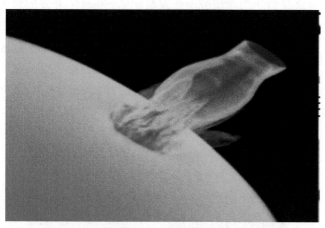

图 34　星系风可视化

（13）"凤凰项目"与"盘古计划"研究。

中国科学院国家天文台高亮团队、中国科学院紫金山天文台冯珑珑团队、中国科学院上海天文台景益鹏团队与中国科学院计算机网络信息中心合作，开展"凤凰项目"与"盘古计划"研究。其中"凤凰项目"旨在研究宇宙星系团的结构与形成，在对星系团暗物质湮灭信号以及星系团物质结构研究方面的结果已快速成为世界天文学界在此两个重要领域里的标准文献；"盘古计划"是一个科学家层面组成的合作研究团队——中国计算宇宙学联盟（Computational Cosmology Consortium of China, C4）提出的大型宇宙学数值模拟计划，旨在依托我国自主研发的超级计算机，细致解析暗物质和暗能量主导的宇宙中的结构形成过程，在"深腾 7000"超级计算机上已完成数值模拟接近 300 亿个虚拟粒子，再现了边长为 50 亿光年的立方体积中物质分布的演变过程，是迄今为止同等尺度上规模最大、精度最高的数值实验（图 35）。它不仅有助于我们理解星系的形成和演化，以及超大质量黑洞的形成过程，同时对我国重大科学工程大天区多目标光纤光谱望远镜 LAMOST（郭守敬望远镜）以及未来南极天文台的科学目标的实现具有重要的意义。

2010 年在"深腾 7000"超级计算机上分别进行了 1024×78 天和 2048×13 天的两个大规模模拟，最终产生的数据文件超过 90TB，是当时国内超算中心模拟总时长最大的模拟，并行效率超过 50%。由于核数多，IO 吞吐大，MPI 通信量大，如此长时间的模拟对超级计算机是一个巨大的考验，需要极强的系统运维保障才能顺利实施。此系列模拟的顺利完成,标志着我国已具备驾驭超级计算机进行长时间、大规模模拟的能力。

（14）拟筛选重大地下工程灾害孕育演化模拟的万核级并行有限元软件研发。

中国科学院武汉岩土力学研究所张友良团队,在自主开发的岩土三维并行有限元程序基础上,完善与优化了一种高度并行、可扩展的对偶原始有限元撕裂内联算法（FETI-DP 算法）,采用 Newton-Raphson 算法求解材料非线性问题,编制程序并在 MIC 构架上进行优化;对某水利工程边坡大规模三维模型,在"元"超级计算机上采用 10000 核并行计算,得到了较好的并行效率（78%）,提高了重大岩土工程的数值仿真效率、规模和精度（图 36）。

图 35　暗物质子晕结构可视化

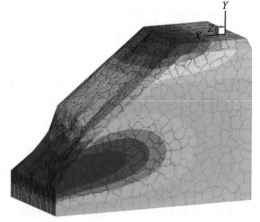

图 36　水利工程边坡大规模模拟

（15）分子/集团统计热力学方法的并行软件研发及应用。

中国科学院力学研究所宋凡团队发展了能耦合原子/连续介质表象的新型多尺度计算方法,以分子/集团统计热力学（MST/CST）多尺度理论为基础,完成了

MST/CST 耦合并行多尺度计算软件和后处理可视化软件的研发；在"元"超级计算机上对材料的压入破坏过程实现了万核级大规模数值模拟,并行效率达到 66.8%,结合精细的纳米压入实验解决了硬度测量中尺寸效应的来源和机理问题,为材料和结构的多尺度力学性能研究提供了高效、可靠的计算工具（图 37）。

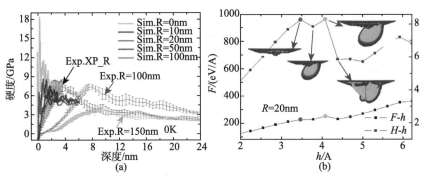

图 37　(a) 压入过程的实验和模拟结果对比；(b) 压入模拟得到的位错演化图

（16）合金微结构演化相场模拟。

中国科学院计算机网络信息中心张鉴团队与中国科学院金属研究所合作,开展合金微结构演化相场模拟研究,研发了合金微组织演化大模拟并行软件 ScETD-PF。该软件是基于可扩展紧致指数时间差分算法库的相场模拟软件,支持计算材料科学、计算物理、计算生命科学等学科的计算模拟,实现了国际最大规模的合金微结构粗化相场模拟,有助于加快我国新型合金的设计和加工工艺优化。团队应用 ScETD-PF 软件在神威·太湖之光上运行合金微结构粗化过程相场模拟,规模比之前提高近百倍,实现了超过千万核的扩展性能,相场模拟的实际性能达到峰值的 40%,远高于普通软件约 5% 的水平。该应用已获得 2016 年戈登·贝尔奖提名（图 38）。

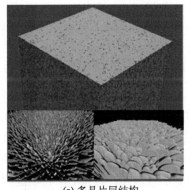

(a) 多晶片层结构　　　(b) 应用二元合金相分离(粗化)过程

图 38　合金微结构演化相场模拟获得 2016 年戈登·贝尔奖提名

（17）高精度湍流数值模拟软件研制。

中国科学院力学研究所李新亮团队，在"深腾7000"及"元"上，先后进行了槽道、平板、钝锥、压缩折角激波-湍流边界层干扰等可压缩湍流的直接数值模拟及流动机理分析，并进行了真实外形高速飞行器全机流场的高精度数值模拟（图39）。发展出一套既可进行工程复杂外形流动计算，又可进行局部流动高分辨率数值模拟的超大规模计算的高精度 CFD 软件。应用于流动基础研究则可提升计算规模，拓展计算的雷诺（Reynolds）数和马赫（Mach）数参数范围，从而可实现原先受制于计算资源而无法开展的计算；应用于工程实际问题则可给出更为精确的计算结果并大幅缩减计算周期，更好地为工程应用服务。

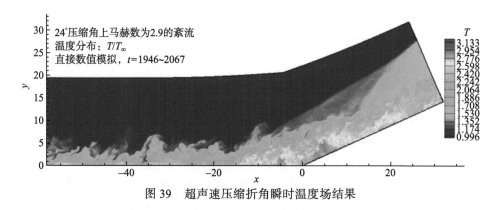

图39　超声速压缩折角瞬时温度场结果

（18）超声速螺位错研究。

中国科学院力学研究所魏宇杰团队与上海交通大学和浙江大学合作，开展晶体材料中的基本缺陷-螺位错在变形过程中的超声速现象研究，利用分子尺度计算和理论分析，发现铜晶体中的螺形全位错和螺形孪晶界不全位错都能稳定地以声速滑移，并均能超声速运动（超过三个各向异性剪切波速，如图 40 中的三个马赫锥所示）。由于螺位错运动过程存在结构不稳定性，超声速螺位错还是首次被模拟发现。这项研究推翻了传统连续介质力学中对超声速位错的认知，确认了超声速螺位错的存在。他们发现面心立方晶体材料中的螺位错不仅能超声速，并能稳定地以声速运动。相关结果以"Supersonic Screw Dislocation Gliding at the Shear Wave Speed"为题发表在《物理评论快报》上（Physical Review Letters 122,045501 (2019)）。

中国科学院力学研究所彭神佑博士为论文第一作者，魏宇杰研究员为通讯作者，论文作者还包括上海交通大学金朝晖教授、浙江大学杨卫院士。该项目得到国家自然科学基金(Grants NO. 11425211 和 NO. 11790291)和中国科学院战略性先导科技专项(XDB22020200)的支持，计算模拟得到中国科学院超级计算中心支持（相关文章 Phys. Rev. Lett. 122, 045501 (2019))。

图 40　各向异性晶体铜中超声速螺位错所产生的主要剪应力场（左侧）以及其在超声速运动时，突破三个剪切波过程中产生的马赫锥

（19）禽流感神经氨酸酶抑制剂的发现与结构改造。

上海药物研究所于坤千研究员运用计算机辅助药物分子发现与实践技术，针对多个化合物库（ACD, CNPD, SPECS）中的 90 多万个化合物开展虚拟筛选（图 41），预测了 100 多种潜在的禽流感神经氨酸酶（NA）抑制剂。该研究组亦开展了计算机辅助结构改造工作（图 42）。通过结合药物合成发现了酶活性与扎拉米韦相似且体内有效的、具有自主知识产权的禽流感神经氨酸酶抑制剂 12 个，其中 2 个化合物与扎拉米韦活性相当，取得了令人满意的效果。

该研究组使用 4096 处理器核在"深腾 7000"超级计算机上完成了计算，并行效率接近 40%。

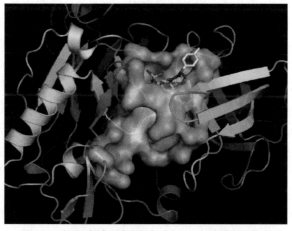

图 41　禽流感神经氨酸酶（NA）抑制剂的发现

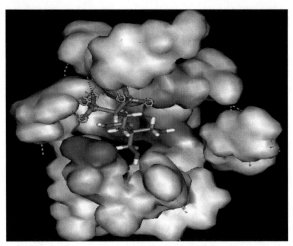

图 42　NA 抑制剂的结构改造

5　结　束　语

　　中国高性能计算发展的 30 年，伴随着国家改革开放的历史进程，从超级计算机研制到科学计算应用和行业应用取得了长足发展。863 计划高性能计算机专项的实施，对我国高性能计算机产业的发展起到了引领、推动和技术保障的作用，彻底改变了我国超级计算机研制和应用的落后面貌，有力支撑了我国科研和各行业领域对高性能计算能力的重大战略需求，使我国彻底告别了重大科学工程计算无机器可用和受制于人的历史。我国研制的超级计算机系统的技术水平跃上了国际前列，取得了世界第一梯队的地位，多次夺得国际超级计算机系统 TOP500 第一名。高性能计算机的发展极大提升了我国超级计算能力，推动了计算科学在各领域应用水平的提高，对我国科技创新能力和国家战略科技研究能力的提高有重大意义，这是国家863 计划建立的不朽历史功勋。然而，我们也要清醒地意识到，真正形成中国高性能计算的可持续发展生态，还需要下大力气做许多努力，特别是在高性能计算机核心处理器芯片和自主可控的高性能计算软件方面，差距还很大。与自主处理器相适配的共性基础并行算法库和并行软件、科学与工程计算并行应用软件等，绝大多数还依赖于国外商业软件或开源软件。中国科学院在科学计算软件研发及应用方面有长期的积累，这些软件大多处于实验室科研版阶段，演进到工程版甚至商业版，还有很长的路要走，更需要多方面的支持。突破硬件研制技术被称为解决"卡脖子"问题，而实现软件自主可控是解决"扼灵魂"问题，国家和中国科学院及应用行业应在软件方面加大投入，软硬兼顾发展。建议中国高性能计算发展遵循"硬件优先，应用引领，环境为基础，生态为关键"的原则，多方合作共同努力，实现中国高性能计算的可持续发展生态。

参考文献

[1] 陆忠华. 国家网格步入佳境[J]. 中国计算机用户, 2005, (20): 21.

[2] 中国科学院超级计算发展报告（2006—2010）[R]. www.sccas.cn.

[3] 中国科学院超级计算发展报告（2011）[R]. www.sccas.cn.

[4] 中国科学院超级计算发展报告（2012）[R]. www.sccas.cn.

[5] 中国科学院超级计算发展报告（2013）[R]. www.sccas.cn.

[6] 中国科学院超级计算发展报告（2014）[R]. www.sccas.cn.

[7] 中国科学院超级计算发展报告（2015）[R]. www.sccas.cn.

[8] 中国科学院超级计算发展报告（2016）[R]. www.sccas.cn.

[9] 中国科学院超级计算发展报告（2017）[R]. www.sccas.cn.

[10] 迟学斌, 等. 国家高性能计算环境发展报告（2002—2017）[M]. 北京: 科学出版社, 2018.

探索多尺度高性能计算——从应用、模型、软件、硬件再到应用

葛　蔚

不知不觉中，中国科学院过程工程研究所（以下简称过程所）对多尺度高性能计算和过程模拟已不懈探索了三十多年。本人有幸亲历其大部分时光，积攒了一些感悟和体会、经验和教训，今冒昧呈现于回顾中国高性能计算发展三十年的文集，望得到各界同仁更多指教，协力推动高性能计算在过程工业的绿色化和智能化转型升级中发挥更大作用。

1　艰　难　起　步

过程工业是为整个工业体系和人类社会提供可资利用的物质与能量的庞大产业群，包括化工、冶金、材料、能源、动力等众多基础行业，在我国几乎占工业总产值的一半。这些行业的产品大多"计量不计件"，其性能和品质的确定往往要追溯到分子或原子尺度，而其现代生产装备动辄数米甚至数十米。两者之间复杂的动态多尺度结构是相关工艺和装备研发的巨大挑战：传统的实验筛选和逐级放大费用高、周期长、风险大，已无法满足绿色可持续发展对新技术巨大而迫切的需求；而计算机模拟陷于宏观模型精度过低和微观模型计算量过大的两难境地。

过程所在 20 世纪 80 年代即意识到建立多尺度模型是突破这一困境的必由之路，并首先对气固流态化系统建立了能量最小多尺度(EMMS)模型[1]。尽管该模型能准确预测噎塞等争议已久的流域转变现象并成功应用于工程设计，但所引入的稳定性条件，即单位质量颗粒悬浮输送能耗最小(Nst→min)，却难以理论证明或直接验证，成为模型深化与推广的瓶颈和学界关注的焦点。鉴于实验测量的诸多困难，过程所提出了拟颗粒模拟(PPM)[2]。它直接由牛顿力学复现流态化行为而无需连续介质假设，物理基础可靠，具有类似近程作用分子模拟的优越并行性且时间步长与守恒性极大提高，为 EMMS 模型的分析和检验提供了独特的有力手段。

当时我们的计算主要依靠进口的桌面工作站，虽然能比普通的个人电脑快一

两倍，但价格却要高十几倍。好在这也促使我们认识到，对于 PPM 等很多局部性很好的离散粒子方法，基于消息传递的大规模集群并行系统远比昂贵而难扩展的共享存储系统高效而实用，并由此提出了其通用并行模拟概念模型[3]。受惠于一笔不大不小的实验室设备更新款，这次初涉高性能计算没有"纸上谈兵"，而是冒险把原来购买一台高端工作站的方案改成了自建一套峰值 1000 亿次的集群并行系统，用价格低廉的 48 台工业标准服务器和百兆以太网成功模拟了多粒径复杂粒子系统并服务于宝钢等企业的装备设计优化。特别是 EMMS 模型的检验得以进入快车道，不但通过 PPM 观察到了 Nst→min 的完整过程，还确认了它成立的尺度以及局部多种机制交替控制的协调模式[4]，这些都为后续高性能计算的突破打下了基础。

2 寻求突破

从 20 世纪 90 年代后期开始，EMMS 模型在逐步被验证的同时也被推广到管内湍流、气液和气液固系统以及乳液和颗粒流等体系，并与计算流体力学(CFD)结合获得了更广泛的应用。而对这些扩展模型与应用实例的共性认识又催生了更广义和通用的 EMMS 方法，并提出了多目标变分的统一数学表达。同时作为其机理研究与工程应用的重要数值手段，粒子模拟的算法优化与并行化也稳步推进。当然，这两方面的进展也启示我们更深入全面地考虑多尺度系统的高效准确模拟方法。

我们越来越明确地意识到，如果不考虑具有多尺度结构的复杂系统中天然存在的多尺度关联，并行进程或线程的数据或时序必然会有复杂的全局依赖，从而严重影响并行效率与可扩展性。要从根本上解决这个问题，从物理模型、软件算法到计算机体系结构都应考虑模拟对象的多尺度结构特征，即保持对象、模型、软件和硬件的逻辑与结构一致性。对过程工程中最常见的多相系统，以粒子方法模拟系统中的近程作用(如颗粒间碰撞)，而以基于网格和矩阵运算的连续介质数值方法描述其长程关联(如颗粒间的流体)，两者间以 EMMS 方法关联，是保持前三者的一致性的一种有效途径。而为了保证它们与硬件的一致性，我们考虑将局部性和可加性好的粒子模拟部署在邻近直连的 torus 网络上的单指令多数据(SIMD)众核处理器阵列上，而将含较多分支判断与全局数据操作的长程关联计算部署在全局通信网络上的多指令多数据(MIMD)通用多核处理器阵列上，再将两者耦合就能较好地达到前述四者的一致性。

由此我们提出了一些设计方案并主动寻求高性能计算研究机构与厂商的合作，但由于专门的众核芯片开发投入巨大而商用芯片缺乏合适的编程环境，始终没有机会实施。2007 年美国 NVIDIA 公司推出了基于 CUDA(Compute Unified

Device Architecture)架构的图形处理器(GPU)，其中大量的线程处理核心非常适合细粒度的并行粒子模拟，并可用 C 语言高效编程。我们得知后非常兴奋，觉得这就是为我们设计的处理器。由于前期做了充分的准备，一位博士生一个国庆假期就调出了第一个 GPU 上的粒子模拟程序并且加速效果十分显著。这给了我们借用 NVIDIA GPU 构建所设想的超级计算系统的信心。在中国科学院的大力支持下，我们仅用四个多月的时间就于 2008 年 2 月建成了全球最早的异构超级计算系统之一：Mole-9.7。

该系统主要由 126 台 HP8600 工作站组成，数据由 $12 \times 10 + 3 \times 2$ 的双层二维 torus 直连千兆以太网传输，指令由通过交换机全互联的百兆以太网传输。每台工作站配置两颗 Intel E5430 2.66GHz 四核 CPU 和两片 NVIDIA Tesla C870 通用 GPU，单台峰值即超过 1TFLOPS。实际上，就其单精度峰值(127TFLOPS)而言，它甚至是当时国内最快的计算机。鉴于构建这套系统的初衷，我们并没有花精力去做 Linpack 测试，但从多尺度模拟的实际性能和效率看，这个峰值绝非浪得虚名。而其约 70kW 的最大功率和约 300 万元的造价几乎与 10TFLOPS 级的通用超级计算机无异。该系统极大提高了我们在多相流直接数值模拟、材料和纳微系统微观模拟以及生物大分子模拟等方面的计算能力，验证了基于"一致性"设计多尺度并行系统的思路。

Mole-9.7 系统的成功受到了国内外同行和高性能计算界的高度关注以及国家有关部门的迅速支持。在国家重大科研装备研制项目和科技部支撑计划项目的支持下，我们又分别与联想集团和曙光公司联合研制了两套基于不同架构 GPU 的 200TFLOPS 系统并解决了其耦合应用问题，从而与升级扩展后的 Mole-9.7 系统互联构建了国内首套单精度峰值超过 1PFLOPS 的超级计算系统 Mole-8.7，于 2019 年 4 月正式发布。此后与联想和曙光联合研制的系统还向中国科学院的十家单位推广，在天体物理、油藏勘探与蛋白质结构分析等方面获得了可喜成果。2010 年 4 月，过程所又自主建成了全球首套双精度峰值超过 1PFLOPS 的基于 NVIDIA 最新 Fermi GPU 的超级计算系统 Mole-8.5，位列当年全球 Green500 第 8 名。由于其全球最高的 GPU/CPU 配比(每节点 2CPU+6GPU)，尽管其 Linpack 效率只有约 50%，但在它面向的广泛应用计算中却能达到比其他异构系统更高的实际速度和能效比。

2010 年 11 月，在 Mole-8.5 系统的验收会上，专家组一致认为该系统显著提高了过程所以至于整个中国科学院的高性能计算能力，有力推动了国内外异构超级计算的发展，所体现的应用驱动、软硬协同设计理念对我国高性能计算的发展有很好的借鉴意义。2013 年该系统与"天河"作为中国仅有的两家代表入选美国能源部介绍全球 25 套当代超级计算系统的专著。

3　应用发展

Mole 系列系统的研制为过程所多尺度模拟的研究与应用提供了长远发展的良好平台,在多项模拟规模和精度方面一直处于国际领先水平,吸引了十余家全球 500强企业的合作,有些单项模拟研究的金额超过了千万元。说实话,当时我们也难以想象异构计算几年之内就成为高性能计算发展的主流,并衍生出这么多新的体系架构和编程模式,甚至让应用软件开发者无所适从。所幸 Mole 系统这些年虽经处理器、网络和节点机的多批次轮番更新,但仍保持了最初的软硬件架构,使得应用软件能够持续稳定地发展,始终保持了很高的利用率和计算效率。可以说"一致性"的设计理念经历时间的考验,显示了强大的生命力。

最近几年,我们在不同方面的高性能计算应用逐步聚焦到一个目标——虚拟过程,即通过高精度、准实时的机理性和预测性模拟并结合虚拟现实技术构建实际过程的"数字孪生"(Digital Twin, DT)。虽然 DT 已成为工业 4.0 中的一个核心概念,也可能是整个过程工业向绿色化和智能化转型的重要依托,但其实现手段还鲜有突破。我们相信具有更高"一致性"的多尺度模拟是实现虚拟过程和 DT 的有效手段,为此与高性能计算界也在深入探讨。特别是近些年来 EMMS 方法与原理进一步拓展为介科学的重要基础,可为更广泛领域的高性能多尺度计算提供理论依据,也可为人工智能和大数据分析等非传统超级计算提供机理性模型与高效方法。

参考文献

[1] Li J H. Multi-scale modeling and method of energy minimization for particle-fluid two-phase flow[J]. PhD Thesis, Institute of Chemical Metallurgy, Academia Sinica, 1987: 89-103.

[2] Ge W, Li J. Pseudo-particle approach to hydrodynamics of gas/solid two-phase flow[C] //Proceedings of the 5th International Conference on Circulating Fluidized Bed, 1996: 260-265.

[3] Ge W, Li J. Macro-scale phenomena reproduced in microscopic systems—pseudo-particle modeling of fluidization[J]. Chemical Engineering Science, 2003, 58(8): 1565-1585.

[4] 多相复杂系统国家重点实验室多尺度离散模拟项目组. 基于 GPU 的多尺度离散模拟并行计算[M]. 北京: 科学出版社, 2009.

中国核武器研发中使用的计算机

袁国兴　邵京云

核武器的理论设计开启了采用数值模拟进行科学研究和工程设计的新方法。核爆炸试验只提供一些综合效应的数据，但从科学计算的结果中却可以看出各种因素与机制是如何相互影响而起作用的，进而可以了解到核反应的运动规律，从而掌握产品设计的规律，这对于研制和发展核武器是至关重要的。进行核试验耗资巨大，并且有一定的时间周期。而通过在计算机上计算一个模型，在某种意义上就相当于进行了一次核试验，这种试验做得多，方案设计得好，可以减少真正的核试验的次数，节省投资，缩短研制周期。当然，由于核武器研制十分复杂，仅通过数值模拟完全替代核试验至今尚无可能，但可以减少核试验次数，并推进用数值模拟替代核试验的进程。正因为如此，世界各国（尤其是美国）在核武器的研制中都采用了大规模科学计算的方法。

1　美国核武器研制中使用的计算机系统

美国研制或计划研制的绝大多数最先进的计算机系统都是装备在从事核武器研究的实验室——洛斯·阿拉莫斯国家实验室（Los Alamos National Laboratory，LANL）、劳伦斯·利弗莫尔国家实验室（Lawrence Livermore National Laboratory，LLNL）和桑迪亚国家实验室（Sandia National Laboratory，SNL）中的。表 1 列出了美国能源部核武器实验室之一的 LANL 在 1952 年至 1994 年使用的最高性能的计算机系统。从表 1 中可以看出，美国核武器研制使用的计算机系统性能从 20 世纪 50 年代的 MANIAC 到 60 年代中期设计小型化战略核弹头时使用的 CDC6600 时提高了约 1000 倍；从 60 年代至 80 年代又提高了 2800 多倍。美国计算机系统性能的提高为美国核武器研究人员提供了优越的核武器研制数值模拟平台，同时也更进一步认识到高性能计算对国家科技发展的重要性。

1983 年，在美国国防部、能源部、国家科学基金会及国家宇航局等部门主持下，以 P. Lax 为首的专家小组向美国政府报告，呼吁政府加大对科学计算和高性能计算机的投入，确保美国在这一领域的领导地位。2005 年 6 月美国总统

图1　104 计算机（1959 年 10 月 1 日诞生的我国第一台大型通用数字电子计算机），中国科学院计算所研制，峰值速度 1 万次/秒

图2　109 丙计算机，中国科学院计算所研制，峰值速度 50 万次/秒

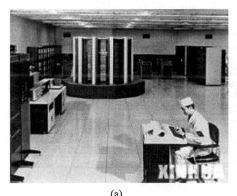

(a)　　　　　　　　　　　　　　　(b)

图3　"银河一号"计算机(a)和"银河二号"计算机(b)

图 4　Origin3800 并行计算机，SGI 公司研制，峰值速度为 768 亿次/秒

图 5　世界上第一台现代意义的通用电子计算机 ENIAC（1946 年美国），峰值速度为
5000 次/秒

图 6　ASCI White 计算机，IBM 公司研制，峰值速度 12 万亿次/秒

表 1　美国洛斯·阿拉莫斯国家实验室（LANL）使用的部分计算机

序号	计算机型号	开始使用年份	峰值性能
1	MANIAC	1952	2000 次/秒
2	IBM701	1953	1.2 万次/秒
3	IBM704	1956	2 万次/秒
4	IBM7030	1961	60 万次/秒
5	CDC6600	1964	200 万次/秒
6	CDC7600	1971	1000 万次/秒
7	CRAY-1	1976	0.8 亿次/秒
8	CRAY-X-MP/2	1983	2.35 亿次/秒
9	CRAY-Y-MP	1988	27 亿次/秒
10	CM-2	1989	56 亿次/秒
11	CM-5	1992	65 亿次/秒
12	CRAY T3D	1994	1300 亿次/秒

信息技术咨询委员会（PITAC）又向乔治·W·布什总统提交了《计算科学·确保美国竞争力》的报告，再次将高性能计算提升到国家核心竞争力的高度。为此，美国实施了几次大的高性能计算计划：1983 年白宫制定了"加速战略计算创新"（Accelerated Strategic Computing Initiative，ASCI）计划，并经过几年的实践，于2000 年改称为"先进模拟和计算"（Advanced Simulation & Computing，ASC）计划，提出"高置信度的全系统（全过程）的数值模拟"作为核武器模拟的最终目标。并为完成上述目标而同步实施了高性能计算机发展的五个阶段规划（表 2）。

表 2　美国高性能计算机发展的五个阶段

阶段	安装地点及年份	计算机型号	峰值性能/（万亿次/秒）	处理器（核）数
阶段一	SNL，1995（实际安装1997）	ASCI Red Intel	1.45（1999 年升级为 3.207）	9632
阶段二	LLNL，1999	ASCI Blue-Pacific	3.856	5808
	LANL，1999	ASCI Blue Mountain	3.072	6144
阶段三	LLNL，2000	ASCI White	12.288	8192
阶段四	LANL，2002	ASCI Q	20.48	8192
阶段五	LLNL，2005	ASCI Purple	77.824	10240

另外，作为五个阶段的补充，又研制了两台计算机系统，一台是"Blue Gene/L"，2005 年安装在 LLNL，峰值速度为 367 万亿次/秒，处理器数为 131072 个。另一台是"Red Storm"Cray XT3，2005 年装在 SNL，峰值速度为 43.52 万亿次/秒，处理器数为 10880 个，主要用于三维模拟和仿真。在多年执行 ASCI（ASC）计划的基础上，美国能源部（Department of Energy，DOE）所属国家核安全局（National Nuclear Security Administration，NNSA）于 2006 年提出"先进模拟和计算路线图"（Advanced Simulation & Computing Roadmap），强调"只有计算科学和计算机模拟，才能帮助我们国家整合（Integrate）对武器及其各种行为和效应的理解"。计划至 2030 年，现代加工、安全拆卸和可靠更换弹头（RRW）都将可能通过精准的计算机模拟来实现。为此提出：建设高逼真度、高效的三维核武器模拟和建模能力，以及配套的计算环境，要求在 2009 年安装使用千万亿次计算能力的计算机。2009 年，在 LANL 安装了 IBM Blue Center QS22/LS21 计算机，峰值性能为 1.376 千万亿次/秒，处理器（核）数为 122408 个；2010 年，在 LANL 和 SNL 分别安装了 Cray XE6 计算机，峰值速度为 1.365 千万亿次/秒，处理器（核）数为 142272 个；2012 年，在 LLNL 安装了 Blue Gene/Q，峰值速度为 20.133 千万亿次/秒，处理器（核）数为 1572864 个；2013 年，完成建设无缝用户计算环境。当然，我们这里仅列举了美国核武器研制中使用的一部分计算机系统，而事实上他们每年投入使用的计算机是很多的，仅 LLNL、LANL 和 SNL 在 2006 年列入世界最高性能计算机 TOP500 排行榜（简称 TOP500）中的就有 40 多台各种类型的计算机系统，且自 TOP500 从 1993 年发布以来，核武器研制使用的计算机系统始终位居前列，引领着高性能计算机的发展。

2　中国核武器研制中使用的部分计算机系统

据统计，从 1960 年至今，北京应用物理与计算数学研究所（简称九所，下同）使用的不同类型的工作站以上计算机系统累计有数十台（套）之多。

图 7　Titan 计算机，CRAY 公司研制，峰值速度 27 万亿次/秒

表3　九所使用的（部分）计算机

序号	计算机型号	开始使用年份	峰值性能
1	104	1960	1 万次/秒
2	乌拉尔	1962	100 次/秒
3	J501	1963	5 万次/秒
4	119	1964	5 万次/秒
5	709	1967	10 万次/秒
6	109 丙	1967	50 万次/秒
7	X-1	1970	10 万次/秒
8	655	1973	80 万次/秒
9	013	1976	200 万次/秒
10	Siemens 7760*	1981	100 万次/秒
11	Hitachi M-180*	1983	350 万次/秒
12	757	1984	280 万～1000 万次/秒
13	Siemens 7780*	1986	400 万次/秒
14	亿次机	1987	1 亿次/秒
15	IBM 3033*	1987	570 万次/秒
16	KJ-8920	1992	2000 万次/秒
17	IBM RS6000/570*	1994	5690 万次/秒
18	SUN SPARC Center 2000*	1995	4020 万次/秒
19	十亿次机	1995	10 亿次/秒
20	IBM RS6000/99K*	1996	1.1 亿次/秒
21	SGI O3800*	2000	770 亿次/秒
22	万亿次机	2001	1 万亿次/秒
23	HP rx2600*	2003	120 亿次/秒
24	HP BL860c*	2008	4.096 万亿次/秒
25	Cluster	2009	12.38 万亿次/秒
26	Blade Cluster	2009	36.86 万亿次/秒
27	Cluster	2010	15.06 万亿次/秒
28	千万亿次机	2010	1000 万亿次/秒

*：工作站。

　　1960 年至 1978 年，九所使用的国产计算机约 14 台（由中国科学院计算所和华东计算技术研究所研制），这一时期科研人员主要使用的是计算机指令（又称机器指令）编制的程序，将程序或数据穿孔在卡片或纸带上，经卡片或纸带输入机将数据或程序输入计算机。这种程序能够充分发挥计算机性能，但是程序编制难度大，程序无明显特征，难以记忆，可读性、可移植性差。当时计算机系统性能低

（1976 年才使用每秒 200 万次的 013 计算机系统），稳定性差。在计算机系统上算题的人员（需要 2 人以上）注意力（精力）要高度集中，并不时手工操作，随时准备计算机系统出现故障时，进行应急处理，甚至变换使用不同的计算机系统，工作效率低，劳动强度大。

从 1979 年起，部分使用从国外进口的计算机系统，并使用高级程序设计语言 FORTRAN 编制程序，它比用计算机指令编制的程序计算效率低，但是程序的可读性和通用性好，程序容易修改和移植，受到编程人员的喜爱。其间，109 丙计算机系统和 013 计算机系统分别于 1998 年和 1988 年退役，除了 1987 年至 1994 年使用的亿次机，1995 年至 1998 年使用的十亿次机，2001 年至 2008 年使用的万亿次机，2007 年底开始使用的数十万亿次机，与国产计算机系统同时用于数值模拟计算的国外计算机系统有数十台（套）。

从 1994 年起，随着九所自己拥有计算机台套数量增加和总体计算能力的提升，渐渐转变为基本上使用所内（自己）的计算机系统，每年都有 10 多台不同型号的计算机系统被使用，承担着九所科研的很多重要数值模拟计算任务。

国家任务和九所科技工作的发展，使计算要求不断提高，计算机时量逐年增长（表 4）。

表 4　九所计算机时量增长表

序号	年份	百万次小时			增长倍数
		合计	所内	所外	
1	1982	16142	2320	13822	
2	1992	586814	452097	134717	10 年增长 36 倍
3	1998	1681980	1681980	—	
4	2003	$3.37×10^9$	$3.37×10^9$	—	5 年增长 2000 余倍

注：以每秒 100 万次计算机系统提供 1 小时 CPU 机时称百万次小时。

现在使用的计算机系统的处理器（核）性能和整体性能都有了很大的提高，但是计算机系统提供的总计算能力仍然满足不了研究工作的需要。所以九所除了合理使用机时，提高计算机系统的使用效率等，还要不断配置更高性能的计算机系统。

鉴于计算机系统的复杂性以及运行故障的客观存在，长期以来，九所一直采用在众多厂家、不同型号的计算机系统上进行核武器研究的数值模拟计算，确保当某一台计算机系统出现故障时，可以采用调整计算机运行作业的方式，将急需的计算任务转移到未出现故障的计算机系统上运行。这是我们对于国家任务计算通常采用的应急处理方式，也是我们工作中必须要考虑的情况。时至今日，我们尚未出现过不同型号的计算机系统同时出现故障的情况，这样做虽然增加了科技人员和管理人员的工作强度，但多个厂家、不同型号的计算机系统同时使用有效地保证了国家任务和急需工作的按时完成。

下面简述九所核武器研究的不同阶段所使用的主要计算机系统，以示不同计算机系统在核武器研究的不同阶段所起的作用。

（1）原子弹原理突破阶段（1958～1964年）。

九所使用的第一台计算机系统（1960年初）是中国科学院计算所研制的我国第一台大型电子管通用104计算机系统（1959年年底，1万次/秒），其间使用的还有乌拉尔（苏联，100次/秒），J501（华东计算技术研究所，5万次/秒），119（中国科学院计算所，5万次/秒）。计算程序均用机器指令编写，用穿孔机将程序和数据穿孔在纸带或卡片上，将程序和数据输入计算机系统，上机人员在控制台上利用开关扳键和指示灯控制程序运行和计算结果存入磁鼓。

（2）氢弹原理突破阶段（1964～1967年）。

这阶段除了继续使用104，J501和119外，又使用了X-2（华东计算技术研究所，2万次/秒），709（上海市计算技术研究所，10万次/秒）和109丙（中国科学院计算所，50万次/秒）计算机系统，计算工作量大量增加。

我国核武器研究是从1960年开始使用计算机的，当时借助于1万次/秒的电子计算机，再加上台式电动计算机等，研究人员付出了巨大艰辛劳动，于1964年10月爆炸了我国第一颗原子弹。接着于1967年6月又成功爆炸了我国第一颗氢弹，这距第一颗原子弹爆炸时间仅2年8个月，而美国从第一颗原子弹爆炸成功（1945年7月16日）到第一颗氢弹爆炸成功（1952年11月1日）历时7年3个月。在这期间，我国核武器研究人员使用了7台电子计算机，其中性能最高的电子计算机系统为50万次/秒，这比当年美国研制第一颗氢弹（1952年11月氢弹原理试验，1954年3月试验了第一个用氚化锂做聚变材料的氢弹）所使用的计算机能力1.2万次/秒左右要高（表1和表3），这也是我国研制氢弹速度快的一个客观原因。其间，核武器研制使用较高能力的计算机系统也是我国核武器大气层试验的次数（从1964年第一颗原子弹爆炸至1981年最后一次大气层试验）只有23次，远比美国215次大气层核试验（从1945年第一颗原子弹爆炸至1963年最后一次大气层试验）少得多的原因之一。

（3）第一代核武器研究期间（1967～1978年）。

这期间除了继续使用709，109丙，X-2，又增加了655（上海华东所，80万次/秒），013（中国科学院计算所，200万次/秒），九所先后使用过10台计算机，计算机系统性能又有了较大的提高，109丙机和655机承担了大量的计算任务，开始使用汇编语言编写程序。

（4）第二代核武器研究期间（1978～1996 年）。

1977 年开始"非球形"、ICF 等研究，1978 年开始中子弹研究，并规划于 1985 年设计先进的第二代。单靠 109 丙，655，013 等计算机的能力，远远不能满足工作的需要。开始大量使用能够寻找到的高性能计算机，如 HITACHI M170、HITACHI M180、SIEMENS 7760、SIEMENS 7780、IBM 3033、IBM RS6000/570、VAX-11/780、SUN SPARC Center60C、757（中国科学院计算所）、亿次机（国防科大，1 亿次/秒）、KJ-8920（中国科学院计算所，2000 万次/秒）等计算机系统 30 多台，圆满完成了武器研制预期目标。这时的程序基本上使用 FORTRAN 语言编写，并进行程序的向量化。

第二代武器化过程中使用的主要计算机系统，仍然是国外进口计算机系统，主要的变化是从 1993 年开始，逐步停止使用所外的计算机系统，于 1994 年 5 月九所成立计算中心，安装、使用计算中心的计算机：有数十台高档工作站，最高峰值性能为 4000 万次/秒；数台高性能服务器，最高峰值性能为 1.1 亿次/秒；十余台图形服务器，最高峰值性能 2.6 亿次/秒，并安装了国家自主研制的 10 亿次向量并行计算机系统，程序进行向量化、并行化研究。

（5）禁核试期间（1996 年至今）。

禁核试对数值模拟提出了更高的要求，要求提高计算精确度，逐步提高数值模拟的置信度，对物理建模、计算方法、算法，并行算法和并行程序提出了很高的要求，和美国能源部对武器研制部署一样，需要建设高逼真度、高效三维核武器模拟和建模能力，以及匹配的计算环境。

这期间九所安装、使用的计算机主要是多处理器并行计算机系统。计算机规模从数十至数百个处理器，发展至超万个处理器。

高性能计算机是进行核武器数值模拟最基本的硬件设施。不断改进、提高和更新计算机系统是核武器理论探索和武器物理规律深入研究的需要，特别是禁核试后，核武库系统可信度、有效性评估，建立基于科学的预测能力以及核武器小型化、精密化研制的需要。当代计算机技术的迅速发展使这种需求成为可能，先进的计算机系统成为支撑核武器前沿研究的重要平台。

第四部分 *Part 4*

产　业　化

我国高性能计算机产业化的前期探索

祝明发

实现我国高性能计算机产业化是我国高性能计算机界很久以来的梦想。在早期，根据特定需要，国家把一台计算机研制任务下达给某个研制单位，该单位把这台计算机研制出来交给使用单位就算完成任务。如果还有需要，再生产几台。这些计算机只是研制品，不是批量生产和销售的系列化产品。20世纪70年代，第四机械工业部曾组织一些研究所、大学和企业研制200系列计算机，后来不了了之。我国高性能计算机产业化工作是从20世纪90年代中期开始的，最近几年形成产业规模。本文叙述曙光系列高性能计算机和联想深腾系列高性能计算机产业化的前期探索情况。

1 曙光系列高性能计算机产业化的前期探索 (1995~2001)

2002年前，我国高性能计算机产业化主要是曙光高性能计算机的产业化。1993年10月，曙光一号共享存储多处理系统研制成功，该机采用国际标准，软件齐全，1994年开始小批量销售。不久，曙光公司成立，专门开展高性能计算机业务。该公司经营曙光天演和曙光天潮两个高性能计算机系列产品。前者的主产品是曙光一号，后者包括曙光1000、曙光1000A、曙光2000、曙光3000和曙光天潮1500等多个型号。天潮1500在市场中逐步顶替了曙光一号。下文叙述曙光天潮系列高性能计算机产业化的故事。

1.1 关于黑盒子的故事

1995年5月，曙光1000大规模并行计算机系统(以下简称曙光1000)研制成功，在业界产生很大影响。不久，国家智能计算机研究开发中心(以下简称智能中心)开始了曙光1000的推广应用工作。推广应用的关键是研制并行软件开发工具和配置行业应用软件。智能中心选择量子化学应用作为突破口，研制一个广义本征值求解器。有了它，可以在曙光 1000 上开展量子化学计算、原子分子物理计算、材料科学计算和药物设计计算等应用。为此，智能中心请中国科学院软件研究所孙家昶研究员、物理研究所王鼎盛研究员和生物物理研究所陈润生研究员牵头组成一个研究组来研制这个求解器。小组成员有迟学斌、叶永杰、陈小武、张文清和沈建华等几位博士。智能中心孙凝晖和祝明发等人做技术支持并参加讨论。这个求解器是一个黑盒子，输入向量输出广义本征值。这个工作不仅促进了曙光 1000 应用，还锻炼了一批高性能计算人才，其中包括顶级人才，其经验非常宝贵。

1.2 组建国家高性能计算中心

曙光 1000 研制成功不久，中国科学技术大学陈国良教授找到智能中心祝明发研究员，提出要买一台曙光 1000。1995 年 9 月 8 日，科技部高技术司司长冀复生、智能中心主任李国杰和祝明发等人冒着 39℃的高温赶到合肥召开发布会。在会上冀司长宣布成立国家高性能计算中心（合肥），智能中心与中国科学技术大学签订曙光 1000 销售合同。这是曙光天潮系列机的第一个订单。1996 年 7 月，曙光 1000 安装部署完毕，国家高性能计算中心（合肥）开始提供服务。

从 1997 年到 2001 年，又有五个国家高性能计算中心宣告成立，它们是：国家高性能计算中心（北京），依托在中国科学院计算所；国家高性能计算中心（上海），依托在复旦大学；国家高性能计算中心（武汉），依托在华中科技大学；国家高性能计算中心（成都），依托在西南交通大学；国家高性能计算中心（西安），依托在西安交通大学。合肥中心使用曙光 1000 和曙光 2000 各一套，北京中心使用曙光 1000、曙光 1000A 和曙光 2000 各一套，上海中心使用曙光 1000A 和曙光 2000 各一套，成都中心使用曙光 1000、曙光 1000A 和曙光 2000 各一套，武汉中心使用曙光 1000A 和曙光 3000 各一套，西安中心使用曙光 1000A 和曙光 3000 各一套。这些高性能计算中心对曙光高性能计算机的推广应用和市场销售起到很大的作用。陈国良教授、陈良尧教授、李庆华教授、何大可教授等，在国家高性能计算中心建设中表现出的极大勇气和远见卓识以及对国产高性能计算机的高度信任，令人敬佩。

为了支持广大用户在曙光机上算题和国家高性能计算中心运行，由科技部、教育部、国家自然科学基金委员会和中国科学院出资联合设立国家高性能计算基金。从 1997 年到 2001 年，每年国家高性能计算基金总额度为 200 万元。资助办法是，课题组提出申请，申请书上写明使用何地国家高性能计算中心设备，专家组评审决定录取与否及资助额度；将一定比例的批准经费留课题组支配，其余部分直接拨到相应的国家高性能计算中心。五年期间，各个中心共有四百多个课题完成计算，取得一批重要成果。这些课题多数是国家自然科学基金、攀登计划、973 计划、863 计划以及部委省市重点课题。例如，在合肥中心完成的淮河流域水情预报计算对减灾防灾起到很大作用。

1.3 "曙光机能卖钱了!"

在我国高性能计算机产业化进程中，曙光1000A和联想深腾1800是开路先锋，是标志性和里程碑式的产品。曙光1000研制成功后，在澳门联合国软件研究所的一次理事会上，喀麦隆雅温得第二大学校长向科技部高技术司司长冀复生提出，该大学需要一台曙光1000。其后不久,李国杰主任和祝明发被叫到科技部，该部国际合作司和高技术司负责人向他们交代任务：援助喀麦隆一台曙光1000，经费由科技部出。李国杰、祝明发研究后认为，曙光1000不够产品化，喀麦隆用户使用有困难，他们决定用商品化服务器做节点研制一台超级服务器(后来称服务器机群)送给喀麦隆。为此，智能中心组建起一支专门队伍研制这台计算机。除了商品化服务器节点，研制组采用标准UNIX操作系统，采用标准以太网做节点之间的连接网络。研制组开发了一套服务器聚集软件来管理这台超级服务器。为了使用户有能力维护和使用这台机器，智能中心请雅温得第二大学派来三名技术人员参加研制工作。半年后，这台包含24节点的超级服务器生产出来了，取名为曙光1000+(后续产品称为曙光1000A)。曙光1000+是国内第一台超级服务器。1997年夏天，这台机器被发往非洲。其后不久，在智能中心小楼会议室举行了一个小型新闻发布会，会场没有任何布置，事先只通知科技日报等少数媒体，但很多记者闻讯赶来，会议室挤得水泄不通。科技部国际合作司副司长李小夫发布：一台援外超级服务器曙光1000+由国家智能中心研制成功并运往用户。没想到，此事成为一条广为传播的大新闻。

1997年秋天，曙光1000+运抵喀麦隆雅温得第二大学。智能中心派出实力雄厚的技术团队到该大学安装部署机器并培训当地维护服务和使用人员。外派的同事们冒着高温高湿和大蚊虫叮咬风险，圆满完成任务。

曙光1000+运往国外之前，不少国内用户闻讯前来参观，对这台机器赞赏有加，说它既性能高又很实用，一些用户表达了购买意向。1998年9月，智能中心收到一份用圆珠笔复写的三联单订单，货物为一台包含12节点的曙光1000+超级服务器，订货单位为辽河油田信息中心。看到这个订单，智能中心和曙光公司员工非常高兴。工作人员把这个三联单用传真机发到科技部，朱丽兰部长高兴地说："曙光机能卖钱了！"

辽河油田这个订单是我国高性能计算机第一个纯市场销售订单，标志着我国高性能计算机真正走入市场。后来订单多了，曙光1000+这个名字称呼书写都不够方便，于是改名为曙光1000A，其产品交曙光公司销售，名称为曙光天潮1000A。完成一个援外任务，开发出一个系列产品，没要国家一分钱研发经费，更没有报奖，却走向了市场,创造了一个奇迹!

1.4 曙光高性能计算机产业初具规模

1995 年至 2001 年,曙光高性能计算机系列包括曙光 1000、曙光 1000A、曙光天潮 1500、曙光 2000 和曙光 3000 等子系列。其中,曙光 1000 系列是大规模并行机系列,曙光天潮 1500 是机群系列,其余是超级服务器系列。

1995 年至 2001 年,智能中心和曙光公司共签约销售和安装曙光系列机 121 套,其中,曙光 1000 共 3 套,曙光 1000A 共 12 套,曙光 2000 共 29 套,曙光 3000 共 9 套,曙光天潮 1500 共 68 套。 这些计算机分布在不同的应用领域。大学和科研单位使用 24 套,用于大规模科学计算,包括基因测序计算。石油部门使用 5 套。气象部门使用 2 套。使用最多的领域是网络和信息安全管理,共使用了 71 套。 其余 19 套用于不同的企业。统计数据表明,用于科学工程计算的高性能计算机的套数不到总数的三分之一,这同国际上的情况基本一致。 这是我国高性能计算机产业初具规模所呈现出的统计规律性。需要特别指出的是,曙光天潮 1500 并非出自国家项目,没有鉴定,没有报奖,但销售套数最多,利润丰厚,为曙光高性能计算机产业化做出了特殊贡献。

曙光天潮系列机的部分用户单位如下:

中国科学技术大学、复旦大学、西南交通大学、华中理工大学、大连理工大学、山东科技大学、北京大学、喀麦隆雅温得第二大学、西安交通大学、国家高性能计算中心(北京)、辽河油田、中国气象局、广东省气象局、石油部物探局、地球物理软件公司、中国科学院网络信息中心、中国科学院兰州分院、深圳智林公司、北京高国科、四川英特耐特公司、科学租赁公司、重庆乐捷网络公司、北京华大基因中心、杭州华大基因中心、葛洲坝教委、国家网络与信息安全管理中心。

2 联想高性能计算机产业化的前期探索

2001 年 10 月,联想集团成立高性能服务器事业部,开始了高性能计算机产业化探索。联想集团高性能计算机产品系列是联想深腾系列,在高性能产业化前期(2002~2010),这个系列包括深腾 1800、深腾 2600、深腾 6800 和深腾 7000 四个子系列。在此期间,联想深腾系列高性能计算机产品共销售 500 多台,其中一台销售到英国。 联想深腾系列机在我国经济建设、科技发展等方面发挥了重要作用。联想深腾高性能计算机在国际上产生了很大影响。 2004 年,四台联想深腾系列机进入世界超级计算机 500 强排行榜 TOP500, 这是进入世界 TOP500 中的第一批国产高性能计算机。到 2009 年，总共 10 台国产高性能计算机进入世界 TOP500，其中，联想深腾系列机占 5 台。

2.1　联想高性能计算机产品化开发

联想高性能计算机产业化包括产品研发、产品化和市场化等阶段。 联想作为一个企业，其研发工作的主要目的是获得市场需要的产品，企业自主研发项目如此，国家项目也是如此。

联想深腾 1800 项目是通过投标赢得的，应按合同向客户提供高端机群产品。那时，国内外市场上没有这种产品，需要联想自行研发。联想的目的不仅仅是研发一个产品交账，而是研发一个机群产品系列。在深腾 1800 研发中，研制组重点抓了下列工作。在系统软件方面，研发急需的机群管理系统和系统监控软件，并整合现有的其他系统软件。在硬件方面，重点研发市场上没有但作为产品必需的机群基础架构，包括机械结构、布线、通风散热和硬件监控等。在整机系统方面，研制组坚持系统必须可扩展，所有软硬部件必须标准化。这样研发出的系统才是一个系列产品。

深腾 6800 定位为高端通用计算机产品，或高端机群产品，在科学工程计算、事务处理和网络信息服务等方面均有很高的效率。在深腾1800产品研发的基础上，深腾 6800 研发的重点是整机系统均衡设计和优化以及 I/O 系统的优化设计。整机系统均衡包括主机内部的均衡和主机与外部（I/O 系统）的均衡，这是提高 Linpack 效率和数据查询能力的关键。

在深腾 7000 研制中，产品化开发包含更加丰富的内容。研制组重点研发了几项产品技术，包括大规模异构机群体系结构、大规模机群无局部盘技术、整机系统软件异构支持技术、多类文件系统和三级存储结构等。以此项目开发的异构体系结构技术为基础，联想研发团队开发出联想深腾 7000G 系列产品，其节点机具有 CPU＋GPU 结构。深腾 7000G 很适合市场需求，2009 年，一次中标 7 套系统。

深腾 1800 以科学计算市场为主，深腾 6800 以高端市场为主，而网络信息服务需要性价比高的中小规模系统。为了满足这种需求， 联想于 2003 年开发出深腾 2600 商用机群产品系列，这个系列很受中小企业和初等教育单位欢迎。

2.2　联想深腾系列高性能计算机市场销售情况

联想高性能计算机业务采取高举高打的市场策略，研发具有标志意义的高端机型树立技术标杆，获取大型订单树立市场标杆，以标杆撬动市场，以高质量的产品赢得订单，高端产品销售不靠广告靠标杆。在同客户沟通方面，以市场销售人员领路，高性能机技术专家出面同客户作坦诚深入的技术交流。联想把售后服务和产品摆在同等重要位置，以此获得用户信赖扩大销售。

2002 年 8 月，联想公司发布深腾 1800，轰动了业界。当年 10 月，联想公司获得中国科学院大气物理所订单，其规模与第一台深腾 1800 机相同，这在科研院所高等院校中影响很大，但在企业用户中影响有限。 2002 年 12 月 29 日，大庆油田举行大型机群采购招标会，采购的机器也与前两台机器相同。 联想、曙光和 IBM、HP 等 8 家国内外著名高性能计算机厂商应标。那时，所有厂家中，只有联想公司发布过万亿次高端机群产品。 现场评标委员会成员一共 21 人，其中包括两名大庆油田纪检委干部。现场答辩中，某评委也是用户单位负责人提出一个机群系统在石油地震资料处理应用中的关键问题——机群系统 I/O 存储问题，现场只有联想专家给出圆满回答。本来，用户事先比较中意某国外公司产品，但是， 评标组现场宣布， 联想公司中标！ 这是中国高性能计算机第一次在同国外产品同台较量中取得的一大胜利。此次中标对联想深腾系列产品的市场销售起到极大的推动作用。

2002 年至 2010 年，联想深腾系列高性能计算机产品共销售 400 多台，其中一台销售到英国。 联想深腾系列机在我国经济建设、科技发展等方面发挥了重要作用。以下是联想深腾 1800、深腾 6800 和深腾 7000 的销售统计数据，深腾 2600 商用机群服务器销售台数不少，但单台规模不大，安装地点分散，未详细统计。

联想深腾 1800 和深腾 6800 的部分购买用户名单如下。

石油系统购买深腾 1800 和深腾 6800 共 25 套，安装在下列用户单位：

大庆油田研究院(其中一套深腾 1800 在世界 TOP500 排行榜上排第 299 名)、大庆采油五厂、大庆采油九厂、中国海洋石油总公司、胜利油田、东方地球物理勘探公司、中石化勘探院南京物探所。

各高等院校购买深腾 1800 和深腾 6800 共 180 多套，安装在下列院校：

北京大学、清华大学、北京师范大学、北京航空航天大学、北京化工大学、中国石油大学、空军工程大学、吉林大学、大连理工大学、哈尔滨工业大学、东北师范大学、辽宁师范大学、大连大学、南开大学、河北工业大学、山西大学、山西师范大学、山东大学、山东理工大学、曲阜师范大学、德州学院、复旦大学、上海交通大学、同济大学、上海科技大学、东南大学、南京航空航天大学、河海大学、 华东理工大学、扬州大学、浙江大学、浙江工业大学、杭州电子科技大学、温州大学、厦门大学、福建师范大学、华中理工大学、中南大学、湖北大学、湖南师范大学、湖南文理学院、中山大学、华南师范大学、广东技术师范学院、郑州大学、西安交通大学、西北工业大学、西北大学、兰州交通大学、四川师范大学、电子科技大学、西藏大学等 80 多所院校。

中国科学院系统购买深腾 1800 和深腾 6800 共 60 多套,安装在下列单位：

计算机网络信息中心(深腾 6800 列世界 TOP500 第 14 名)、数学与系统科学研究院(其深腾 1800 列世界 TOP500 第 43 名)、大气物理研究所(一套深腾 1800 列世界 TOP500 第 98 名)、地球物理所、地球环境所、生物物理所、山西煤炭化学所、大连化学物理所、半导体研究所、力学研究所、地理研究所、化学研究所、北京天文台、遗传发育研究所、卫星地面站、空间研究中心、上海有机化学研究所、沈阳金属研究所等。

国内其他科研与业务单位购买深腾 1800 和深腾 6800 共 50 多套，安装在下列用户单位：

中国电力科学研究院、中国工程物理研究院、国家网络安全管理中心、上海生物信息中心、水利科学研究院、北京电信、北京地震局、航空 701 所、厦门气象局、大连广汇、海洋局三所、宏剑科技、上海柴油机公司、一批军工单位等。

2008 年至 2010 年，联想集团一共销售深腾 7000 及其延伸产品深腾 7000G 十多套，安装在中国科学院网络信息中心、高能物理研究所、水生生物研究所、国家空间科学中心、北京天文台等单位。

经过八年的艰苦努力，联想在深腾高性能计算机产业化方面取得了明显进展。2014 年，联想集团收购 IBM 公司旗下英特尔架构服务器业务以后，联想高性能计算机业务有了长足发展，2018 年 6 月开始，联想深腾系列机安装套数一直在世界超级计算机 TOP500 排行榜上排在第一位。与此同时，曙光公司和浪潮公司也成为世界上名列前茅的高性能计算机产品供应商。但我国高性能计算机产业的基础还不够巩固，通用 CPU 芯片依靠进口，高性能计算应用同发达国家相比仍有较大差距，需要我们继续努力迎头赶上。

中国超算产业发展现状分析

历 军

超级计算历来是衡量一个国家科技水平和创新能力的重要标志，也是促进社会经济可持续发展、产业转型升级和提高人民生活水平的重要手段之一。在国家政策大力支持下，近十年来的中国超算产业迎来了飞速发展的阶段，在某种程度上达到了国际先进水平。本文尝试回顾近十年来国内外超算产业的发展现状，解读我国超算行业所面临的机遇与挑战。在分析了未来超算产业发展的技术趋势后，我们从政策、产业和技术等角度为中国超算产业 E 级计算时代的爆发提供了产业政策的相关参考建议。

1 引　　言

超级计算，一个高深的名词，随着最近十年来中国超算行业逐渐进入国际领先地位而被频繁提起。超算行业巨大的投入与中国社会经济发展所处的阶段并不匹配，以及中国超算行业只会堆积硬件等问题在行业内外众说纷纭。客观地评价中国超算行业对于国家科技发展、经济转型升级与提升公共民生福利的地位和重要作用，将为中国超算行业的决策和后续发展提供坚实的政策基础和实践参考。

2　超级计算机的战略意义

高性能计算，又称超级计算，是计算机科学重要的前沿性分支，它不仅是一个国家综合科研水平的重要标志，也是综合支撑国家安全、经济和社会发展等可持续发展的不可替代的信息技术手段。

高性能计算主要由计算机硬件、应用软件和应用支撑环境等三部分构成，包括体系结构、处理器、存储器、互连网络、操作系统、编译器、运行库、并行软件和管理运营体系等技术部分。从电子计算机诞生之日起，计算能力的提升就是信息产业从业人员追求的核心目标之一，起着引领信息技术发展的重要作用。在过去的40多年中，这些技术的发展推动了高性能计算从萌芽阶段、向量机阶段走向大规模并行处理机（MPP）、集群系统和多态复合异构发展阶段。

超级计算机在应对社会重大挑战性问题，促进经济可持续发展，传统产业转型升级，提高社会服务和人民生活水平，促进重大科学发现等方面发挥着不可替代的作用。

1. 推动国家科技创新能力的跨越式发展

科技是国家强盛之基，创新是民族进步之魂。科技创新能力不强，核心技术严重缺失，中国是制造大国却不是创造强国，始终是国人之痛。我国《"十三五"国家科技创新规划》（国发〔2016〕43 号）明确提出"发展先进计算技术，重点加强 E 级（百亿亿次级）计算、云计算、量子计算、人本计算、异构计算、智能计算、机器学习等技术研发及应用"。

高性能计算已经成为解决国家发展面临的重大挑战性问题和科技创新的必备工具，如能源短缺、环境污染、全球气候变化等可持续发展的困难；支持传统产业转型升级，如大飞机、高速列车及汽车的设计需要概念设计、初步设计、详细设计等多个阶段，均需要高性能计算支持，有助于提高产品性能、缩短研发周期、降低设计成本；提高人民生活水平需要高性能计算支持，衣食住行都离不开高性能计算的身影；在生命科学方面，新药研究、精准医疗正在改变着人们的医疗模式；基础科学研究需要高性能计算支持，高能物理和等离子物理借助高性能计算机进行模拟实验，计算材料学已经成为发现新功能材料，提高材料性能的重要手段。

2. 以超算平台为支撑的先进计算技术推动各学科交叉融合和发展

习近平总书记在 2018 年 5 月 28 日的两院院士大会上指出"以信息化、智能化为杠杆培育新动能，优先培育和大力发展一批战略性新兴产业集群，推进互联网、大数据、人工智能同实体经济深度融合"。

传统科学学科和超算技术相结合，已经诞生了一系列交叉前沿科学，对于学科本身的发展提供了新的研究手段和新的思路。当前，科学研究领域则正在从第三范式（传统的计算模拟与数字仿真）走向第四范式（基于大数据相关性分析的科学发现和研究），同样高度依赖于高性能计算与科学大数据、深度学习之间的深度融合。这一轮人工智能的突破，其关键点就在于超级计算机计算能力突飞猛进的发展和深度学习算法的成功结合。超级计算为人工智能应用提供了强劲的计算力，大数据则为人工智能提供数据资源，反之，人工智能与大数据也在推动超级计算机发展出各种新的形态。发展以超级计算机为支撑平台的先进计算机系统，将进一步推动高性能计算、智能计算和大数据的深度融合与创新发展。

3. 推动完善战略性国家信息基础设施的建设

信息和计算能力已经被视作现代社会的重要战略资源，信息产业也成为国民经济的一项战略性支柱产业，而以承载超级计算能力和海量信息的超算中心为代表的大型信息化基础设施也日益呈现出其作为建设创新型国家的战略性基础设施的重要性。

由于超算中心具有鲜明的公共性、动态性、自治性和开放性等基础设施平台的特征，因此超算中心是一个资源汇聚、科学研究和技术创新的支撑平台，可以聚集需要高性能平台的高端应用，提升区域科研水平，增强企业的核心竞争力，进而推动地方经济建设。

超算中心更是人才培养和交流合作的公共平台。各国在科技体系建设过程中没有独立运行的公共超算中心，超级计算中心往往依托于国家级的科研机构或高校，两者紧密结合能够形成具有世界地位的科研和学术交流中心。

4. 广泛服务于国家公共民生行业，提升社会的可持续发展和幸福指数

科学研究、能源行业、气候气象、生物医药和工业制造等国家公共民生行业都是超算行业传统的重要应用领域。能源短缺、环境污染等困扰人类，因此超算行业的发展能够极大地服务于与民生相关的公共服务行业。例如，随着数值天气预报技术的快速发展，大大提高了预报的准确率和时效性，对农业、水利、海洋开发、航空、交通和环境保护等各相关行业提供了重要的社会公共产品，极大地增加了整个社会的福利。

3 国际超算行业的发展现状

自从上一个十年，国际超级计算能力达到 P 级计算（1PFLOPS，千万亿次计算，每秒钟可执行 10^{15} 次双精度浮点计算）之后，各国已经开始瞄准下一个性能目标——E 级计算（1EFLOPS，百亿亿次计算，每秒钟可执行 10^{18} 次双精度浮点计算），相关计划见表 1。

美国长期以来对高性能计算的大力支持，使得美国在超级计算机系统研制、超级计算机运行维护、超级计算服务及其人员结构以及超级计算应用等方面保持了国际领先地位。为最大化高性能计算经济竞争力和科学发现所带来的效益，2015 年美国奥巴马政府以"国家战略计算推进（NCSI）计划"总统行政命令的方式，面向未来的 E 级计算建立起一套联邦政府协调政策，用于实现高性能计算的研究、开发和部署。这项 NSCI 计划完全由政府方面主导，旨在规划出一个长期的、多机构参与的远景战略，制定联邦政府投资战略，并与工业界及学术界协同执行，从而确保高性能计算为美国带来最大化利益。

欧盟也十分重视发展超级计算基础设施，重点侧重于软件、应用和算法的研

究。为此，欧盟曾规划了若干个发展计划。例如，德国的百亿亿次级创新中心（EIC）计划，拟在 2019 年安装百亿亿次超级计算机；西班牙巴塞罗那超级计算中心启动了百亿亿次级 "EU Mont-Blanc 计划"，先期投资 1450 万欧元（2011~2014 年）等。法国 BULL 公司于 2014 年 12 月宣布了 "SEQUANA" 计划，2020 年完成百亿亿次级系统。欧盟 2013 年启动 "Horizon 2020"（地平线 2020）计划，其中的探索基金项目 "面向百亿亿次的高性能计算" 在 2014~2020 年投入 7 亿欧元开展研究。

日本文部省 2014 年 6 月宣布启动 E 级计划，名为 post-K，用于国家 HPCI（高性能计算基础设施），初步预计的投资额为 13 亿美元，2020 年完成研制。日本强调以社会问题为导向，发展科学计算对解决社会问题的贡献，以及科学计算与研究领域融合实现新的科学发现，将针对药物发现与医疗保健、一般灾害预防、能源环境问题和社会经济预测四个领域的未来科学计算实现社会问题的具体贡献。

表 1　世界主要大国 E 级高性能计算机研制计划

序号	计划/系统名称	制造商	部署年份
1	美国 ECP 计划 Aurora A21	Cray/Intel	2021
2	美国 ECP 计划 Frontier	Cray/AMD	2021
3	美国 ECP 计划 El Capitan	未定	2023
4	美国 ECP 计划 NERSC-10	未定	2024
5	日本 HPCI 计划 Post-K	Fujitsu	2021 ~ 2022
6	欧盟 Mont-Blanc 2020 计划	Atos/Bull	2021 ~ 2022

俄罗斯近几年加强了超级计算机的研发，其联邦原子能署于 2011 年 9 月批准了《2012 至 2020 年百亿亿次超级计算机为基础的高性能计算技术构想》，拨款 450 亿卢布，计划每三年将运算速度提高一个数量级。2014~2015 年推出 1 亿亿次到 1.5 亿亿次（10~15PFLOPS）计算机系统，2017~2018 年推出 10 亿亿次（100PLOPS）超级计算机，到 2020 年达到百亿亿次运算能力。

4　中国超算业的发展现状

4.1　中国超级计算机发展现状

近十年来，在 863 等多个国家科技计划的持续支持下，我国在超级计算领域取得了长足发展。从技术上看，以 "曙光星云"、"天河"、"神威" 等为代表的超级计算机的性能在 TOP500 排行榜中长期处于世界领先位置，共获得过 11 次 TOP500 榜单的第一名。

中国超级计算机制造厂商重要的里程碑式的事件有：2008 年，曙光公司研制成功"曙光 5000"百万亿次计算机进入 TOP500[2]排名前十；2009 年，国防科技大学研制成功"天河一号"千万亿次计算机，使我国成为继美国之后世界上第二个研制成功千万亿次计算机的国家；2010 年 6 月，曙光公司研制成功"星云"千万亿次计算机，性能列世界 TOP500 第二位；2010 年 11 月，升级后的"天河-1A"系统创造了超级计算机全球排名第一的最好成绩；2010 年底，神威·蓝光成为第一个全部采用国产 CPU 实现的千万亿次超级计算机；2013 年 6 月开始，"天河二号"连续 6 次位居 TOP500 第一名；2016 年底第一次由全国产 CPU 的神威·太湖之光取代第一的位置。

习近平总书记在 2018 年 5 月 28 日的两院院士大会上指出"我们着力推进面向国家重大需求的战略高技术研究，超级计算机连续 10 次蝉联世界之冠，采用国产芯片的'神威·太湖之光'获得高性能计算应用最高奖'戈登·贝尔'奖"。

超级计算系统研制难度大、需要突破大量关键技术，但市场容量相对较小，如果超级计算产业相关技术不能为衍生产品所利用，则巨大的投入难以获得回报，长此以往，中国的超算产业很难持续发展。可喜的是，中国超算产业不但进入技术领先的前列，而且在市场占有率上也在一步一个脚印地扎实提高。TOP500 榜单上，来自中国超算的制造厂商已经从 2015 年的 7.4%（表2）的份额逐渐增长为接近 50%，在市场份额上也逐渐和美国并驾齐驱。在国内市场，曙光系列高性能计算机已经连续 9 年在中国 TOP100 排行榜中占据最大市场份额，国产平台的市场份额在 2013 年也首次超越了国外平台，2018 年国产平台更是占据了全部榜单，最低性能全部超过 1PLOPS 的计算能力。

表 2　TOP500 列表中来自中国厂商制造的超级计算机的份额

时间	中国厂商份额/台	占比
2018 年 11 月	227	45.4%
2018 年 6 月	206	41.2%
2017 年 11 月	202	40.4%
2017 年 6 月	160	32.0%
2016 年 11 月	171	34.2%
2016 年 6 月	168	33.6%
2015 年 11 月	109	21.8%
2015 年 6 月	37	7.4%

曙光的产业化经营表明，中国超算产业可持续性发展的关键在于：核心技术向产品转化过程中，一定要以市场为导向，以企业为主体，产学研用相结合。中国超算需要把大量高精尖的系统技术下移到中、小规模系统，不但可以扩大中国超算市场的参与度，而且能够辐射到更广泛的应用领域，从而形成高性能-价格比、具备

很强市场竞争力的通用批量产品。国家科研项目如何与企业产品开发相协调、相统一，将成为决定我国超级计算技术今后发展方向的一个重要因素。

4.2 现阶段国内超算行业应用水平

超级计算只有实际应用于国家安全与发展的重大行业，切实推动科技创新，提升工程设计和科学认识水平，才能实现其核心的价值。中国超算已经走过了以政府主导的机器研制带动应用发展的阶段，正在进入以应用需求引领系统研制的理性阶段。

在国家 863 计划相关重大项目的支持下，我国先后重点支持了物理化学、天文、气候气象、生物医药、新能源、流体仿真、大飞机、石油勘探地震成像等领域的超级计算应用，期望推动并研制出一批具有自主知识产权的重大行业应用软件系统，部署于中国国家超算环境并开展数值模拟，示范重大行业能力型应用。伴随着中国超算制造能力的提升，中国超算在应用上也形成了若干千千万级以上的处理器核进行并行计算模拟的应用实例，取得了一批重要成果，已经初步示范了能力型应用。

国家超级计算服务环境（http://www.cngrid.org/）[1]是在国家重大科研专项持续性支持下聚合了国内优秀的高性能计算资源和丰富的应用软件资源，通过资源共享面向全国科学研究、工程设计、产品开发和信息化建设等多个领域的用户提供了各类高性能计算与数据处理服务，支持了千余项国家各类科技计算和重要工程项目研究工作，初步形成了基础设施形态，已经成为我国经济、社会发展中不可或缺的组成部分。国家超级计算中心是由科技部批复建设的重大科研基础设施，是服务于大科学工程必不可少的重大科学装置。中国国家网格已经接入 6 个国家超级计算中心，即无锡中心、天津中心、济南中心、深圳中心、长沙中心、广州中心。除此之外，还有 2020 年建设完成的国家超级计算郑州中心也接入中国国家网格。

除此之外还有国家各部委支持的行业超算中心，如中国气象局、国家海洋局、国家地震局、中国科学院计算机网络信息中心等。各大学也趋于将校内超算资源统一建设成大学超算中心提供集中化的超算服务，如清华大学、北京大学、中国科学技术大学、上海交通大学和哈尔滨工业大学等知名高校。各行业的商业化或者半商业化大规模超算中心也逐渐建立起来，比如，商业运行的上海超级计算中心，"三桶油"及下属公司；国家电网等建设的超算基础设施。

中国超级计算行业的发展要坚持与我国的国情相适应，既要面向国家需求，也要面向市场需求。我国在建设可持续发展社会中，积极应对资源短缺、城市化进程等过程中出现的许多新情况和新挑战，信息技术在应对这类挑战方面有其独特的优势。国内超算行业也在积极探索新型的超算类型，如数据分析/机器学习/

信息服务等应用类别占据了近年来 TOP100[3]排行榜接近 50%的份额。坚持遵循市场规律办事，面向产业和用户的需求，曙光公司基于自己掌握的超级计算技术，积极从事城市云计算技术的应用和服务工作，为信息安全、公共安全、城市管理探索了一条新的道路，这也充分证明了超算产业能够发挥科技进步对经济社会发展的支撑作用。

5　我国超算行业的机遇与挑战

当前中国正处在面临产业结构升级、实现社会经济可持续发展的关键阶段，作为科技创新核心竞争力之一的超算行业正面临着一个全面发展的战略机遇。

《中国科学院"十三五"发展规划纲要》中明确提出，"重点围绕基础前沿交叉、先进材料、能源、生命与健康、海洋、资源生态环境、信息、光电空间等八个重大创新领域和有关重点方向，及国家重大科技基础设施、数据与计算平台等两类公共支撑平台，进行我院未来科技布局"。

在行业重大机遇的面前，中国超算行业也同样面临着重大挑战，"机会总是留给有准备的人"。

1. 核心技术依赖国外，自主技术发展缓慢

中国超算制造水平已经进入世界领先行列，但是由于信息产业的长期落后，中国超算产业核心技术突破的面不够宽，自主技术发展较为缓慢。中国超算系统绝大部分采用国外厂商的芯片、系统和应用软件等，自主技术的超级计算机凤毛麟角。

习近平总书记在 2018 年 4 月 20 日的全国网络安全和信息化工作会议上指出"核心技术是国之重器。要下定决心、保持恒心、找准重心，加速推动信息领域核心技术突破"。国产芯片是中国 IT 产业的基石，是超级计算的最核心技术。基石不稳，产业发展再绚烂都有随时倾覆的可能。

与国外厂商的产品相比，国内企业、科研机构研制的核心技术往往在若干单点技术进行突破，与形成系统的产业化生态环境差距巨大。例如，处理器的制造工艺落后一至两代，处理器的主频和单核性能较低；有些国产处理器采用业界基本上已淘汰的非主流指令集，缺乏软硬件生态环境的支持，兼容性差；尚未建立应用系统生态，应用适配程度低，导致实际性能提不上去。

2. 缺乏超算软件的生态环境，高水平应用人才培养和队伍建设亟待加强

由于我国超算行业刚刚进入快速发展的阶段，因此超算应用的生态环境尚未建立起来，高水平超算应用和人才队伍积累明显不足，主要体现在超算软件应用领域

较窄，自主研发的并行应用软件不够丰富，各层次超算人才的培养有待加强。

中国超算应用还主要集中在科研、能源、气象、工业制造等传统的超算应用行业。在很多国家重大行业应用部门，应用软件系统大多停留于自研自用，由于缺少相应的产业化工作，比如行业内认可的第三方验证和确认，商业推广应用能力严重不足，很难被行业用户认可。在传统超算应用行业之外，从业人员的思路限制及过高的入门门槛，使得规模化并行应用并不广泛，往往以跟随国外成熟软件的应用为主，缺乏应用创新性的动力。

国家对于中国超算制造和应用行业投入巨大，但是由于超算应用开发是一个长期积累的过程，因此急需解决超算软件开发和推广的可持续性的挑战。国家项目的组织机制和管理方法以中短期的项目资助模式为主，强调单点应用或技术的突破，而缺乏全局生态环境的顶层设计，导致项目结束之后陷入超算应用的后续迭代投入和产业化推广的困境。项目管理的方式也无法适应超算软件的应用需求牵引、多学科交叉和协同创新的现实情况，因此急需新的组织管理和体制机制的创新。

3. 超算基础设施的投入产出比不高，与经济和产业分布不匹配

近十年以来，在国家科技计划的大力支持下，国内超算环境的建设坚持公共性服务平台的属性，无论是在超算基础设施的建设方面，还是超算计算能力的普及和支撑方面，我国国家超级计算环境的建设都取得了阶段性的丰硕成果，减少了由地方、行业或者企业自建超算中心而造成的资源重复投入的弊端。在国内超算基础设施有了一定基础并开始蓬勃发展的新形势下，国内超级计算环境的建设需要将可持续性发展提上议事日程。

在中国超算新的发展阶段，公共性服务平台的属性在一定程度上制约了国内超算中心的可持续性发展，造成国内超算中心往往定位于超算基础设施的管理和维护的简单实体，严重缺乏应用软件的开发能力和行业应用的辐射能力。公共性的超算中心基本依赖国家或者行业主管的大力投入，自身造血功能不足，高昂的运维费用往往成为超算建设者的沉重负担，基础设施的升级严重依赖于外部政策性投入，因此造成国内超算中心投入大、产出少的不良印象。

我国超级计算资源能力建设大部分集中于科学基础研究的方向，往往与经济和产业发展存在空间上和应用服务能力上的巨大鸿沟。当然，现阶段超算中心分布的不均匀性也和我国传统的产业模式、应用水平严重落后息息相关，超算产业对于产业升级转型和社会经济发展没有发挥出应有的重要支撑作用。超算中心不能仅仅作为基础设施的支撑平台，而应该起到更为重要的科技创新平台、学科建设平台和人才培养平台的作用，进而引领当地经济、产业和社会的发展。

6　我国超算行业的破冰之道

超算行业的研发和生产需要长期投入和积累，它不是单一领域技术爆发，而是需要以全方位科技进步为依托。我国应该抓住未来百亿亿次计算的契机，在战略层面上做好顶层规划，建立完整的中国超算的完整的生态环境。

1. 超算行业发展需要国家战略统揽，构建完整的生态环境

超算产业具有技术复杂、研制周期长、投资巨大、参与部门多、辐射面广等特点，无论是单一依靠政府项目投资引导，还是完全交给市场的产业性行为都是不现实的。面对日益严峻的技术极限挑战和日趋激烈的国际竞争，为确保超级计算效益最大化，我们必须在国家层面予以战略统筹，由政府主导制定出科学分析的、长期投资的、多部门合作的中长期远景规划，扎实推进百亿亿次及以上量级的超级计算系统研究、开发与部署应用，从而为进一步增强国家创新能力和综合竞争力提供有效支撑。

我国应该对超算行业的组织管理和体制机制进行创新，制定一套科学有效的多方合作机制，整合官（政府）、学（学术界）及商（工业界）优势，发挥政府的行政协调能力、学术界的基础研究能力和工业界的研发制造能力，以国家科技计划引导"产学研用"的产业化链条的建设，解决国家项目成果可持续性发展和产业化的困境，以确保超算行业内部的成果能够最大限度地共享。

在超算产业生态链建设方面，我国超算行业不应该满足于仅仅维持建造百亿亿次级超算系统的技术领先地位，还应努力构建一个涵盖系统硬件（尤其是高端芯片和其他核心器件）、系统软件、开发工具、应用软件甚至包括人才队伍的超算生态环境，建立起中国超级计算的标准化体系，从而确保中国超算行业长效可持续发展，提高中国超算行业的国际竞争力，切实起到引领科技进步和带动社会经济发展的核心作用。

2. 以应用需求为主线，以超算产业化为目标，加强超算产业生态链的建设

我国科技人员发挥自主创新的精神，不盲目跟随国外技术，而是立足中国的战略需求，敢为天下先，这是我国超算技术取得跨越式发展的一个重要原因。当前，我国正在推进国家创新体系建设，积极探索，大胆尝试，坚持脚踏实地与志存高远相结合，既着眼当前、解决经济发展中的瓶颈制约，又放眼未来、超前部署抢占未来制高点的重点领域，这是我国超级计算技术今后的进一步发展中尤为关键的。

中国超算企业应该充分发挥深刻理解市场需求的优势，结合产业和用户迫切需求进行技术研发布局，坚持自主创新，发展与应用自主可控的核心技术；对自身的高端技术进行技术下移，坚持设计与开发一流品质的产品，肩负起超算产业市场推广

和产业辐射的重任。

企业借助自身市场优势进行广泛的科研创新和产业化合作，支持用户将高端技术"走出去，用起来"。在中国科学院领导的大力支持下，曙光公司牵头成立了"中国科学院先进计算技术创新与产业化联盟"并担任理事长单位，在中国科学院创新链、产业链"两链嫁接"中走在行动的前列。中国科学院很多院所的研发成果在与中科曙光的合作中得以落地，曙光公司借此获得更强大的市场拓展能力，而曙光公司也为中国科学院的科研工作提供了市场风向标，并反哺了中国科学院的科学研究。

3. 关注超算产业的可持续发展，加强超算应用辐射能力的建设

中国超算产业和基础设施建设在国家持续大力投入下已经初具规模效应，逐渐对国内的科研创新和社会经济产生良好的影响力。在超算产业发展良好的趋势下，我们应该清醒地认识到如何利用好已有的历史积累，所以促进中国超算产业可持续性发展还任重而道远。

在新的超算产业发展历史时期，我们应该关注已建成的国家超级计算环境的可持续发展问题，打破传统超算中心仅仅定位于公共基础设施的运维机构的局限，鼓励超算中心根据区域产业和合作单位的优势领域，把现有的超算中心建设成为各具特色的聚焦于不同学科领域的合作交流平台、人才培养平台和应用开发平台，形成依托超算基础设施的区域学术科研中心。同时应该积极鼓励国家、地方和企业共同打造融合多种先进计算的新型超算基础设施，紧跟技术发展趋势，缩短技术产业化链条，形成以科技创新带动的产业化集群中心，直接服务于区域产业结构升级，带动区域经济转型升级和社会民生服务。

超算产业要想可持续发展，必须以人为本，建立以前沿交叉技术为核心的人才队伍，加强既精通专业知识又有计算技术背景的复合型人才的培养，以及不同学科科技人员之间的交流与合作是当务之急。从现阶段来看，超算产业的人才队伍明显不足。此外，需要积极拓展多种形式的国内外合作，建设各领域的应用系统，实现超算资源的整合与共享，提高资源利用效率，为全国更多的用户提供高性能计算应用服务，推进中国超算产业、应用技术和科技创新的发展。

为了丰富超算产业化人才，企业也需要积极参与和高校联合培养高素质的跨学科人才的工作。企业可参与高校高性能计算本科学科方向和研究生培养工作，为高校相关课程的教学及时补充超算产业发展的新技术和新动向，如积极组织在校学生到企业实践锻炼、在企业建立高性能计算博士后工作站、开设实践应用类课程，以及在政府扶持下与高校建立人才培养基金等形式，为我国高性能计算人才输出中坚力量。

7 中国超算业的发展趋势展望

E 级超级计算机是当前世界各国竞相角逐的战略制高点。从 P 级计算到 E 级计算不单是一个性能指标上的提升。与 P 级计算相比，E 级计算在能耗、性能、可扩展性、可靠性、生态环境、应用编程、应用效率与适应性、多领域应用融合等诸多方面面临着前所未有的挑战，必须要通过体系创新、技术创新和协同设计等来应对。

在后 E 级时代，超级计算机面临着更大的挑战。半导体工艺已逐步逼近其物理极限，传统冯·诺伊曼架构的瓶颈日益凸显。超导计算机、量子计算机、类脑计算机、生物计算机、光计算机等新型计算机系统已经开始研发。在短期内，基于硅基半导体工艺的传统超级计算技术仍然是主流，但从长期来看，这些新技术具有很好的发展前景，有些新技术，比如量子计算机已开始投入商用。未来的 Z 级、Y 级超级计算机可能是传统技术和新型技术的混合体，采用模块化设计，针对不同的应用类型，提供不同形态的计算能力，通过超高速互连网络进行耦合和统一调度。

超级计算机的传统应用领域是科学研究，如气象预测、石油勘探、CAE 仿真、新材料研究、新药发现、基因测序等。但时至今日，1 部手机的计算能力已经超过了几十年前的超级计算机，超级计算技术也渗透到人们日常生活的方方面面。你的每一次网站搜索，超级计算机将在后台为你抓取全球数以亿计的网站信息；你的每一次出行，超级计算机将在后台为你搜索最优的出行路线；你的每一次外卖，超级计算机将在后台为你搜罗可口的美食。超级计算机支撑着我们几乎所有的大型信息基础设施，未来也将成为城市的智慧大脑，汇聚海量数据，优化城市管理和服务，改善市民生活质量，为我们创造更加美好的生活。

参考文献

[1] 中国国家网格. 国家超级计算服务环境[OL]. http://www.cngrid.org/.
[2] 国际 TOP500 计划[OL]. http://www.top500.org/.
[3] 中国高性能计算机性能 TOP100 排行榜[OL]. http://www.hpc100.cn/.

面向工业应用的上海超级计算中心

王普勇

超级计算机，也叫高性能计算机、HPC。随着超级计算机的发展和应用，高性能计算已被公认为是继理论和实验之后人类认识世界的第三大方法，并随着科技的发展，与当今云计算、大数据等新兴技术快速融合，逐步渗透到社会发展的各个领域。因此，超级计算机的研制水平和应用水平成了当今世界发达国家竞相争夺的战略制高点，大力推进超级计算机的研制与应用已成为世界各国跻身科技强国的战略措施，一个国家拥有超级计算机的数量与该国的科研和工业水平直接相关。

回顾历史，任何时刻研制的高性能计算机总是服务于当时的科学工程计算的需求。计算机用于工程科学已经有半个世纪的历史，但其近十几年来的仿真理论和技术却对工程领域产生了巨大影响。纸质的产品设计图纸被计算机绘图软件（CAD）替代，并从二维发展到全三维虚拟设计。计算力学的不断发展和成熟使得工业产品性能评价和预测可以使用计算机仿真，大部分的物理实验被计算模拟所替代，而且一些无法试验的极端工况也可以用计算机来模拟。计算机仿真的水平成为衡量一个工业企业竞争力的主要标志之一。

对于工业和工程领域创新活动来说，主要通过应用数学和力学，采用计算仿真手段来模拟产品设计制造、产品运行环境和工程建设环境等。装备制造业及普通的工业领域包括航空航天、汽车制造、船舶工业、土木工程以及新能源和新材料等都采用计算机辅助工程（广义的 CAE）来替代传统的产品研制和生产。如西方工业强国，在推动高性能计算和工业企业紧密合作方面采取了一系列具体举措，已经在工业和工程领域取得了骄人成果。大型汽车类、航空航天类和重型装备制造类企业是最大的高性能计算使用者，全周期 CAE 技术被用到从新产品研发到失效测试直至老产品的维护等多个方面。在我国，经过 20 多年的努力，高性能计算应用的广度和深度有了长足进步。1996 年，我国高性能计算的应用范围仅限于气象预报、石油勘探等少数领域，达到的并行性也仅有十几个到几十个处理器，应用软件主要依赖进口。而上海超级计算中心作为我国较早成立的超级计算中心之一，起初的工业领域应用也基本是空白，为了突破工业与工程在高性能计算的应用瓶颈，在 2003 年引进了第二台超级计算机——"神威 64P"集群机和相关应用软件平台，迅速打开了工业与工程方面的应用局面，建立了材料模拟、CAE、CFD、汽车设计、抗震评估等多个工业工程领域的高性能计算应用平台，先后在城市建设、汽车、飞机、航天、船舶等领域开展了大量应用研究，大大加快了工业创新速度。如今随着各地超级计算中心的建设，大量的计算资源被应用到更多的工业工程领域，例如大飞机研发、高铁列车设计、石油勘探、新药发现、集合气象预报、生物信息、汽车研发、流体机械优化设计、电磁环境计算等。

1　上海超级计算中心发展情况

上海超级计算中心成立于 2000 年 12 月，是国内第一家面向全社会开放、资源共享、设施一流的高性能计算公共服务平台，是集高性能计算应用、科研创新与开发、技术支持与咨询、人才培养和科普教育等多功能为一体的平台。上海超级计算中心经过四次持续建设，先后拥有 7 台超级计算机，目前运行的"魔方 II"和"魔方 III"，总运算峰值速度达到每秒 3.7 千万亿次。为了满足科学计算和工程应用的需求，中心从 2004 年起就购入适合于各类工业应用的商业软件 21 个，建设了适合于汽车设计、大型工程、航空航天、船舶等多方面的工业应用软件平台，如结构计算分析软件 LS_DYNA、ABAQUS、ANSYS 和 NASTRAN。计算流体力学软件 FLUENT 和 CFX，电磁场计算分析软件 FEKO，优化设计软件 OPTIMUS等，以及其他相关的各种前后处理软件，这些数值计算软件一般都具有大规模并行计算能力，同时还独立或合作编译了几十个适用于科学研究的共享源代码软件。在人才队伍方面，中心还拥有国内领先的大型计算服务技术团队，在超级计算机系统管理和运维、应用支持服务、大规模计算技术、海量数据存储和管理以及面向服务的软件开发等多个领域均有良好的技术储备和优势。

在应用成效方面，上海超算中心的高性能计算服务立足上海、面向全国，用户遍及全国各个省（市、自治区），建立起符合行业特点并广受用户好评的运维和服务体系，支撑了一大批国家和地方政府的重大科学研究、工程和企业新产品研发，促进了国家重大装备、关键装备、能源安全、核心技术等一系列工程问题的解决，在航空、航天、汽车、船舶、钢铁、微电子、核电工程、装备制造、土木工程、环境气候、药物设计、生命科学、新材料、新能源、天文、物理、化学等多个重大工程和基础科学领域催生了一批重大成果，充分发挥了公共服务平台的支撑作用，产生了巨大的社会效益和经济效益。

历年来中心服务的用户及其应用具有三大特色，即范围广、成果多、水平高。

一是支撑了上海工业转型升级，提高了企业的自主研发和协同创新能力，在解决国家重大工程问题和工业转型创新方面起到了重要支撑作用,促进了上海支柱型工业企业新产品的创新研发,应用的领域和方向在全球超级计算中心中具有鲜明的特色。如参与的汽车冲压成型仿真系统并行化及汽车碰撞应用软件平台开发,解决了我国汽车覆盖件和类似钣金件的冲压成型工艺与模具设计上的难题,在技术上处于国际先进水平,填补了我国自主开发冲压过程并行仿真系统方面的空白,并取得拥有我国自主产权的汽车设计制造软件,该项目获得国家科学技术进步奖一等奖。用户单位主要是上海地区的重要大型企业和工程研究机构,包括中国商飞、中航商发、国家核电、上汽集团、沪东重机有限公司、上海电气、中航工业、宝钢集团等。

二是服务了重大基础设施工程建设,提升了工程设计能力与实施安全,如超算中心和上海市隧道工程轨道交通设计研究院、上海交通大学合作开展的科研项目《上海外环线沉管隧道地震响应的三维数值模拟》在 2003 年 10 月通过专家鉴定。该项目为国内首创,达到国际先进水平,研究成果对今后沉管隧道及类似地下工程的工程设计、施工和运行都具有重大的理论意义和实用价值。该项目在国内首次将超级计算机应用于大型工程抗震性能分析,用最先进的计算设备解决复杂的重大工程问题。从此上海超级计算中心参与了上海及周边地区的多项重大工程设计,包括上海外环线隧道、上海复兴路双层隧道、上海崇明越江隧道、上海青草沙水源市政工程、上海同步辐射光源地下工程整体建筑抗震设计、上海闵浦二桥、南京长江隧道工程等,预先优化和调整了设计缺陷,消除了安全隐患,确保了工程顺利实施和安全使用。

三是促进了基础科学和创新研究,催生了大量具有国际影响力的科研成果。支持了 973 计划、863 计划、国家支撑计划、国家自然科学基金等多种科研计划,帮助用户产生了 3000 多篇 SCI 论文和 200 多篇国际顶级学术期刊论文(《科学》《自然》《物理评论快报》《美国化学会志》《美国科学院院刊》)。用户单位主要是国内著名的大专院校和研究机构,包括清华大学、北京大学、中国科学技术大学、南京大学、复旦大学、上海交通大学、浙江大学、中国科学院上海药物研究所、中国科学院上海应用物理研究所、中国科学院力学研究所等。

四是满足了公益事业服务需求,提高了公益服务的质量和能力,为气象、海洋、环境等领域提供了数值模拟分析服务,解决了精确天气预报、污染扩散、海洋潮汐预报、汛期减灾防灾等的计算需求,主要用户单位包括上海市气象局、上海市水务局、上海市环境监测中心、中国海洋大学等。

如今,随着云计算、大数据、人工智能等新兴技术的兴起,高性能计算技术和应用又将面临新一轮的发展,上海超级计算中心也在不断完善和充实自己,牢牢把握上海市"科技创业中心"和"张江综合性国家科学中心"建设的契机,依托新兴技术的快速融合,将在资源建设上寻求可持续的迭代发展之路,始终保持计算资源的高效性,为上海市"科创中心"和"张江国家科学中心"建设提供强支撑,为科技创新、人工智能、大数据应用等提供核心的、必不可少的研究手段和信息技术资源平台。

2　上海超级计算中心为工业服务的典型案例

上海依据历史和地缘优势集聚了一大批具有重要国际和国内影响力的工业企业，在航空航天、汽车、船舶、核电、电气工程等领域有着举足轻重的地位。当前，上海地区信息化和工业化正进入深度融合阶段，对于制造类企业来说，包括 CAE 在内的 CAX 技术作为数字化设计主要技术之一，正在制造类企业中得到使用，同时产品设计和研发过程对高性能计算的需求也一直非常迫切。上海超级计算中心在提供面向制造业和工程的计算服务同时，十多年来在航空航天、汽车、船舶、核电、钢铁、市政工程等领域也开展了大量应用研发工作，在工程计算方面积累了丰富的实践经验。

2.1　桥隧工程

仿真技术在钢结构和房屋建筑、大型场馆、桥梁、水坝、隧道等工程中得到了日益广泛的运用。结构计算研究问题包括岩土和混凝土结构本构关系、渗流固结问题，高层及超高层建筑结构设计和抗震性能分析、计算风工程、大型复杂工程施工模拟、混凝土高坝仿真分析等。流体计算主要应用在建筑通风、空调暖通、烟气扩散以及大型建筑内人群安全疏散等问题的研究上。利用高性能数值仿真工具可以对从简单到复杂的各类结构在静力、动力或组合载荷作用下的受力、变形、稳定性等力学特性做出全面和深入的专业分析，为土木建筑领域的工程师提供了强大的数字化设计分析手段。

地下建筑结构抗震和施工仿真是上海超级计算中心与上海隧道院、隧道股份、上海交通大学等联合课题组合作利用计算机仿真技术最早涉足的工程应用领域。2002 年就首先基于"神威"超级计算机，以上海外环线沉管隧道为研究对象，建立包括地基土、沉管管段以及柔性接头在内的全三维分析模型，单元数和节点数据均超过百万，充分考虑材料非线性和接触非线性因素进行大规模地震响应分析，模拟地基土-沉管隧道体系在地震荷载作用下的相互作用和整体变形，同时对沉管及柔性接头等关键部位进行了深入分析。同样的全三维精细仿真方法还应用于更为常见的盾构隧道结构中，不仅可反映地基土-盾构隧道在地震荷载作用下的相互作用和变形，还可对隧道衬砌结构中的管片应力以及纵向、横向连接螺栓的受力变化进行逐一数据提取分析，计算模型规模达 400 万单元以上。从 2006 年开始，在"曙光 4000A"超级计算机上，也曾创建了复杂的大规模土压/泥水盾构施工精细仿真计算模型。可考虑隧道施工三维空间曲折起伏走向以及各土层的不均匀性分布建模，模拟出土体开发、盾构前行、衬砌安装和壁后注浆等主要施工工序，必要时考虑地应力、盾构超挖、泥室压力、注浆硬化等细节，在上海长江隧道和南京长江隧道工程建设过程中特殊工段的施工质量保障方面发挥了很好的作用。2012 年前后，上海交通大学和同济大学相关课题组利用上海超算中心 IBM"蜂鸟"超级计算机并采用精粗混合建模策略，将 14km 长的青草沙输水隧道进行一体化全三维建模，利用建立的超大规模计算模型陆续开展了隧道开挖、抗震分析和水锤效应等多个问题的综合计算分析。

动力冲击仿真研究方法同样被用户用于研究桥梁和大厦等地上建筑结构：①对于数字化的斜拉桥结构模型来说，可用于解决船桥碰撞、车桥、车隧耦合等一系列仿真问题；②对于高层建筑结构来说，针对爆炸冲击波对玻璃幕墙破坏问题，可基于多物质 ALF 有限元法，模拟玻璃幕墙防爆炸试验中爆炸荷载的产生及其与玻璃幕墙之间相互作用；③香港昂船洲大桥主梁断面采用双箱开槽断面这种典型的流线型构造，对双箱开槽断面进行大涡模拟以在工程上设计抑制涡振的措施（计算样例如图 1 所示）。

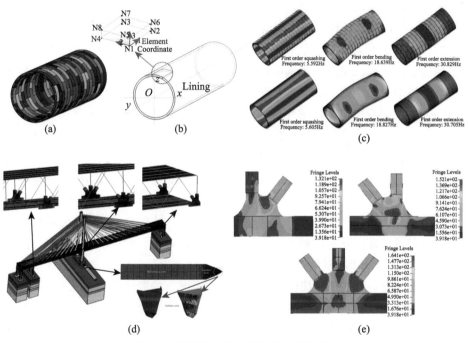

图 1 昂船洲大桥主梁设计计算样例

2.2 航空

高性能计算机的发展推动了计算流体力学（CFD）在工程领域应用的广度和深度不断扩展。在航空领域，从飞机布局研究、关键气动部件设计、发动机设计到飞机性能分析都广泛应用了 CFD 技术。航空工程 CFD 精度要求比较高，从平板/翼型到机翼/全机的复杂构型 CFD 应用过程中，需要建立越来越精细、规模也更为巨大的计算网格。飞机全机计算中，采用工程湍流模式的全机网格规模早就突破了千万量级，普通计算机和工作站都难以完成计算或者计算时间过长，必须借助高性能计算机进行大规模并行计算；同时，CFD 软件的可扩展性在多学科工业计算软件中也相对较多，多核并行加速性能比较突出，能够充分发挥高性能计算集群的规模和性能优势。基于高性能计算之上的 CFD 已成为与理论分析和风洞试验相并列的三种主要研究手段之一，主要应用于飞行器总体设计分析（包括模态分析、失稳分析、飞鸟撞击、总体气动性能、发动机气动匹配等）、机身子系统设计分析（加工成型、动力响应、复合材料设计、起落架机构动行等）等方面，流体计算还可用于处理湍流构型阻力、增升装置性能预测、发动机空气系统设计以及重要的气动-声学风洞模拟等问题。

上海飞机设计研究院是中国商用飞机有限责任公司的设计研发中心，15 年前就开始将上海超算中心的高性能计算机用于飞机气动设计等 CFD 仿真相关工作，在国产支线飞机 ARJ21、单通道飞机 C919 以及真正意义的"大飞机"CR929 的研发道路上，上海超级计算中心长期以来始终从高性能计算资源供给方面提供全力支撑，2010 年以来平均每年都提供约 300 万核小时以上的计算服务。典型应用包括：①部件气动力计算，对全机流场进行 CFD 求解，分析部件附近空间流场，分解出部件上的气动力和力矩；②带动力影响气动力计算，对带动力短舱的气动外形进行 CFD 分析，模拟发动机的进排气影响；③全机复杂气动力计算，对复杂构型全机流场进行 CFD 求解，用于流场分析、设计验证和构型评估等方面；④配合结构、环控氧气、强度等专业的特种需求，开展对应的全机流场、局部流场 CFD 计算分析，为这些专业提供设计输入和校核所需数据；⑤增升装置精细气动优化设计等。再如，为快速准确评估外形变化导致的气动特性变化，完成了 C919 过百副小翼设计方案、翼身鼓包设计、襟翼滑轨设计、机翼吊挂与发动机一体化设计工作，使得传统依赖试验或原型机验证的状态得到了改变，提高了设计水平，缩短了研制周期，降低了设计成本。在 ARJ21 飞机的适航取证过程中，气动部门提供了大量的 CFD 计算、分析等技术支持。这些工作往往对飞机在不同工况下的局部流动情况十分关注，要求气动力计算精准、流场细节捕捉准确。多工况、高精度的 CFD 计算，对计算资源提出了很高要求，借助于上海超级计算中心的高性能计算平台，利用其充足的计算资源，ARJ21 飞机适航证的相关 CFD 工作得以顺利开展。

商用航空发动机的设计也对高性能计算的依赖程度很高。涉及航空发动机各领域的计算模型已达百万至千万级规模，单次计算所需时间普遍达到千 CPU 核小时以上，这种大规模的计算需求依靠普通工作站早就难以满足需求。中国航发商用航空发动机有限责任公司研发中心多年前也与上海超级计算中心建立了业务联系，为商用航空发动机结构强度分析及流场计算分析等提供了强有力的支撑和服务，满足了商用航空发动机研制过程中的高性能计算资源需求，为大客发动机的设计方案、适航审定、关键技术预研提供了重要的结果支撑和验证，加速了发动机设计过程。比较典型的应用包括：①航空发动机气密性能 CFD 研究，分析导致燃气入侵的主要因素以及封严效果的影响因素；②航空发动机燃烧特性分析，采用 CFD 流体分析软件研究不同主燃级内径尺寸对燃烧室流场、燃烧及排放特性的影响，对不同的湍流和燃烧模型进行校核分析，以确定能准确客观反映燃烧室流场和排放特性的数值模拟方法；③整机 FBO（叶片脱落）动力学和静力学分析，建立整机模型进行整机层面叶片脱落机匣所受冲击载荷分析；④航空发动机零件级试验过程仿真再现，对航空发动机试验过程进行再现，并对试验参数进行敏感度分析；⑤航空发动机优化设计，实现叶轮机端壁任意曲面拟合及参数化造型，在高压压气机流场分析和二级动叶端壁曲面造型参数敏感性分析中采用试验设计和多种优化策略等（部分设计样例如图 2 所示）。

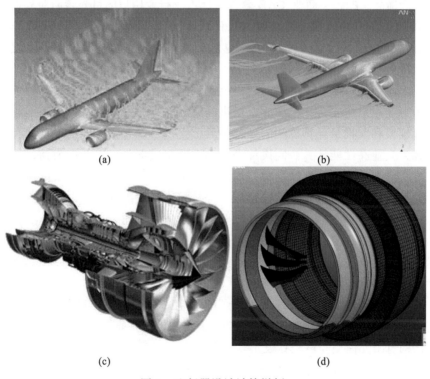

(a)　　　　　　　　　　　　(b)

(c)　　　　　　　　　　　　(d)

图 2　飞行器设计计算样例

2.3　汽车

经过上百年的发展、汽车工业已经成为世界各国重要的经济支柱之一。2009

年，我国一跃成为世界第一汽车产销大国，近年乘用车产销量增速持续高于行业整体增速，成为拉动汽车行业增长的主要力量。作为制造业应用的中坚力量和代表，汽车设计一直是 CAE 应用相对较为广泛和成熟的领域。CAE 分析范围覆盖了结构力学、流体力学、多体动力学等诸多学科知识，从零部件直至整车装配级别的研发设计阶段都有大量计算分析，涉及刚度、强度、NVH (振动噪声)、机构运动、碰撞模拟、板件冲压、疲劳和空气动力学分析等许多力学和计算问题。CAE 已经贯穿于汽车研发设计的整个流程和各方面各环节，成为不可或缺的设计工具，并发挥着无可替代的优势和作用。在汽车新产品的研发过程中涉及的多学科问题，都可以在设计阶段介入和解决，从而大幅度提高设计质量，缩短产品开发周期，节省大量开发费用。汽车 CAE 计算分析过程中需要用到大量的工业仿真软件，在某大型汽车企业列出的几十种仿真计算软件中几乎全都来自国外商业软件。汽车行业竞争激烈，新产品研发周期非常紧迫，数量庞大的设计计算任务离不开高性能计算集群的支撑，而价格高昂的各类商业 CAE 软件更让汽车行业用户的目光转向对外提供公共计算服务的超算中心，以缓解企业发展的成本压力。上海超级计算中心汽车用户群既包括大型主机厂（如上汽和奇瑞），也包括汽车零部件供应商（如延锋和麦格纳），也包括几年来涌现出的新能源汽车企业（如蔚来和博郡等）。

上海超级计算中心十多年前就与上汽乘用车技术中心等上海地区的不同规模的汽车行业用户建立合作，中心所提供的高性能计算资源给不少汽车工业用户在解决大规模和大批量计算模型的处理手段上提供了强有力的辅助工具，有的已经发展成为企业高性能计算协同设计平台的重要组成部分。以上汽为例，在十多年"荣威"系列车型的开发过程中，均借助超级计算平台完成了大量虚拟安全碰撞试验计算工作，使虚拟碰撞试验数量、分析精度、精细程度和设计周期等都接近全球一流汽车研发水平。此外，在汽车研发过程中协同设计也非常重要，结合自主知识产权汽车产品开发的需要，通过信息化平台的建设，在解决其中若干关键技术问题的前提下，双方联合为汽车产品的协同创新设计构建了一个具有相当先进性的开发平台。

其他的一些典型应用案例，比如上海世科嘉车辆技术研发有限公司在整车碰撞仿真时使用上海超算中心强大的计算资源，将产品仿真周期缩短到原来的 1/3；将整车结构有限元模型与声腔有限元模型进行 NVH 流固耦合计算时，整车自由度超过 500 万、声腔自由度超过 10 万，对机器性能、存储空间与计算量都有苛刻要求。上海超算中心高性能计算机群将仿真计算所需时间缩短了 5 倍，使多方案优化成为可能，为新产品开发赢得了时间。华晨汽车也曾借助上海超算中心平台，分析了汽车的内外部流场特性，优化了发动机舱进气量，顺利开展了某车型的空气动力性能设计和汽车造型优化设计工作。延锋汽车公司曾利用上海超算中心高性能计算平台开展过汽车除霜系统的设计、分析与优化，预测气囊展开形态、解决气囊门塑料铰链撕裂、气囊门冲击前挡风玻璃导致玻璃破碎等问题，以及处理整车侧面碰撞过程中前门内饰板零件脱落、焊接失效等问题。碰撞过程仿真样例如图3所示。

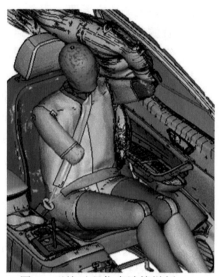

图3　碰撞过程仿真计算样例

2.4　钢铁制造

钢铁工业是世界上工业化国家的基础，在我国也是具有长久发展历史的重要产业领域之一。我国近几年在产量、出口量和消费量均取得了世界第一，并一跃成为全球钢铁生产大国。钢铁工业是一种多工序流程工业，它包括从原料准备到冶炼直至最后轧制成材的数十道工序，冶炼、轧制等工序对最终产品的质量起着决定性作用。2000年相关行业专家就提出在计算机软硬件飞速发展的基础上，数值模拟技术的低成本、高效率的优点将推动其在钢铁工业中日益广泛的应用，人们可以对钢铁工业中从冶炼到加工的各个工艺过程进行计算机过程模拟、系统优化、自动控制和监测。这种分析方法使钢铁工业从过去以经验和知识为依据，以"试错"为基本方法的工艺阶段，向以模型化、最优化和柔性化为特点的工程科学阶段过渡。

中国宝武中央研究院是中国宝武钢铁集团有限公司技术创新的主体和研发共享平台，承担集团新产品、新技术、新工艺的研究与开发。中央研究院从2000年左右开始开展数值模拟研究，不久之后就与上海超算中心建立了紧密的联系和合作，利用上海超算中心计算资源支撑日常研发计算工作。在产品设计与验证能力方面，宝武钢铁在2010年前后基本建成钢铁产品开发所需的比较齐全的数值模拟、物理模拟、理化解析、中试等验证手段,模拟试验能力代替了以前动辄用大生产线进行试验,使产品开发过程变得科学、高效和经济。其中数个跨部门、跨领域的数值模拟团队,加速了数值模拟在宝武钢铁的研究和应用。中央研究院每年有大量的数值模拟案例应用于生产现场攻关、产品开发、工程建设以及用户服务等领域,数值试验已成为快速、便捷、高精度的研究手段,服务于公司生产经营。

利用上海超级计算中心资源的典型应用包括:①结晶器内钢液流动、温度分布以及凝固过程的数值模拟,针对某连铸机的生产现状采用 CFD 软件开展模拟,并比较分析了不同形状水口、不同断面及拉坯速度的影响,为试验测试以及生产实践提供指导;②产品变薄拉伸成形数值仿真,建立变薄拉伸成形数值仿真模型,基于仿真模型快速评估不同厚度材料的变薄拉伸性能,通过计算优化产品形状和变薄拉伸成形工艺;③大规模矫直机装配体全三维强度及刚度分析,发现矫直机本体结构的变形规律及薄弱部位,确定矫直机的极限承载能力和安全系数;④板坯热轧边部缺陷攻关,对粗轧过程进行模拟,查看各种因素对边部线状缺陷的影响;⑤镍基合金圆柱形热模拟试样鼓形研究,对试样在加热和保温后的单向压缩变形过程进行模拟,分析试样中变形热扩散和鼓形随应变速率变化的规律;⑥多辊矫直机辊系分析,针对辊面磨损变形、支承辊开裂和热固耦合等问题开展研究,通过大量计算工况进行结构参数优化,改善辊系的受力状态;⑦淬火机喷水系统水流场分析,通过计算分析淬火机冷却水系统各个区段结构内部的流动情况,获得了高压段多排喷嘴管和单排喷嘴管、低压段喷嘴管的流量分布情况,通过参数优化为喷嘴的改进和结构的优化提供有利参考;⑧其他还有产品缩颈翻边成形全流程数值仿真分析、特殊钢板带热轧工艺参数研究、B柱小总成零件轻量化方案设计、连铸坯细晶区轧制过程形状演变模拟研究等。部分计算样例如图 4 所示。

2.5　船舶工程

作为我国传统产业的船舶制造业,在过去十多年间也进入了蓬勃发展时期。一方面得益于国家宏观产业政策的扶持,另一方面也得益于 CAE 技术的提高和应用。针对产品全生命周期的船舶 CAE 将信息化技术与船舶制造相结合,实现船舶产品的设计、制造、维护和管理的信息化,以提高船舶工业研究开发水平和生产制造能力,加快船舶产品与设计技术的创新,加速船舶研制、生产和造船企业经营管理的现代化进程,提高船舶制造业的综合能力和核心竞争力。具体在船舶结构设计阶段,CAE 的应用覆盖了强度、刚度、稳定性、振动、冲击、噪声等多个领域问题,以及越来越多的多物理场耦合问题,比如流体与固体的耦合计算、振动与声学的耦合计算、高速冲击下的结构力学与热力学计算等。计算规模日益庞大,对计算资源的需求也非常强烈。

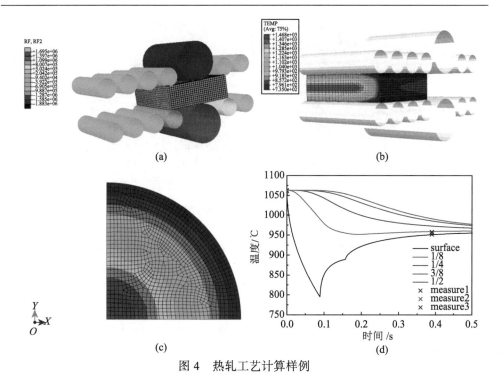

图 4　热轧工艺计算样例

　　上海是我国船舶工业发展的重要基地之一，不仅拥有江南造船（集团）有限责任公司、沪东中华造船（集团）有限公司等世界闻名的大型造船企业，也分布着不少与船舶设计制造相关的设备配套企业和科研院所，比如沪东重机有限公司、中国船舶工业集团第七〇八研究所、中国船舶集团有限公司第七一一研究所、上海船舶运输科学研究所（简称上海船研所）等。其中不少单位在这十几年间与上海超级计算中心建立了非常紧密的联系，高性能计算在船舶研发设计中也发挥了重要作用。被誉为中国舰船设计"摇篮"的中国船舶工业集团第七〇八研究所是使用上海超算中心资源历史最悠久的单位之一，多年来围绕船舶推进装置设计优化开展了大量 CFD 计算工作：①多螺旋桨推进时相互干扰流动现象和性能机理分析研究，提高设计人员对多桨推进性能的认识；②吊舱推进器性能计算，对吊舱在不同进速系数下的推进性能进行了比较研究；③桨舵干扰研究，详细计算了桨舵推进器部件以及周围的流动特征，包括压力分布、速度矢量分布、流线及涡形态等，得到了桨舵互相干扰的规律；④吊舱式推进器水动力性能预报技术研究，对吊舱推进器在不同流动状态和舵角工况下的性能进行了分析计算，并基于此开展了吊舱推进器的优化设计工作；⑤船舶水动力节能装置数值模拟与应用研究，对补偿导管、舵球和毂帽鳍等几种节能装置进行数值优化计算，分析各节能装置工作机理及其流场分布的改善。部分设计计算样例如图 5 所示。

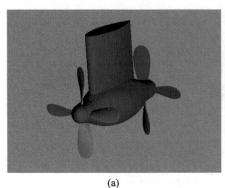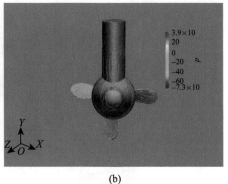

(a)　　　　　　　　　　　　　(b)

图5　船舶推进装置设计样例

上海超算中心也曾通过资源和咨询合作的形式，与上海船研所、沪东重机有限公司等单位对数个技术难题联合开展研究：①利用流固耦合方法模拟了船舶搁浅过程中桥墩周围软土的挤压变形，分析了船舶在不同吃水深度和不同地段情况下撞上对应桥墩的可能性；②对液化矿粉大角度晃荡和舱壁冲击现象及过程开展了三维拟实建模和仿真，对自由液面的变化和倾覆机理、船舱所受各向摇摆力和力矩进行了深入分析；③进行船舶运动和波浪增阻的数值模拟研究，建立三维黏性数值波浪水池，可形成稳定、准确的规则波浪，有助于开展船舶水动力和耐波性能方面的研究；④开展柴油机受冲击性能研究，通过全三维虚拟动态仿真，比较和确立了针对柴油机设备冲击分析问题的大规模数值仿真技术路线和实现方法，并且对该柴油机停机和运转两种情况下的抗冲击性能进行了分析评估。

2.6　核电工程

我国是世界上少数几个拥有比较完整的核工业体系的国家之一。自20世纪50年代国家提出发展原子能事业的战略决策后，我国核工业开始发展，后来也相继建立了一批配套工作和研究设计院所。为推进核能的和平利用，20世纪70年代国务院作出了发展核电的决定，经过多年努力，我国核电从无到有，得到了很大的发展。20世纪80年代以前，国内核电设计基本依靠试验验证方法确保核电设备的安全并开展各种复杂工况的研究；80年代末CAE分析开始在抗震分析和强度设计方面逐渐取代部分试验；2000年以后，在巴基斯坦恰希玛核电项目中，核电设备采用以详细应力分析、载荷组合、热工流体分析和应力评定为基础的"分析法设计"方法进行设计。CAE分析技术在第三代核电设备国产化过程中发挥了三大作用：①为设计提供各种参考，保证概念设计的最优化；②逐渐取代成熟设计的试验验证，为设计的结构合理性提供支持依据；③建立协同仿真设计分析平台，为设计验证提供优化方案，大幅降低试验造价。同时，CAE仿真分析和高性能计算相结合，可大幅提高仿真计算的运行性能和效率，完成核电设计领域中多物理场的耦合仿真、多体耦合仿真等综合性仿真分析任务，提升企业进行综合仿真分析的能力。

上海核工院承担 AP1000 等重大工程，依托项目工程设计、国产化 AP1000 核电工程设计、大型先进压水堆核电站国家重大专项研发，上海超级计算中心从最早的计算资源支撑到后来的院内信息化建设，双方建立了非同一般的深度合作关系。典型应用包括以下几项。

（1）乏燃料干式储存模块衰变热导出模拟计算分析。重水堆核电厂运行中要不断卸出乏燃料，由于乏燃料还有一定的燃烧深度，所以必须进行冷却储存，储存模块是否能有效导出热量，燃料篮、燃料包壳表面温度是否超过材料极限温度，必须进行热工计算分析。在没有试验条件的情况下，利用 CFD 软件对整个储存模块进行三维数值模拟，求出整个储存模拟的流场。

（2）压水堆核电厂承压热冲击分析评定技术研究。旨在结合国外的最新研究成果和正在进行的国际原子能机构（IAEA）关于 PTS（承压热冲击）标准的研究项目，进一步开展 PTS 评价技术研究，探索具有我国特色的 PTS 评价方法。

（3）板状元件流致振动分析。由于平板型燃料组件中板状元件很薄，流道间隙非常小，而板间流速较高，流致振动问题突出。对整个板状元件进行建模计算时计算规模较大，且分析时燃料板与冷却剂间具有强流固耦合特性，在微机上无法完成流致振动分析，借助高性能计算资源则解决了问题。

（4）蒸汽发生器汽水分离装置数值模拟计算。以往为了确定汽水分离器的分离性能，通常需进行大量试验。通过旋叶式汽水分离器 CFD 模拟，获得了反映旋叶汽水分离器的分离性能、阻力特性等数据，以及汽水分离器内部详细的流场结构等信息。该模型计算规模较大，在计算过程中大量使用了上海超级计算中心的高性能计算资源，极大地促进了项目的如期完成。数值模拟计算样例如图 6 所示。

中广核上海分公司是使用上海超算中心计算资源的另一家本地区核电领域企业用户，也曾开展了核电厂新燃料贮存格架抗震分析。新燃料储存格架在核电厂抗震设计中为 I 类的设备支承构件，需要在万年一遇的地震下能继续使用，地震的响应具有强非线性特征，比如摩擦滑移、间隙、碰撞等。传统线弹性分析方法（反应谱法）等将无法准确描述这类强非线性响应，而基于高性能计算的动力学分析方法完成了这一分析，此外对新燃料组件在吊装过程中的意外跌落也进行了相应的仿真模拟。

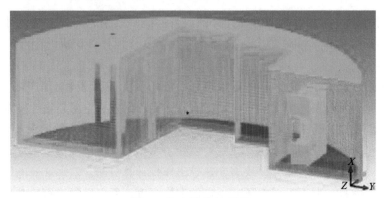

图6 核电站设计样例

3 结 语

近年来，各发达国家以及国内各省市对超级计算机的重视度越来越高。美国、欧盟、日本等多个发达国家和地区都十分重视超级计算机的研制和应用，持续投入巨资支持超级计算机系统研发和在各领域的应用，纷纷争夺世界领先地位。我国在超级计算机方面也不愿屈居人后，经过 20 年的努力发展迅猛，不断取得令世人瞩目的成绩。目前中国、美国、日本、欧盟都制定了"E 级"超级计算机的研制计划。顺应大数据时代的到来，高性能计算行业正在转变为真正的信息行业，从单一的追求计算速度转变为大数据处理能力，软件也将从编程为主转变为以数据为中心。随着计算需求的改变，计算力也以新的方式呈现，以满足大数据处理的需要，深度学习成为计算机在各领域基于大数据应用的新方法。工业和工程领域也在发生革命性的变革，传统的工业产品设计、生产及运维都在发生变化。工程计算也将改变传统的基于数学模型的计算基础，而更注重现场数据处理和应用变化，超级计算机作为最基础的大科学装置，在其中必将发挥更大的作用。